JN268754

分解性プラスチックの開発
Development of Degradable Plastics

監修:土肥義治

シーエムシー

普及版刊行にあたって

　天然素材のもつ限界や制約を脱却すべく開発された様々なプラスチックは、今や我々の生活に深く関わり、先端技術分野においても必要不可欠な材料となっている。しかし、優れた性質や機能をもつ一方、使用時の利便性を保証している長期安定性が、かえってアダとなり、使用後の廃棄プラスチックが地球上の物質循環システムからはずれ、自然環境中に次第に蓄積され、様々な環境問題を引き起こしている。

　今や"環境志向""環境対応"は世界の趨勢であり、廃棄プラスチックがもたらす環境汚染の解決を求める動きが強まっている。特に欧米では、各国の政府・自治体において、非分解性プラスチックに対する使用規制、課税等の対策がとられており、わが国においても1995年「容器包装リサイクル法」が制定され、本年4月からはすべての容器包装廃棄物のリサイクルが全面施行された。

　このようななか、「分解性」という新しい機能が注目されるようになり、分解性を高めた「分解性プラスチック」の開発と利用が大きな研究課題として急浮上し、活発な研究開発が行われてきた。

　弊社では「分解性プラスチック」(生分解性プラスチックと光分解性プラスチック)について、廃棄プラスチックの規制や処理の動向をふまえて、各種分解性プラスチックの開発技術、分解性評価技術について、第一線の研究者の方々に解説していただき、さらにインタビュー調査、アンケート調査を含めて、今後の代替可能性、新機能材料としての利用可能性を展望することを狙いとして、1990年『分解性プラスチックス』を発行した。

　本書は幸いにして好評を博し、また本年から"プラリサ法"が全面施行された折でもありここに普及版として刊行する運びとなった。本書が分解性プラスチックに関心を持たれる方々にとって、調査・研究の一助となれば幸いである。

　なお、執筆者の所属は注記以外は1990年9月現在のものであること、また、内容は当時のものに何ら手を加えていないことをご了承願いたい。

2000年6月

シーエムシー編集部

───── 執筆者一覧 （執筆順）─────

土 肥 義 治	東京工業大学　資源化学研究所
山 中 唯 義	通商産業省　資源エネルギー庁　備蓄課
久 保 直 紀	中央化学㈱　経営企画本部
柳 澤 孝 成	(社)プラスチック処理促進協会 (現)柳澤特許事務所
高 井 光 男	北海道大学　工学部　応用化学科
岩 月 　 誠	味の素㈱　開発企画室 (現)台宝樹脂化工 (台湾)
西 山 昌 史	工業技術院　四国工業技術試験所
冨 田 耕 右	関東学院大学　工学部　工業化学科
常 盤 　 豊	工業技術院　微生物工業技術研究所 (現)工業技術院　生命工学工業技術研究所
大 澤 善次郎	群馬大学　工学部　材料工学科
酒 井 清 文	大阪市立工業研究所　生物化学課
筏 　 英 之	神戸大学　工学部　工業化学科
高 橋 正 夫	エム・ティ・インターナショナルコンサルタント㈱

（所属・肩書きは注記以外は 1990 年当時のものです。）

目　次

第1章　総　論　　土肥義治

1　はじめに …………………………… 1
2　プラスチックと地球環境 ………… 1
3　分解性プラスチックの定義と評価
　　方法 ………………………………… 2
4　分解性プラスチックの開発 ……… 4

第2章　廃棄プラスチックによる環境汚染と規制の動向

1　国内の動向 ………… 山中唯義 … 5
1.1　新しいプラスチックニーズ
　　　― 分解性機能 ― ……………… 5
1.2　廃プラスチック排出の現状とそ
　　　の問題点 ………………………… 6
1.3　海洋汚染にみる廃プラスチック
　　　問題 ……………………………… 10
1.4　地方自治体等におけるプラスチ
　　　ックごみの取り扱い …………… 13
1.5　脚光浴びる生分解性プラスチ
　　　ック ……………………………… 15
　1.5.1　天然高分子 ………………… 16
　1.5.2　微生物生産高分子 ………… 17
　1.5.3　バイオケミカル高分子 …… 20
1.6　もう1つの分解性プラスチック
　　　― 光分解性プラスチック ― … 21
1.7　進む分解性プラスチック材料技
　　　術検討体制 ……………………… 26
1.8　分解性プラスチックの課題と
　　　展望 ……………………………… 29
2　海外の動向 ………… 久保直紀 … 31
2.1　米国における廃棄プラスチック
　　　問題の状況 ……………………… 31
2.2　米連邦政府の対応と規制動向 … 33
2.3　米国各州の規制の動き ………… 34
　2.3.1　ミネソタ州の場合 ………… 34
　2.3.2　アイオワ州の場合 ………… 34
2.4　強制的容器コード化法について … 34
2.5　欧州での廃棄プラスチック問題
　　　の現状と規制の状況 …………… 36
　2.5.1　イタリアの動向 …………… 36
　2.5.2　西ドイツの動向 …………… 37
　2.5.3　その他の欧州諸国 ………… 37

第3章 廃棄プラスチック処理の現状と課題　柳澤孝成

1　はじめに ……………………………… 40
2　埋立 …………………………………… 44
3　焼却 …………………………………… 48
　3.1　焼却技術 ………………………… 49
　　3.1.1　ストーカ式焼却炉 ………… 49
　　3.1.2　流動床式焼却炉 …………… 55
　　3.1.3　床燃焼式焼却炉 …………… 56
　3.2　排ガス処理技術 ………………… 56
　3.3　廃棄物発電 ……………………… 57
4　再生加工 ……………………………… 60
　4.1　単純再生 ………………………… 61
　4.2　複合再生 ………………………… 63
5　おわりに ……………………………… 66

第4章 分解性プラスチックスの開発技術

1　生分解性プラスチックス …………… 68
　1.1　微生物産生高分子（バイオプラ
　　　　スチックス） …………………… 68
　　1.1.1　微生物産生ポリエステル
　　　　　　　　………土肥義治 … 68
　　　(1)　はじめに …………………… 68
　　　(2)　ポリエステルの発酵合成 … 69
　　　(3)　共重合ポリエステルの固体
　　　　　　物性 ………………………… 75
　　　(4)　ポリエステルの生物分解性 … 76
　　　(5)　おわりに …………………… 78
　　1.1.2　その他微生物産生高分子 … 80
　　　(1)　バイオセルロース
　　　　　　　　………高井光男 … 80
　　　①はじめに ……………………… 80
　　　②バイオセルロースの特性 …… 80
　　　③バイオセルロースの製造
　　　　　方法 ………………………… 86
　　　④バイオセルロースの分解性 … 88
　　　⑤バイオセルロースの経済性
　　　　　と今後の展望 ……………… 90
　　　(2)　ポリアミノ酸 …… 岩月　誠 … 96
　　　①はじめに ……………………… 96
　　　②発酵ポリアミノ酸 …………… 96
　　　③合成ポリアミノ酸 …………… 101
　　　④分解性プラスチックへ向け
　　　　　ての新たな試み …………… 104
　1.2　天然高分子（バイオマス利用）
　　　　　　　　………西山昌史 … 107
　　1.2.1　はじめに …………………… 107
　　1.2.2　土壌中での天然高分子の分
　　　　　　解 …………………………… 107
　　1.2.3　キチン，キトサン ………… 108
　　1.2.4　キトサン・セルロース系 … 109
　　1.2.5　プルランおよびプルラン・
　　　　　　キトサン系 ……………… 113
　　1.2.6　デンプン誘導体 …………… 114
　　1.2.7　その他の天然高分子 ……… 115
　　1.2.8　おわりに …………………… 115
　1.3　合成高分子 ……………………… 118
　　1.3.1　合成高分子一般 …冨田耕右 … 118
　　　(1)　はじめに …………………… 118

  (2) ポリエチレン……………… 118
  (3) ビニルポリマー…………… 119
  (4) ポリエーテル……………… 122
  (5) ポリウレタン……………… 124
  (6) ポリアミド………………… 125
  (7) 天然高分子をベースとした
   合成高分子共重合体……… 126
 1.3.2 脂肪族ポリエステル・脂肪
  族ポリエステル共重合体
  …………常盤　豊… 129
  (1) 脂肪族ポリエステル……… 129
  (2) エステル型ポリウレタン… 132
  (3) 芳香族ポリエステルと脂肪
   族ポリエステルからなる共
   重合体……………………… 133
  (4) ポリアミドと脂肪族ポリエ
   ステルからなる共重合体… 135

  (5) その他のポリエステル結合
   を含む合成高分子の生分
   解性………………………… 135
2　光分解性プラスチック…大澤善次郎… 138
 2.1　はじめに……………………… 138
 2.2　光化学の原理………………… 139
 2.3　プラスチックの光分解機構… 141
  2.3.1　プラスチックの光分解性と
   化学構造…………………… 141
  2.3.2　プラスチックの光分解と固
   体物性……………………… 142
 2.4　光分解性プラスチックの具体例… 146
  2.4.1　分子設計………………… 146
  2.4.2　感光性官能基導入型…… 147
  2.4.3　感光性試薬添加型……… 155
 2.5　光分解性高分子の現状……… 157
 2.6　光分解性高分子の課題……… 158

第5章　分解性の評価技術

1　生分解性の評価……………酒井清文… 163
 1.1　はじめに……………………… 163
 1.2　既存の試験法………………… 163
  1.2.1　かび抵抗性試験………… 164
  1.2.2　MITI法………………… 166
 1.3　今後の試験評価法…………… 169
  1.3.1　生分解を担う土壌，微生物，
   酵素とは…………………… 169
  1.3.2　土壌による生分解試験… 170
  1.3.3　微生物による生分解試験… 172
  1.3.4　酵素による生分解試験… 173
 1.4　おわりに……………………… 175

2　光分解性の評価……………筏　英之… 177
 2.1　はじめに……………………… 177
 2.2　分解のエネルギー源………… 177
 2.3　太陽光曝露で起こる光化学反応… 180
  2.3.1　写真……………………… 181
  2.3.2　炭酸同化作用…………… 181
  2.3.3　Fujishima-Honda 効果… 182
 2.4　光化学反応における量子収率… 182
 2.5　光エネルギーの吸収………… 183
 2.6　量子収率の測定……………… 184
 2.7　光劣化の速度………………… 184
 2.8　おわりに……………………… 187

第6章　研究開発動向　　シーエムシー編集部

1　国内動向 ……………………………… 189
　1.1　はじめに …………………………… 189
　1.2　光分解性プラスチック …………… 190
　1.3　生分解性プラスチック …………… 192
2　海外　　　　　　　　久保直紀 …… 196
　2.1　アメリカおよびカナダの動向 …… 196
　　2.1.1　シーズ開発の動向 …………… 196
　　2.1.2　生分解性プラスチックの定
　　　　　　義と評価方法開発の動向 …… 201
　2.2　ヨーロッパの動向 ………………… 203
　　2.2.1　シーズ開発の動向 …………… 204
　　2.2.2　生分解性プラスチックの定
　　　　　　義と評価方法開発の動向 …… 206

第7章　特許から見た研究開発動向　　高橋正夫

1　はじめに ……………………………… 208
2　検索方法 ……………………………… 208
3　特許の概要 …………………………… 208
4　特許の詳細な内容 …………………… 211
　4.1　生分解性プラスチック …………… 211
　　4.1.1　微生物生産高分子 …………… 211
　　4.1.2　天然高分子 …………………… 212
　　4.1.3　合成高分子 …………………… 213
　　4.1.4　組成物 ………………………… 214
　　4.1.5　用途特許 ……………………… 214
　4.2　光分解性プラスチック …………… 214
　　4.2.1　光分解性プラスチックの製
　　　　　　造法 ……………………………… 214
　　4.2.2　組成物 ………………………… 215
　　4.2.3　用途 …………………………… 216
5　おわりに ……………………………… 217

第8章　分解性プラスチックの代替可能性と実用化展望
―― メーカー，ユーザーアンケート調査結果の解析 ――　　シーエムシー編集部

1　メーカー各社の廃プラスチック問題
　　への対応 ……………………………… 221
2　今後の廃プラスチック対策の展望 … 221
3　分解性プラスチックに注目する背景 … 222
4　分解性プラスチックへの現在の取り
　　組み状況 ……………………………… 223
　4.1　生分解性プラスチック …………… 223
　4.2　光分解性プラスチック …………… 224
5　分解性プラスチック開発への今後の
　　対応 …………………………………… 224
6　分解性プラスチックの応用分野の展
　　望 ……………………………………… 224
7　分解性プラスチックの実用化上の課
　　題と本格的実用化時期の予測 ……… 228
　7.1　分解性プラスチックの実用化上
　　　　の課題 …………………………… 228
　7.2　本格的実用化時期の予測 ………… 229
8　今後開発ターゲットとなる分解性プ

ラスチック……………………………230
9 分解性プラスチック開発の問題点と
将来性……………………………231

第9章　市場展望　　シーエムシー編集部

1 漁業用資材……………………………247
　1.1　概要……………………………247
　1.2　漁網……………………………247
　1.3　海洋における廃棄物の浮遊実態…248
　1.4　漁網等のプラスチック廃棄物に
　　　　関する対策………………………250

2 農業用資材……………………………255
　2.1　概要……………………………255
　2.2　農業用廃プラスチック処理対策…255
3 包装・容器材料………………………261
4 化粧品・トイレタリー製品…………263

＜参考資料1＞　「BIOPOL」の物性，グレード，加工技術資料

1 "バイオポール"の特性………………268
　1.1　融点および結晶性………………268
　1.2　硬度および靱性…………………268
　1.3　核形成……………………………268
　1.4　結晶化……………………………269
　1.5　安定性……………………………269
2 "バイオポール"の製品グレード……269
3 バイオポールポリマーの加工………270
　3.1　溶解……………………………270
　3.2　ボトルブロー成型………………271

　3.2.1　セットアップ………………271
　3.2.2　成型…………………………271
　3.2.3　メルト安定性………………271
　3.3　バイオポールの成型，繊維……272
　3.4　バイオポールの射出成型………273
　3.4.1　セットアップ………………273
　3.4.2　成型…………………………273
　3.4.3　メルト安定性………………274
4 ＰＨＢの耐薬品性……………………274

＜参考資料2＞　「生分解性プラスチック研究会」参加社一覧

……………………………275

第1章 総　論

土肥義治*

1　はじめに

　20世紀初頭にアメリカで幕あけしたプラスチック産業は，数多くの優れた性能と機能をもつ高分子素材の開発によって大きく発展し，プラスチック文明ともいえる現代の社会を築いてきた。現在，プラスチックは1年間に全世界で1億トンも化学合成され，日本はそのうちの12％を生産している。これらのプラスチックの製品は軽くて強いために，生活，産業，環境保全，医療，レジャーなど多方面で使われており，生産量・消費量ともに今後とも大きく増加するものと予測されている。

　しかしながら，生産されている合成高分子の多くは，自然環境のなかで分解されないために，不要となった大量のプラスチックの廃棄物をどのように処分して管理するかが世界各国で大きな社会問題となっている。また，海に流れ出るプラスチック製品は，1年間に数十万トンにも達すると報告されており，その廃棄物は海洋中に蓄積して，漁場や海洋の生態系に多くの被害を与えているという問題も発生している。

　近年，地球的規模での環境問題に対して人々の関心が高まるにつれて，自然環境のなかで分解される高分子素材の開発が要望され始めた。現在，微生物によって分解される生分解性高分子や太陽光によって分解される光分解性高分子が，環境に負荷を与えないプラスチックとして注目され，その開発研究が世界各国で活発に進められている。

2　プラスチックと地球環境

　近年，かけがえのない地球の自然環境を将来にわたり保全するには，いかなる方策をとるべきかという問いかけが世界各国で真剣に議論され始め，関連する国際会議も頻繁に開催されるようになった。地球環境問題の一つとして，海に流れ出たプラスチックゴミによる海洋汚染が国際的に大きな問題となりつつある。海洋に流出したプラスチック漂流物は，特定の海域に集まり蓄積されるために，海洋生物におよぼす被害が大きなものになるという事実が明らかにされている。

　水産庁の調査によると，漂流物が多く分布する北太平洋の海域は，必ずしも廃棄物の発生が多

---

*　Yoshiharu Doi　東京工業大学　資源化学研究所

い沿岸域だけに限定されずに，太平洋の中央部にも漂流物が高密度に集積している。海洋生物の被害調査によって，北太平洋にすむミズナギドリ類の80％以上にプラスチックの飲み込みが確認された。また，日本近海で採集されたウミガメ類17匹のうち14匹の消化管内にプラスチック類が見いだされている。プラスチックゴミに加えて，操業中に流失する漁網や遊漁者によって放置された釣り糸も海洋環境中に年々蓄積し，海鳥やオットセイなどの海洋生物に被害を与えるとともに，貴重な漁場を荒廃させているといった問題もある。

廃棄物の海洋への排出規制に関する国際条約として，陸上起源の廃棄物の海洋投棄を禁止した「ロンドンダンピング条約」，および船舶からの海洋投棄を禁止した「マルポール73／78条約」がある。これらの国際条約によって排出を規制しても，海洋に流出するプラスチック製品は完全には無くならない。たとえば，釣り糸や漁網など海洋で使用する製品の流出や，風雨などの気象条件によって野外で使用する製品の陸上から海洋への流出を防ぐことは困難である。このように，規制によっても流出を防ぐことができない製品について求められる対策の1つが，分解性プラスチックの使用である。

3 分解性プラスチックの定義と評価方法

1989年11月2日から4日までの3日間にわたり，カナダのトロントで分解性プラスチックの定義と試験評価法に関する第1回国際会議が開催された。この会議の目的は，分解性プラスチックの定義と試験評価方法について各国の研究者の間で国際的コンセンサスを得ようとするものであり，現在，環境分解性の高分子材料の基準づくりを進めているＡＳＴＭ（米国材料試験協会）の委員会が中心となり本会議が組織された。この会議では，Biomedical, Environmental, Photochemical 分解の3つのセッションに分かれ，定義，試験法，研究の必要性と問題点などについて討議が行われたが，具体的なコンセンサスを得るに至らなかった。そして第2回の専門家会議を1991年にフランスで行うことが提案され，各国で次回までに分解性の定義や試験評価方法について一層深く研究を進めることが確認された。

ここでは，少なくとも，分解の一過程において，生物の代謝あるいは太陽光が関与して，低分子量化合物に変換することを特徴とするプラスチックを生分解性プラスチックあるいは光分解性プラスチックと呼ぶことにする。

一般に，高分子物質の微生物分解は，図1に示すような分解過程で進行する。高分子材料の分解は，まず初めに，微生物の菌体外に分泌する分解酵素が材料表面に吸着し，高分子鎖のエステル結合，グリコシド結合，ペプチド結合など化学結合を加水分解反応によって切断する。高分子物質の低分子量化によって材料は崩壊し，生成物はさらに酵素分解によってモノマー単位で一量体や二量体の低分子量分解生成物になる。菌体外分泌酵素によって高分子の主鎖が切断されて低

3 分解性プラスチックの定義と評価方法

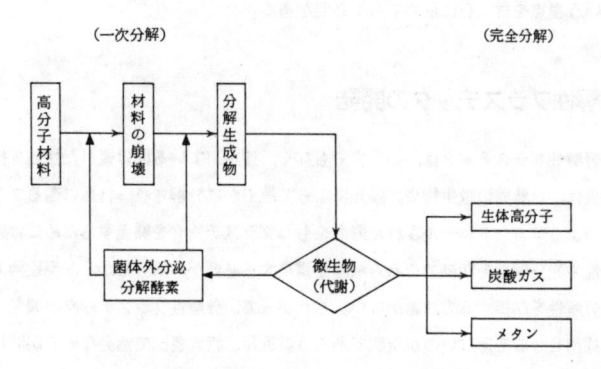

図1 高分子材料の微生物分解の過程

（一次分解）：高分子材料 → 材料の崩壊 → 分解生成物
菌体外分泌分解酵素
（完全分解）：微生物（代謝）→ 生体高分子／炭酸ガス／メタン

分子化する過程が，一次分解（Primary Degradation）過程と称されている。

　酵素の触媒作用は，高い基質特異性を示すという点に大きな特徴がある。すなわち，特定の分子構造の反応物に，高い反応性を示すという特性がある。したがって，高分子物質の酵素分解性をコントロールできる方法論をつくるためには，各分解酵素を用いて，さまざまな分子構造をもつ特定高分子の酵素分解実験を行い，各酵素の基質特異性を定量化する必要がある。

　自然環境のなかで速やかに分解される高分子素材の開発をめざす場合には，酵素分解実験に加えて，環境下での実験も必要である。なぜなら，高分子材料の分解速度は，酵素活性（単位酵素あたりの分解速度）と酵素量との積で決定されるからである。ある高分子物質がAという酵素によって速やかに分解されたとしても，酵素Aを分泌する微生物が自然界に普遍的に存在していない場合には，環境中での高分子材料の分解は極めて遅いことになる。したがって，基質特異性とともに，分解酵素の環境中での分布を定量的に把握することも重要な研究課題である。

　光分解性プラスチックにおいては，太陽光の作用で化学結合が切断され，高分子鎖が低分子化する。この過程は，生分解性プラスチックの一次分解過程に相当する。

　分解性プラスチックが酵素や太陽光によって低分子量化合物に分解された後，分解生成物は微生物体内に取り込まれる。一般に，分子量が数百以下の化合物になると，微生物の細胞内に透過できる。分解生成物は，微生物体内のさまざまな代謝経路を経て，各種の生体高分子を合成するために用いられたり，あるいはエネルギー生産のために用いられて炭酸ガス（好気的環境下）やメタン（嫌気的環境下）に変換される。この過程が，完全分解（Ultimate Degradation）過程と称されている。

　分解性プラスチックに要求される最も重要な性質は，分解生成物が自然環境のなかで有害物質とならないことであろう。生分解性プラスチックや光分解性プラスチックの開発にあたり，自然

との調和という視点を常に心に留めておく必要がある。

4 分解性プラスチックの開発

　理想的な分解性プラスチックは，いうまでもなく，使用している間は優れた性能を持続的に発揮し，廃棄後は，自然界の微生物や太陽光によって速やかに分解され，自然に還るプラスチックである。このようなコントロールされた寿命をもつプラスチックを開発するためには，高分子物質の生分解性や光分解性を制御できる方法論を構築する必要がある。しかし，現段階では，酵素分解性や光分解性を制御する方法論がない。したがって，分解性プラスチックの開発は，試行錯誤的手法を採用せざるを得ないのが現状であろう。近年，世界各国で活発な研究が開始された生分解性プラスチックの研究の現状について述べる。

　研究の対象となっている生分解性プラスチックを大別すると，つぎの3つに分類できる。
1） 微生物のつくる高分子
2） 植物，動物，海洋生物由来の天然高分子
3） 合成高分子

　微生物のつくる高分子には，多糖類(セルロース，プルラン，カードラン，ザンタンガムなど)，ポリアミノ酸（ポリグルタミン酸，ポリリジン），ポリエステルなどがある。また，植物（アミロース，セルロースなど），動物（キチン，キトサンなど），海洋生物（アルギン酸など）由来の天然高分子のプラスチック化についても，精力的な研究がなされている。これらの生物由来の高分子物質は，さまざまな酵素によって分解され，自然界の微生物によって資化される。

　ポリビニルアルコールやポリ－ε－カプロラクトンなど一部の合成高分子は，酵素によって分解することが知られている。しかしながら，多くの汎用高分子には生分解性が認められない。最近，アメリカを中心に，ポリエチレンとデンプンとのブレンドによって生分解性プラスチックをつくるという研究が進められ，一部は実用化されている。また，モノマーのアミノ酸や有機酸を発酵法で合成し，それらを化学合成法で高分子化するバイオケミカル高分子素材の開発も注目されている。

　分解性高分子は，環境適合性材料や新しいタイプの機能性材料として大きな可能性を秘めている。21世紀に向けて，優れた物性をもつ分解性プラスチックが開発され，自然との調和をめざす高分子材料として実用化されることを期待したい。

第2章 廃棄プラスチックによる環境汚染と規制の動向

1 国内の動向
― 深刻化するプラスチック問題と生分解性プラスチックの発展可能性 ―

山中唯義*

1.1 新しいプラスチックニーズ ― 分解性機能

　これまで我々は，天然素材の持つ様々な限界や制約からの脱却を目指して，いろいろなプラスチックを開発し，生活の向上はもとより，きわめて広範な科学技術，産業技術の発展に多大の貢献を果たし，『プラスチック文明』とも呼ばれる現在の社会を構築してきたが，同時にプラスチック公害とも呼ばれる廃棄物の処理の問題もクローズアップされるようになってきている。

　その結果，多くの優れた機能を備え，使用面の利便性を飛躍的に向上させてきたプラスチックに対し，いまや使用時の利便性のみならず，使用後の自然への影響，環境への配慮などを重視する分解性という機能を強く求める社会的ニーズが急速に高まってきている。

　こうした，従来からのプラスチック技術に加え，バイオテクノロジーの進展によって使用時にはプラスチックと同様の機能や特性を持ちながら，土中などの自然環境下の微生物によって容易

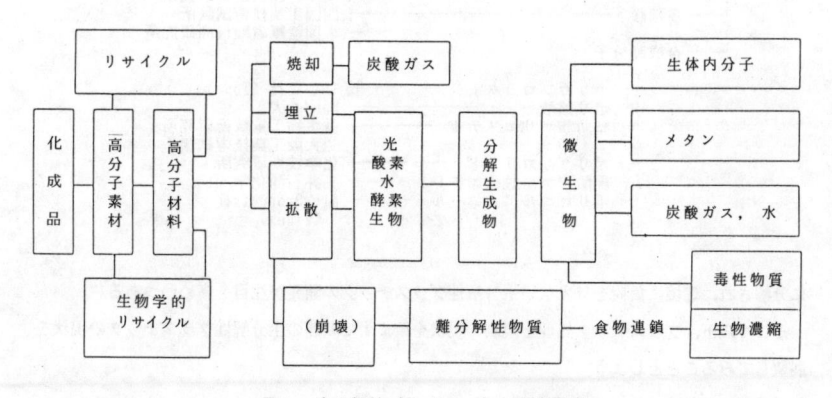

図1　生分解性プラスチックと地球環境

＊　Tadayoshi Yamanaka　通商産業省　資源エネルギー庁　備蓄課

第2章 廃棄プラスチックによる環境汚染と規制の動向

表1 生分解性プラスチックの開発の意義

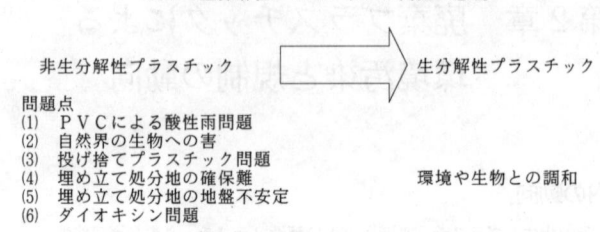

非生分解性プラスチック ⟹ 生分解性プラスチック

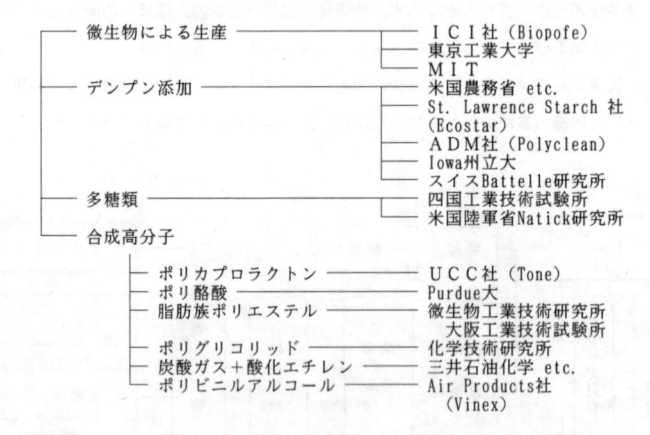

問題点
(1) PVCによる酸性雨問題
(2) 自然界の生物への害
(3) 投げ捨てプラスチック問題
(4) 埋め立て処分地の確保難　　　環境や生物との調和
(5) 埋め立て処分地の地盤不安定
(6) ダイオキシン問題

表2 生分解性プラスチック開発の意義

(1) 社会的ニーズに応える
(2) 世界の声に応え，協力の道を探る
(3) バイオテクノロジーの高分子領域への挑戦
(4) 高分子材料の精密合成・配列制御への挑戦
(5) 地球環境問題への貢献
　　── 地球の物質大循環を踏まえた産業技術体系への挑戦 ──

表3 生分解性プラスチックの分類

```
         ┌─ 微生物による生産 ──────┬─ ICI社 (Biopofe)
         │                          ├─ 東京工業大学
         │                          └─ MIT
         │                          ┌─ 米国農務省 etc.
         ├─ デンプン添加 ───────────┼─ St. Lawrence Starch 社
         │                          │  (Ecostar)
         │                          ├─ ADM社 (Polyclean)
         │                          ├─ Iowa州立大
         │                          └─ スイスBattelle研究所
         ├─ 多糖類 ─────────────────┬─ 四国工業技術試験所
         │                          └─ 米国陸軍省Natick研究所
         └─ 合成高分子
                ├─ ポリカプロラクトン ──── UCC社 (Tone)
                ├─ ポリ酪酸 ─────────── Purdue大
                ├─ 脂肪族ポリエステル ── 微生物工業技術研究所
                │                        大阪工業技術試験所
                ├─ ポリグリコリッド ──── 化学技術研究所
                ├─ 炭酸ガス＋酸化エチレン ── 三井石油化学 etc.
                └─ ポリビニルアルコール ── Air Products社
                                          (Vinex)
```

に分解され，環境に負荷を与えない生分解性プラスチックの開発が注目を高めつつある。

そこで以下，プラスチック処理と規制の現状を踏まえて問題の生分解性プラスチックの現状を展望してみることとしよう。

1.2 廃プラスチック排出の現状とその問題点

我が国においてポリエチレン等のプラスチックの生産が始まったのは1950年代後半になってか

1 国内の動向

らであり，国内での消費は経済の発展とともに増加し，1964年には100万トンを，1970年には400万トンを越え，その後のオイルショック等の影響により一時減少したときがあったものの，その後ほぼ一直線的に伸びてきており，1988年には生産量で1,100万トン，国内消費で1,000万トンの大台にまで達している。

その結果，当然のこととして昭和40年に入って急増する不要になったプラスチックの処理について，埋め立てても腐らないため減容化せず，埋め立て地盤が軟弱化すること，また燃やせば高熱を発生し，焼却炉を損傷したり，有害な塩化水素などのガスを出すなどの理由により，廃プラスチックの円滑な処理が社会的要請となるまでに至った。

我が国1人当りのプラスチック消費量は，表4のように35年前が1.2kg／年であったものが1988年には70倍近い81.17kg／年となってきており，また表5のようにごみの中に占めるウェイトも近年再び上昇基調にあり，最近の地球環境保全意識の高まりと呼応して，再び飛散する非分解性プラスチック廃棄物の処理について，内外から，適切に回収，リサイクルできない限り，いろいろな使用制限を行うべき，との認識も台頭しつつある。

表4 我が国における1人当たりのプラスチック消費量

年	生産量 千t	輸出量 千t	輸入量 千t	国内消費量 千t	人口 千人	1人当たり消費量 kg／年
1955	101	5	11	107	89,276	1.20
1956	151	7	29	173	90,172	1.91
1957	234	10	42	266	90,928	2.92
1958	244	23	50	271	91,767	2.95
1959	397	40	48	405	92,641	4.38
1960	554	51	42	545	93,419	5.83
1961	690	54	65	701	94,287	7.44
1962	823	87	42	778	95,181	8.18
1963	1,062	113	36	985	96,156	10.25
1964	1,376	142	45	1,279	97,182	13.17
1965	1,601	251	23	1,373	98,275	13.98
1966	1,994	361	29	1,662	99,036	16.78
1967	2,675	390	34	2,319	100,196	23.14
1968	3,462	518	44	2,988	191,331	29.49
1969	4,275	815	46	3,506	102,536	34.19
1970	5,127	1,099	52	4,080	104,340	39.11
1971	5,198	1,275	49	3,972	105,600	37.61
1972	5,675	1,405	73	4,343	106,960	40.60
1973	6,537	1,153	215	5,599	108,350	51.68
1974	6,693	1,106	241	5,828	109,670	53.15
1975	5,167	1,260	79	3,986	111,940	35.61
1976	5,802	1,217	129	4,714	113,089	41.69
1977	5,849	1,352	132	4,629	114,165	40.55
1978	6,748	1,403	192	5,537	115,174	48.07
1979	8,210	1,220	266	7,256	116,155	62.47

（つづく）

第2章 廃棄プラスチックによる環境汚染と規制の動向

年	生産量 千t	輸出量 千t	輸入量 千t	国内消費量 千t	人口 千人	1人当たり消費量 kg／年
1980	7,518	1,113	295	6,700	117,060	57.24
1981	7,038	1,166	367	6,239	117,884	52.92
1982	7,135	1,146	426	6,415	118,693	54.04
1983	7,812	1,265	363	6,910	119,483	57.83
1984	8,914	1,401	380	7,893	120,235	65.65
1985	9,232	1,400	440	8,272	121,070	68.33
1986	9,374	1,666	613	8,321	121,670	68.39
1987	10,032	1,791	603	8,844	122,310	72.31
1988	11,016	1,704	657	9,969	122,810	81.17

表5 ごみ組成に占めるプラスチック分（大阪市）

年度	水分	灰分	可燃分	プラ分	紙分	発熱量
1960	48.2	22.7	29.1	1.0	15.6	1,095
1965	50.4	18.7	30.9	1.6	19.6	1,163
1970	50.7	20.8	28.5	6.0	14.1	1,138
1975	51.5	15.6	32.9	5.3	17.8	1,404
1980	49.7	15.5	34.8	7.6	18.7	1,608
1985	40.4	21.5	38.1	8.5	17.2	1,847
1986	42.2	17.8	40.0	9.5	20.5	2,020
1987	41.8	15.5	42.7	9.8	23.1	2,073
1988	38.5	14.8	46.7	13.2	20.5	2,211

単位：成分は％，ただしプラ分，紙分は可燃分の内数
発熱量は，kcal／kg，低位発熱量

表6 日本のごみ処理の概況

年	処理区域 総人口 千人	比 ％	総排出量 t／日 日常生活	計画処理	焼却比率 ％	埋立比率 ％	その他比率 ％	一人当たり排出量 A／Bg／日
1960	47,440	49.8	24,399		31.1	42.9	26.0	514
1961	53,428	55.7	26,232		39.2	32.5	28.3	491
1962	57,074	59.0	28,433		36.8	35.0	28.2	498
1963	58,533	60.1	35,900		39.2	35.5	25.3	613
1964	60,552	61.6	40,045		38.1	40.4	21.5	660
1965	64,231	65.4	44,522		37.9	39.6	22.5	695
1966	67,855	67.3	49,406		45.2	34.3	20.5	712
1967	71,292	70.3	53,825		47.3	37.7	15.0	755
1968	76,080	74.6	62,005		48.3	36.2	15.5	815
1969	80,592	78.4	70,115		51.0	35.3	13.7	870
1970	84,694	81.6	76,998		55.3	33.5	11.2	910
1971	99,127	94.8	83,328		45.3	33.1	21.6	841
1972	101,039	95.5	91,757	100,470	46.5	33.3	20.2	908
1973	106,654	99.5	95,052	106,233	47.5	33.7	18.8	891
1974	110,034	—	84,205	98,371	54.6	30.2	15.2	765

（つづく）

1 国内の動向

年	処理区域 千人	総人口 比 %	総排出量 t／日 日常生活	計画処理	焼却比率 %	埋立比率 %	その他比率 %	一人当たり排出量 A／Bg／日	
1975	111,554	99.3	87,167	104,312	57.8	28.1	14.1	781	
1976	112,589	98.9	87,406	101,576	60.6	26.9	12.5	776	
1977	113,904	99.7	90,285	105,893	63.3	26.3	10.4	793	
1978	115,073	99.8	93,110	111,039	64.2	26.1	9.7	809	
1979	116,173	99.6	95,746	115,746	65.2	25.1	9.7	824	
1976	112,589	98.9	87,406	101,576	56.7	42.0	1.3	776	
1977	113,904	99.7	90,285	105,893	58.6	39.9	1.5	793	
1978	115,073	99.8	93,110	111,039	58.9	39.3	1.8	809	1,028
1979	116,173	99.6	95,746	115,158	59.0	38.7	2.3	824	1,049
1980	116,678	99.4	94,354	113,728	60.4	37.1	2.5	809	1,032
1981	117,660	99.6	97,418	110,209	64.5	32.3	3.2	828	993
1982	118,581	99.7	99,831	115,256	65.3	32.3	2.4	842	1,028
1983	119,210	99.6	98,417	110,975	67.6	29.6	2.8	826	984
1984	120,166	99.8	100,066	112,590	69.1	28.0	2.9	833	981
1985	120,774	99.6	102,199	113,782	70.6	26.4	3.0	846	986
1986	121,801	99.8	104,324	117,693	71.9	24.6	3.5	857	1,007
1987	122,025	99.9	108,457	122,762	72.6	23.4	4.0	889	1,040

注：1960～1979は清掃部門の収集量（計画収集量）＋自家処理量を総排出量として焼却比率等算出の基礎にしているが、1976以降は計画収集量＋直接搬入量を計画処理量として算出の基礎にしている。また従来の総排出量を人の日常生活に伴って生ずるごみの総排出量として区別している。一人当たり排出量については、A：日常生活をベース、B：計画処理量＋自家搬入量をベースにしている。

表7 プラスチックの生産量と排出量

年	生産量 千t／年	廃プラ対象量 千t／年	排出量合計 千t／年	一般廃棄物 千t／年	%	産業廃棄物 千t／年	%
1972	5,675	3,337	1,906	1,137	60	769	40
1973	6,537	4,461	2,315	1,345	58	970	42
1974	6,693	4,847	2,532	1,478	58	1,054	44
1975	5,167	3,146	2,613	1,471	56	1,142	44
1976	5,802	3,702	2,567	1,444	56	1,123	44
1977	5,849	3,603	2,616	1,452	55	1,164	45
1978	6,748	4,431	2,650	1,446	55	1,204	45
1979	8,210	6,065	2,853	1,545	54	1,308	46
1980	7,518	5,523	3,258	1,784	55	1,474	45
1981	7,038	5,179	3,490	1,974	57	1,516	43
1982	7,135	5,343	3,538	2,025	57	1,513	43
1983	7,812	5,790	3,685	2,148	58	1,537	42
1984	8,914	6,627	3,988	2,171	54	1,817	46
1985	9,232	6,994	4,188	2,317	55	1,871	45
1986	9,374	7,296	4,528	2,502	55	2,026	45
1987	10,032	7,916	4,656	2,604	56	2,052	44
1988	11,016						

第2章　廃棄プラスチックによる環境汚染と規制の動向

表8　日本，アメリカ，ヨーロッパのごみ焼却炉（1986年現在）

国　名	人口百万人	都市ごみ量万t／年	1人当たりごみ量kg／年	焼却炉数基	焼却ごみ量万t／年	焼却比率％	排ガス処理施設付基	排ガス処理比率％
日　　本	122	4,296	352	1,899	3,086	72		(100)
アメリカ	232	14,300	618	157	1,430	10		
オーストリア	6	160	270	3	35	22	1	33
ベルギー	10	280	280	29	132	47	11	38
スイス	6	220	370	34	170	77	6	18
西ドイツ	60	1,900	320	47	650	34	31	66
デンマーク	5	180	360	46	145	81	0	0
フランス	54	1,700	315	284	700	41	0	0
イギリス	57	1,800	320	38	180	10	0	0
イタリア	57	1,400	250	80	250	18	3	4
オランダ	14	430	310	11	170	40	1	9
スウェーデン	8	250	310	23	140	56	5	22
ヨーロッパ計	277	8,320	300	595	2,572	31	58	10

注：日本のごみ焼却炉は1977年の大気汚染防止法の改正により，塩化水素の排出基準を430ppmとし，既設炉に対しても1979年より適用することになっている。1984年に当協会がアンケート調査した結果では，回答のあった 462施設では全て何らかの形の排ガス処理施設が設置されていた。
ヨーロッパでは1988年までに，スイスで10施設，フランスで14施設の排ガス処理施設の建設計画がある。

1.3　海洋汚染にみる廃プラスチック問題

　四方を海で囲まれた我が国は，海洋環境保全には，とりわけ強い利害関係を有しており，すでに漁業の中には捕鯨のように厳しい局面に立たされているものも少なくない。

　この背景の1つには，漁業者は加害者であるという考え方が存在することであり，グリンピースなど，この考え方に基づいた過激な環境団体の抗議行動や米国などの批判もあり，生物に悪影響を及ぼす海洋における廃棄物は漁業活動に由来するものが少なくない，とのことが漁業関係の国際会議で頻繁に議論されるようになってきている。

　当の海上漂流物については，1986年から水産庁が所属調査船や取締船などが航行中に探索した海上漂流物調査を行っているが，これによると，図2のように1988年のべ約43万kmにわたる調査

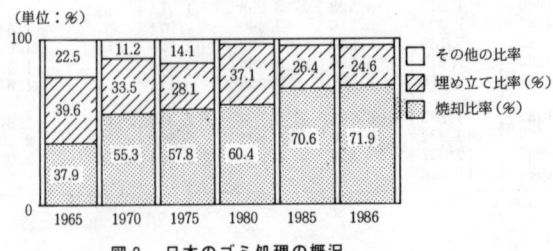

図2　日本のゴミ処理の概況

1　国内の動向

で発見された約3万7千個のうちの過半数がプラスチック類であったこと，また漂流物の多く分布する海域は必ずしも廃棄物の発生の多い沿岸域だけでなく，太平洋中央部にも集積している，との結論が得られており，その漂流域は意外と広い。

これら海洋に存在する廃棄物の中には，これまでのような排出規制だけでは完全に問題が解決しないものが少なくない（つまり風雨などにより陸上から飛散しないで意図せずに流れ出してしまうといったもの）。

ただ，これらの海洋漂流物は，いったん，漂流を始めると海鳥などの海洋生物に絡みついたり，岩礁に絡みつき，海藻の生育を妨げるといった事態を引き起こす一因となっているものである（ちなみに，北海道大学が行った北太平洋およびベーリング海で採集されたミズナギドリ類542羽のうち80％以上にプラスチックの飲み込みが確認され，また東海大学が行った駿河湾での深海性の魚類のミズウオ372尾のうち60％強にプラスチック類の飲み込みが確認されているほか，姫路水族館の調査によると日本近海で採集されたウミガメ17匹のうち14匹の消化管内でプラスチック類が発見されている）。

以上のように，非分解性のプラスチックや漁網が海洋に流出し蓄積されると，自然景観を損なうのみならず，オットセイなどの動物が死滅するなどの事件が起こる。そこでこういった事態を

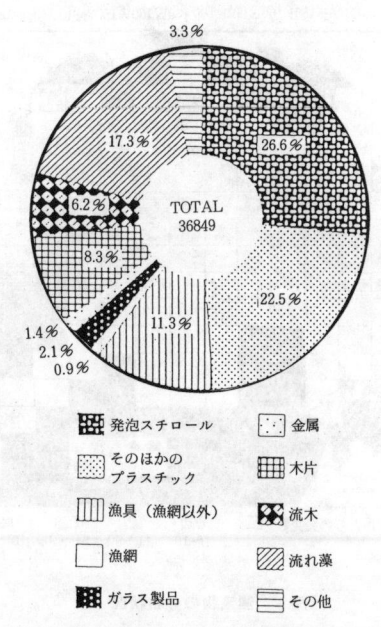

図3　北太平洋で目視観察された漂流物の種類構成（1988年水産庁調査）

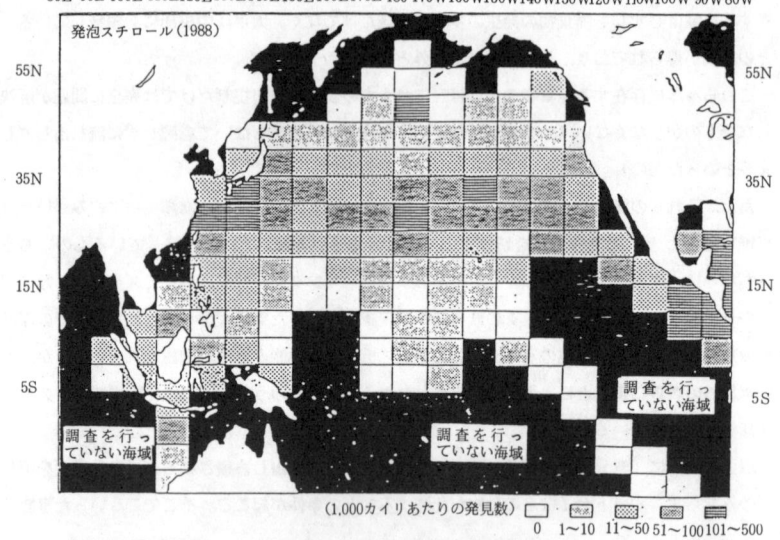

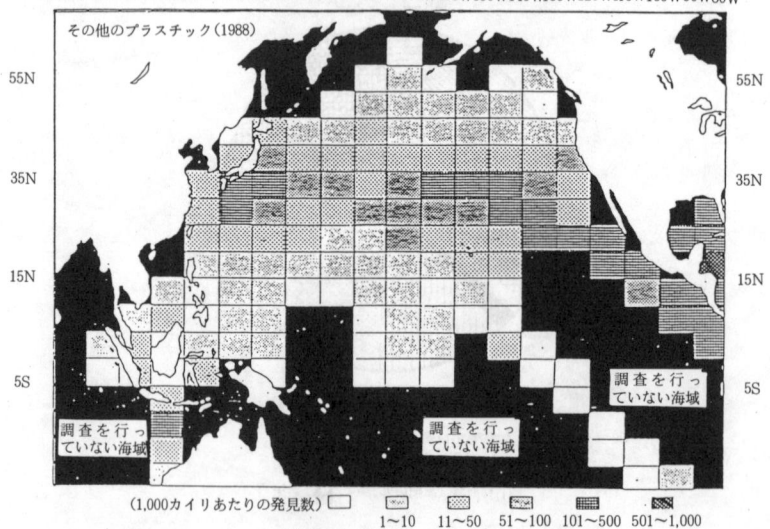

第2章　廃棄プラスチックによる環境汚染と規制の動向

図4　漂流物の分布状況

（1988年調査，海域：太平洋）上：発泡スチロール，下：そのほかのプラスチック

防止するため，船舶からの海洋汚染について，海洋汚染防止条約「ＭＡＰＲＯＬ73／78条約」（付属書Ｖ）が，1988年12月31日に発行され，海洋へのプラスチック製品の投棄の全面禁止が国際的に実施されている。またこれに先立ち我が国では，1976年の「海洋汚染および海上災害の防止に関する法律（通称：海洋投棄規制法）」が1988年7月より強化され，プラスチックをそのままの状態で海洋に投棄することは禁止され，灰の状態でなければ，投棄できないこととなっている。

1.4 地方自治体等におけるプラスチックごみの取り扱い

過去，万博会場でのプラスチック容器の使用禁止（1969年），ポリエチレン製牛乳容器の中止要求などの行政指導的なものはあったものの，現時点で地方自治体がプラスチック類の使用を制限しているところはないものの，プラスチックごみ処理問題の検討を積極的に進めている地方自治体も出てきている。その代表とされるのが地方自治体レベルで最大の廃棄物処理を行っている東京都である。

東京都では，23区内だけで年間 500万トン弱のゴミが発生（大阪府の約 2.5倍）する一方，焼却率は，全国都市平均72％を大幅に下回る60％であり埋立地，焼却能力ともそのゴミの増加速度についていけない状況にあり，平成7年度までの使用を予定している埋立処理場の寿命も短命化が予見される。このような中，東京都清掃局では，平成元年6月より，ゴミの減量を目的としたキャンペーン「Tokyo SLIM 89」を展開するとともに，東京都清掃条例（昭和47年4月1日）を踏まえ，将来プラスチックがこの条例にいう「その適正なる処理が困難と認められる場合」に相当するかどうか，東京都清掃審議会等において検討が進められている。

現在，適正処理困難物のチェックは，一般に厚生省が廃棄物処理法に基づき昭和62年に定めたガイドラインによって行われているが，ガイドラインでは，製品が将来，廃棄物処理が困難となるかどうかは，業者の「自己評価」にゆだねられているが，東京都では，昭和47年に施行された清掃条例により，表9にみられるように，東京都知事は将来プラスチック廃棄物が「その適正なる

表9　東京都清掃条例（昭和47年4月1日施行）

第1章　総則
第3部　事業者の責務
第14条　事業者は，ものの製造，加工，販売等に際して，その製造，加工，販売等に係わる製品・容器等が廃棄物となった場合において，その適正な処理が困難となるものについては，その製造，加工，販売等を自ら抑制しなければならない。
第2章　廃棄物の処理
第1節　通則
第19条　(1)第14条に規定する適正な処理が困難となる物の，製造，加工，販売等を行う事業者は自らの責任で当該物を下取り等により回収しなければならない。
　(3)知事は第(1)項に規定する事業者が当該物を回収しないと認めるときはその事業者に対し期限を定めて回収するよう命ずることができる。
第6章　罰則
第71条　次の各号の1に該当するものは，5万円以下の罰金に処する。
　(1)第19条第3項の規定による命令に違反をしたもの。

第2章 廃棄プラスチックによる環境汚染と規制の動向

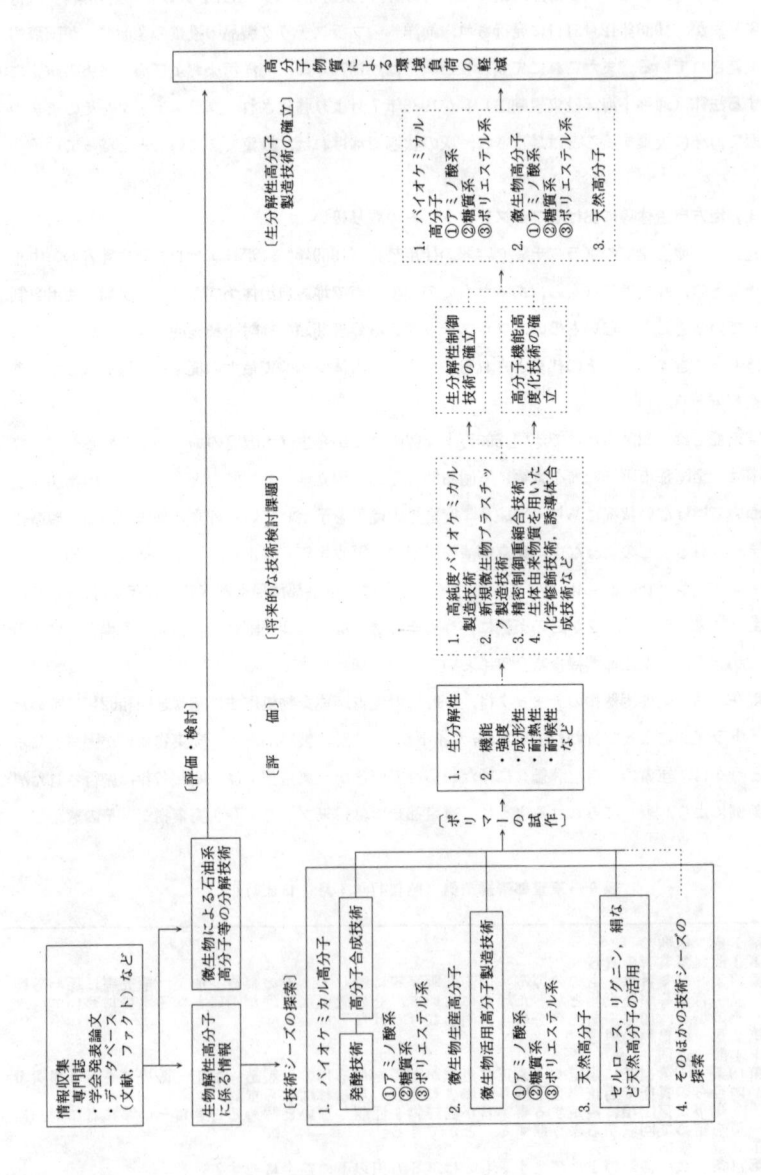

図5 生分解性プラスチックの開発プログラム

1　国内の動向

処理が困難と認められた場合」には，回収命令が出せる状況となっており，この「適性処理困難物」の判定について「将来適正処理が可能かどうか」を厳しくチェックする「ごみアセスメント制度」の創設を検討中とされ，この制度で処理困難物と評価された製品については，その現行都条例に基づき業者に下取りや製造，販売の自粛を求め，守られない場合には回収を命ずることとなる。東京都では，このアセスメント手法などについて早急につめ，できるだけ早い時期に実施したい意向とされ，他の自治体にも同様な条例検討を働きかけ，最終的にはこうした方向で廃棄物処理法を改正するよう国に働きかけていくとみられている。

1.5　脚光浴びる生分解性プラスチック

一言で生分解性プラスチックといってもいろいろなものがある。

今，最ともポピュラーとなっている生分解性プラスチックというと，アメリカなどで多く用いられているコーンスターチのような微生物が分解可能な物質をプラスチックの中に練り込み，プラスチックの形状に崩壊性をもたせたものがある。

ただこれは，ある程度の崩壊性は確認されているものの，完全な生分解性を有するものではなく，微小化したプラスチックそのものの挙動が，まだ未解決であり，抜本的な対策とは考えにくいというのが一般的な見方となっており，現状は，技術的には，まだ技術シーズ探索の段階にあると考えられよう。

現在，生分解性プラスチックの技術シーズには，図5，図6にみられるように「バイオケミカル高分子」「微生物生産高分子」「天然高分子」「そのほかの技術シーズ」の4種類に区分される（なお，上述のコーンスターチ練り込みタイプのものは，このうちの4番目の「そのほかの技術シーズ」に分類されよう）。

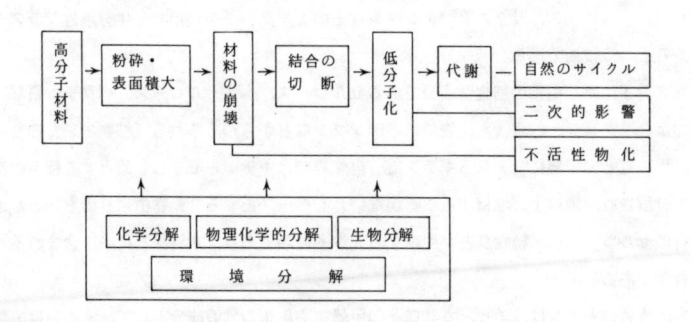

図6　環境分解性プラスチックの環境分解のステップの一例

第2章 廃棄プラスチックによる環境汚染と規制の動向

表10 生分解性プラスチックの研究の比較

	現　状	特　徴	用　途	問題点	開発課題
1. 微生物による生産	・ポリヒドロキシ酪酸（PHB）および，その誘導体 ・（プルラン）	・高い生分解性 ・生体適合性	・魚網・釣糸 ・薬剤放出調節基材	・コスト高（培地，菌株の生産性，生産物の精製） ・耐熱性の機械的強度の幅がせまい	・菌株の育種改良 ・培養方法の改良 ・他のポリマー生産菌の探索
2. バイオマスの利用	・セルロースーキトサン混合 ・（セルロースや木粉のエステル化）	・高い生分解性 ・通気性がある	・農業用フィルム ・鉢，ひも	・熱可塑性がない ・水に弱い ・資源の制約	・加工方法の開発 ・耐水性の付与 ・デンプン，アルギン酸等，他のバイオマスの利用
3. 生分解性の合成高分子の開発	・ポリエステルーナイロン共重合体 ・（ポリエステル共重合体）	・種々の物理化学的性質の物が作れる ・コストが比較的安い ・既存の合成・加工装置が使える	・各種の包装材 ・冷蔵食品用の皿 ・インスタント飲食料品用の容器	・完全分解性にするために共重合体反応の制御が必要	・共重合反応の制御方法の開発 ・物理化学的性質と生分解性との関係の解明 ・ポリエチレンやポリプロピレン等の汎用高分子にエステル結合や水酸基を導入する技術の開発

1.5.1 天然高分子

　これは，セルロース，リグニン，デンプンなどの天然高分子を利用して生分解性プラスチックをつくるという技術である。

　天然高分子には，植物の細胞壁成分であるセルロース，ヘミセルロース，ペクチン質などの多糖類およびリグニン，貯蔵炭水化物であるデンプンなどからつくられる「植物由来」のものと，エビ，カニなどの甲羅に含まれるキチン質（自然界ではキチナーゼをはじめとする種々の酵素により生分解され，地球上に堆積することがない）をベースとする「動物由来」のものとがある。

　前者のセルロースは，植物などが生産する天然多糖類であり，木材などに多く含まれるバイオマス資源である。

　一方，後者のキチンは，エビ，カニなどの甲殻類や昆布の外殻成分として，あるいは菌類の細胞壁成分として存在し，その地球規模での生産はセルロースに次いで多い物質である。

1　国内の動向

　この場合，両者の化学構造は類似しており，セルロースのC－2位の水酸基がアミノアセチル基で置換されたのがキチンであり，キチンを加水分解するとキトサンが得られる。キチンとキトサンは，キチン質と呼ばれ，自然界に分布する唯一の塩基性多糖で，生物合成，生物分解される，環境汚染をもたらすことのない天然高分子素材である。

　ちなみに，この微細に叩解したセルロース繊維，キトサンの酢酸水溶液および第3成分を一定の比率で混合すると高粘性となり，これをガラス板のような平板に流延して乾燥，または熱処理すると半透明なシートが得られる。このシートの引張強度は製造条件によっても異なるが約1,000 kg/cm^{2}であり，湿潤状態でも十分な強度を有しているとの報告もなされている。

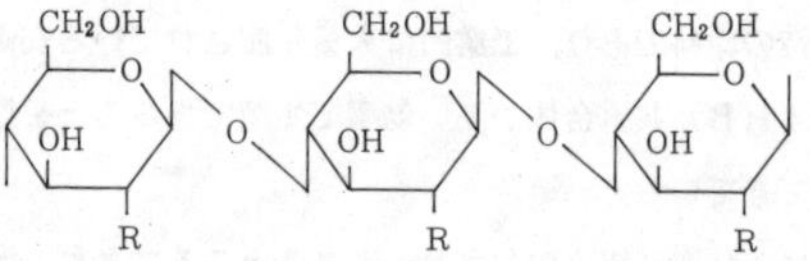

　　　　セルロース：R＝OH
　　　　キチン：R＝NHCOCH$_3$　　　キトサン：R＝NH$_2$

図7　セルロース，キチンおよびキトサンの化学構造

1.5.2　微生物生産高分子

　微生物生産高分子とは，微生物がつくり出す高分子を活用してプラスチック的機能をもつ物質をつくろうとするものである。

　例えば，多くの微生物は，エネルギー貯蔵物質として3HB（D－3－ヒドロキシブチレート）の光学活性ポリエステルP（3HB）を生合成し，菌体内に顆粒状に蓄えており，自然環境下で資化する炭素源がなくなると，分解酵素によってP（3HB）を分解し，生命活動のエネルギー源として利用していることが知られている。そこで，こういった微生物メカニズムを用いて利用性の高いポリエステル系プラスチックをつくろうとする技術である。

　このバイオポリエステルは175〜180℃に融解温度をもつ成型加工の容易な熱可塑性プラスチックであり，しかも自然界の微生物によって分解される（生分解性）プラスチックであり，公害防止，環境保全の立場からいうと，これほどたのもしいものはない。

　ただ一方で，よいことばかりではない。上述のP（3HB）は結晶性の高い強いプラスチックである反面，きわめてもろいという欠点も有しているため，これまで実用化されていなかった。そこでこの欠点を克服すべく，微生物のエサに相当する炭素源を変えることにより，より使いやすいプラスチックの開発が続けられているのである。

　少し詳しくなるが，英国ICIでは，水素細菌にプロピオン酸を与えると3HBと3－ヒドロキシバリレート（3HV）との共重合ポリエステルが発酵合成できることを見出し，これをきっ

第2章　廃棄プラスチックによる環境汚染と規制の動向

かけに，現在では，糸やフィルムまで成形加工できるP（3HB-co-3HV）を年間数トンの規模で生産し，「バイオポール」という商品名で試験的に販売しているほか，我が国の東工大土肥義治助教授らのグループがＩＣＩの特許に触れない独自の3HBと4-ヒドロキシブチレート（4HB）からなる新しいポリエステル共重合体の製造に成功している。

この新しいバイオポリエステルは，共重合組成を調節することによって硬いものから弾性に富むゴムまで幅広い物性を示し，多種多様な製品に加工できるメリットがある。

その反面，P（3HB-co-4HB）共重合体の発酵生産原料である4-ヒドロキシ酪酸は，きわめて高価であることが欠点とみられてきていた。しかしこの点でも，土肥助教授らは安価な原料へのシフトを図るべくさまざまな炭素源をテストした結果，1,4-ブタンジオール〔合成ポリエステル（PBT）製造の原料であり，工業的に大量生産されている安価な化成品である〕からもP（3HB-co-4HB）共重合体が高い効率で生産できることを見出し，より実用化の可能性の高いものとなってきている。

研究は以上のようにいろいろな取り組みがなされつつあるところであり，微生物のつくる共重合ポリエステルは，その分子構造と共重合組成を変えることによって結晶性の高いプラスチックから弾性に富むゴムまで幅広い物性を示す素材となるとともに，熱安定性や成型にも優れ，強い糸や透明でしなやかなフィルムにも加工できるなどの展望が開かれつつあり，1990年後半にも本格的商品化を予定しているイギリスＩＣＩ社でも，4,500～7,000円／kgする現在の生分解性プラスチック「バイオポール」のコストも，生産規模が大きくなり，技術的な進歩も考慮すれば，汎用

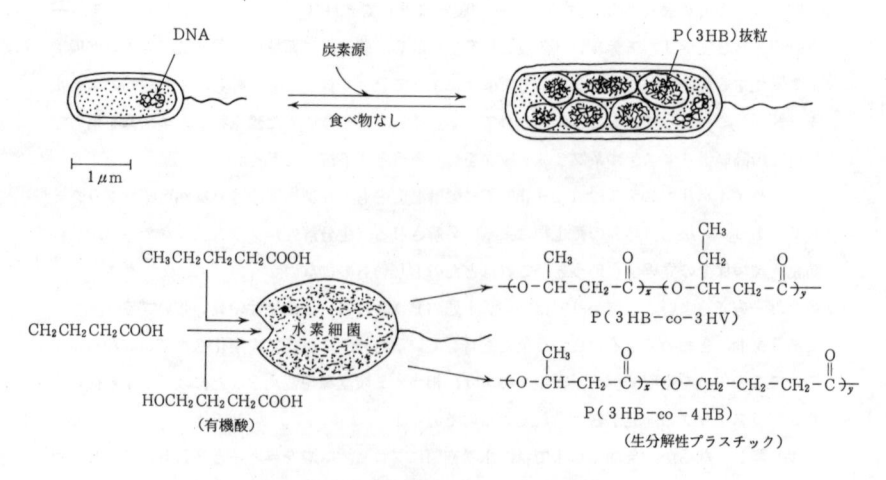

図8　微生物によるプラスチックの生産（例）

1 国内の動向

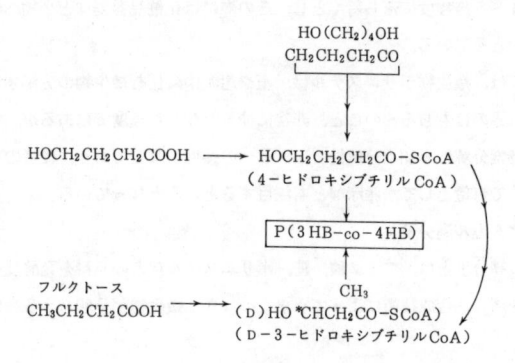

図9 P(3HB-co-4HB)の生合成経路

表11 微生物のつくる共重合ポリエステル

微生物	炭素源	構造
Alcaligenes eutrophus *Bacillus megaterium* *Rhodospillum rubrum*	プロピオン酸 吉草酸	P(3HB-co-3HV)
Pseudomonas oleovorans	$C_6 \sim C_{12}$のアルカン	P(3HA) $n = 2 \sim 8$
A. eutrophus	4-ヒドロキシ酪酸 1,4-ブタンジオール γ-ブチロラクトン	P(3HB-co-4HB)
A. eutrophus	4-ヒドロキシ酪酸 吉草酸	P(3HB-3HV-4HB)
A. eutrophus	5-クロロ吉草酸	P(3HB-3HV-5HV)

3HB：3-ヒドロキシブチレート　　3HV：3-ヒドロキシバリレート　　3HA：3-ヒドロキシアルカノエート
4HB：4-ヒドロキシブチレート　　5HV：5-ヒドロキシバリレート

第 2 章　廃棄プラスチックによる環境汚染と規制の動向

プラスチックの 4～5 倍程度に落ち着くとし，その際には化粧品容器など小物への適用から利用が進んでいくものとみている。

一方，分解面では，微生物ポリエステルは，土や汚泥中に住む微生物の分泌する酵素によって速やかに分解されるのはもちろんのこと，非常にゆったりした速度ではあるが，水によっても分解されるという酵素分解性と加水分解性という 2 つの特性を有しており，後者の点からは漁網，つり糸などに極めて有望として水産庁なども注目するところとなっている。

1.5.3　バイオケミカル高分子

バイオケミカル高分子とは，アミノ酸，糖，ポリエステルなどの原料を発酵技術によって安価に製造し，それを高分子合成技術によってうまくつなぎ，微生物が分解しうる高分子をつくる技術のことである。

この技術は，微生物生産高分子の研究では，カバーできない点を補完するとともに，機能のコントロールをより容易にし，豊かなバリエーションを付与することができる理想的な技術である。

一方，通産省工業技術院微生物工業技術研究所の主任研究官常盤豊氏らは，既存の石油系プラスチックを組み合わせたタイプの生分解性プラスチックを開発している。

このプラスチックは，微生物分解性が明らかな脂肪酸ポリエステル（ポリカプロラクトン）とナイロン－1, 2 を化学的に共重合させたもので，低密度ポリエチレン並みの強度があり，一般の汎用プラスチックと同様に成形できるという。

脂肪酸ポリエステルは，微生物のもつリパーゼ，エステラーゼなどの酵素でよく分解する。またナイロンも，10 量体以下なら生分解するという性質がある。

ただ，脂肪族ポリエステルの 1 種のポリカプロラクトンのホモポリマーは融点が 60℃と低く，物理的にも弱いが，ナイロンとの共重合物は，生分解性を維持したままで，物性を改善することができるという。

これまでの研究によると，いわゆる高分子物質が生分解を受け難いのは，高分子鎖に働く相互作用の強さと分子鎖の剛直性によるところが大きいと考えられている。このような相互作用の大きさと剛直性を表わす指標に「融点」があり，一般に融点の高い高分子物質ほど，微生物を

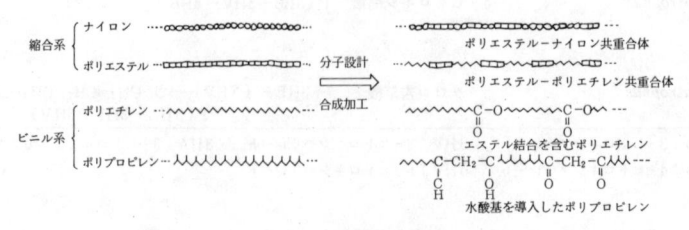

図10　バイオケミカル高分子合成とその構造（例）

1 国内の動向

表12 生分解性プラスチックの物性（微生物工業技術研究所）

	組成（wt%）		T_m(℃)	降伏点強度 (kg/cm²)	降伏点伸び (%)	破断点強度 (kg/cm²)	破断点伸び (%)
	ナイロン12	ポリカプロラクトン					
1	90	10	168	143	22	102	548
2	0	100	62	146	11	471	961
3	60	40	165	—	—	211	610
4	100	0	172	—	—	544	554

高圧法ポリエチレンの引っ張り強度は 100～180 kg/cm²

表13 種々の合成高分子物質の物性と生分解性との関係

合成高分子	融点	機械的強度	生分解性
①脂肪族ポリエステル	低い	低い	ある
②芳香族ポリエステル（テトロン）	高い	高い	ない
③ポリアミド（ナイロン）	高い	高い	ない
④ポリエチレン	やや高い	高い	ない
⑤ポリプロピレン	やや高い	高い	ない
⑥①と②～⑤の共重合体	やや高い	やや高い	ある

受け難いことがわかっている。

したがって固体状態で生分解性の高い高分子物質を分子設計するに当たっては，

①高分子物質の構造単位（モノマー）の間の結合が生分解されやすい化学構造のものを選ぶこと

②ナイロンのような生分解されない高分子物質を用いる場合は，生分解されやすいオリゴマー（2～20量体程度）にして高分子鎖中に配置する工夫をすること。

③融点（軟化点）は，用途上の差し障りがない限り低くすること

などが有効とされている。

1.6 もう1つの分解性プラスチック ― 光分解性プラスチック

プラスチックの特徴は，耐候性，耐薬品性，耐腐蝕性などがあり，これらがプラスチック利用のメリットでもあるが，反面，自然への還元の妨げともなっている要因でもある。

一般にプラスチックは 300nm以上の波長の光を吸収しないが，300nm 以上の太陽光がポリマーに当たると徐々に劣化していく。

これは，ポリマーの中の不純物が光を吸収し励起され，空気中の酸素がこれに作用して，ポリマー中にハイドロパーオキサイドを生成し，その分解により，図11のような自動酸化が進行していくためと考えられている。

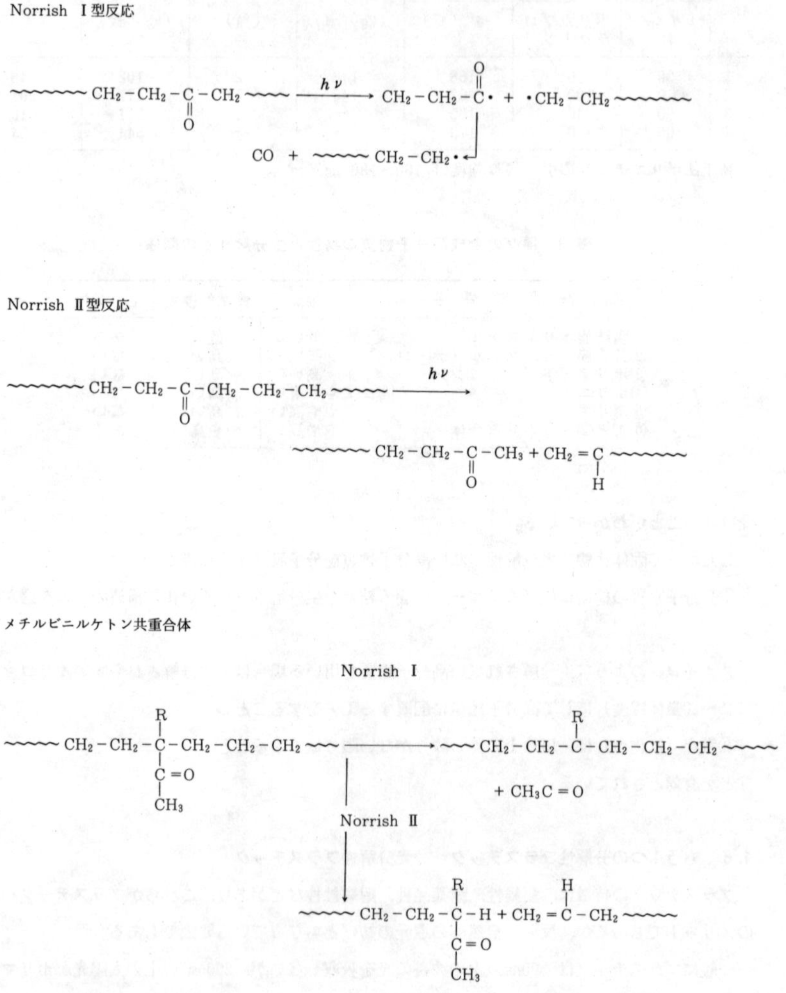

第2章 廃棄プラスチックによる環境汚染と規制の動向

Norrish I型反応

$$\sim\sim CH_2-CH_2-\underset{\underset{O}{\|}}{C}-CH_2 \sim\sim \xrightarrow{h\nu} \sim\sim CH_2-CH_2-\overset{\overset{O}{\|}}{C}\cdot + \cdot CH_2-CH_2 \sim\sim$$

$$CO + \sim\sim CH_2-CH_2\cdot$$

Norrish II型反応

$$\sim\sim CH_2-CH_2-\underset{\underset{O}{\|}}{C}-CH_2-CH_2-CH_2 \sim\sim \xrightarrow{h\nu}$$

$$\sim\sim CH_2-CH_2-\underset{\underset{O}{\|}}{C}-CH_3 + CH_2=\underset{\underset{H}{|}}{C} \sim\sim$$

メチルビニルケトン共重合体

Norrish I

$$\sim\sim CH_2-CH_2-\underset{\underset{\underset{CH_3}{|}}{C=O}}{\overset{\overset{R}{|}}{C}}-CH_2-CH_2-CH_2 \sim\sim \longrightarrow \sim\sim CH_2-CH_2-\overset{\overset{R}{|}}{C}-CH_2-CH_2 \sim\sim$$

$$+ CH_3C=O$$

Norrish II

$$\sim\sim CH_2-CH_2-\underset{\underset{\underset{CH_3}{|}}{C=O}}{\overset{\overset{R}{|}}{C}}-H + CH_2=\overset{\overset{H}{|}}{C}-CH_2 \sim\sim$$

図11 Norrish I型およびII型反応

1 国内の動向

そこで，この性質を利用してポリマー中にこのような光分解を促進させるための物質または構造を共存させて分解性を高めたのが光分解性のプラスチックである。

光分解プラスチックは最近，ダイエーグループがレジ袋，ゴミ用ポリ袋に採用し，既に身近になっている分解性のプラスチックであるが，その分解メカニズムにより，

①光分解物質（ベンゾフェノンなどのケトン類アントラキノンなどのキノン類といった光三重項励起によってポリマーから水素引き抜き反応を行う物質，光によって容易に分解する有機遷移金属化合物，光分解してラジカルを発生する化合物）などを添加する方法

②光吸収性のあるモノマー（一酸化炭素の共重合体のビニルケトン類の共重合体，不飽和結合をもつポリマーなど）を合成する方法

の2通りがある。前者の光分解用添加剤には，表14のようなものがあるが，さらに，光増感剤と光安定剤とを組み合わせることによりポリマーの分解速度をコントロールする技術も実用化されている。

表14 低分子光分解用添加剤に関する技術内容

分類	添加剤の種類	特許公開番号
(a) 芳香族化合物	（ベンゾフェノン、アントラキノン構造式）	48-54153 50-21079 50-34340
	（フルオレン、アセナフチレン、アントラセン構造式）	50-76176
(b) 金属化合物	$(\phi-\overset{O}{\overset{\|}{C}}-\underset{}{\bigcirc}-CO_2)_2 Cu$	48-40839
	$Fe(OH)(C_{17}H_{35}COO)_2$	48-48541
	安息香酸Na，アルキルベンゼンスルホン酸Na	48-99243
	クエン酸Fe	49-20246
	フェロセン	51-17931
	Cuアセチルアセトキレート／Znジメチルカルバメート	62-57436
	Feアセチルアセトキレート／Znジメチルカルバメート	62-199653
	$[Fe(アンチピリン)_6]^{3+}$	50-69160

(つづく)

第2章 廃棄プラスチックによる環境汚染と規制の動向

分　類	添　加　剤　の　種　類	特許公開番号
(c) シクロブタン	(構造式: OHC-C6H4-シクロブタン-C6H4-COOH, HOOC, CHO置換)	51-32545
(d) ハロゲン化合物	C6H6Cl6	47-6282
(e) 他分類間の混合物	テトラクロロベンゾキノン／ステアリン酸Fe	51-25546
	ヒンダードアミン／ZnO	59-133234
	アントロン／Cuアセチルアセトキレート	50-141641

　例えば，鉄-アセチルアセトン錯体およびNi-ジブチル-ジチオカルバメート錯体であり，前者は光増感剤として，後者は光安定剤として作用する。

　しかも，この種の金属錯体においては，UVエネルギーが吸収され，放出された金属イオンが触媒となって生成した活性基からポリマー鎖の分解連鎖反応が起き，しかも，この反応は日光がなくても進行するとされている。

　また，後者の共重合体型のものの光分解のメカニズムは，図11に示すようにNorrish IおよびII型反応による。

　エチレン—一酸化炭素共重合体（ECO）のようにケトングループをもつ分子は，I型，II型反応で主鎖の切断が起こるが，エチレン—メチルビニルケトン共重合体，スチレン—フェニルビニルケトン共重合体のように鎖にケトン基を有するポリマーはNorrish II型反応によって主鎖が切断されていく。

　図12は具体的な光分解劣化の一例であり，光曝露時間とともに急速に劣化していくことが表わされている。

　現在も光分解プラの研究は続けられているものの，そのトレンドとしては，図13，図14にみられるとおり，研究の主体は1975年以前に集中しており，2度にわたる石油ショックによるプラス

1 国内の動向

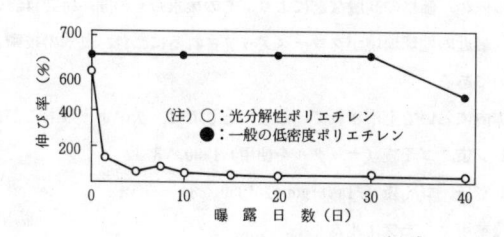

図12 光分解性フィルム（25μm）の屋外曝露日数と伸び率（例）

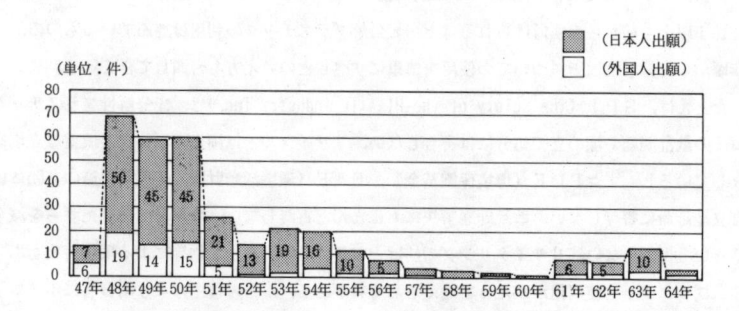

図13 分解型ポリマー公開特許出願件数
（PATOLIS固定キーワード RO41）

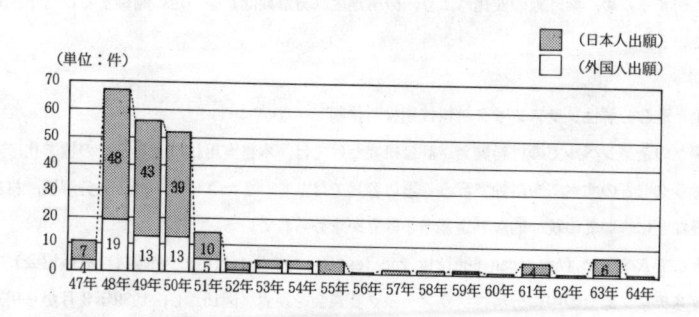

図14 光分解ポリマー公開特許出願件数

第2章　廃棄プラスチックによる環境汚染と規制の動向

チック需要そのものの低迷，価格の高騰などにより，その後永らくの間，研究は急速に沈静化してきていた。しかし，最近の地球環境がクローズアップされるにつれ，既知の技術として商品化が再び活発化する傾向にある。

なお，現在，日本国内において上市されているものとしては，次のようなものがある。

　　ダイエー　　　レジ袋，ゴミ袋（ナックルを使用）1990／3
　　ニチイ　　　　レジ袋，ゴミ袋（Plastigone）1990／3
　　サンプラック　農業用マルチフィルム
　　日本ユニカー　（ナックル；UCC／E／CO）1989
　　萩原工業　　　（Ecoster Plusist. Lawerence／モノ）1989

一方，アメリカでは，州によっては飲料缶のリングコネクターに分解性プラスチックの使用を10年以上も前から義務付けられるなど，光分解プラスチックの利用は進んでいるものの，1989年頃から光分解性樹脂についての使用を慎重にすべしとの考え方も台頭してきている。

たとえば，SPI（The Sciety of the Plastic Industry Inc.）は，光分解性プラスチックはゴミの散乱問題や埋め立て処分には寄与しない，リサイクルとは両立しない，と慎重な立場をPRしているし，またEDF（環境保護基金），EAF（環境活動財団）等環境保護の6団体は，埋立地延命に寄与しない，散乱問題解決にもほとんど寄与しない，自然界へのいたずらを減らせるという保証もない，リサイクリングの妨げとなる，分解（途上）物等による環境汚染もありうる，プラスチック使用量がかえって増えるおそれがある，などの理由により消費者にボイコットを求める声明を発表している。

また，技術的にも，地球上に到達する太陽光のエネルギーは緯度，時刻，気象条件により強度並びに分布が生じるが，一般に光分解型のポリマーの分解速度は，そこに照射される紫外線の量に比例するため，紫外線の変化により，分解速度（分解期間）を一定に制御することが困難とされている。

1.7　進む分解性プラスチック材料技術検討体制

個々の企業レベルでの材料開発，評価研究だけでは，本格実用化に至るまでの標準化，安全性チェックなどのすべてを単独で行うことは容易ではなく，またユーザーからも分解性，材料特性評価などについての統一的な判定基準の確立が求められている。

そこでASTM（American Society for Testing and Materials；米国材料試験協会）では，プラスチック部会の中に分解性プラスチック委員会を設置（図15）し，1989年3月から用語の定義，試験，評価方法についての検討をはじめるとともに，同年11月にはカナダ，トロントにおいて第1回の国際会議「First International Scientific Consensus Workshop on Degradable Materials」が開催されるなど国際的な取り組みも着々と進みつつある。

1 国内の動向

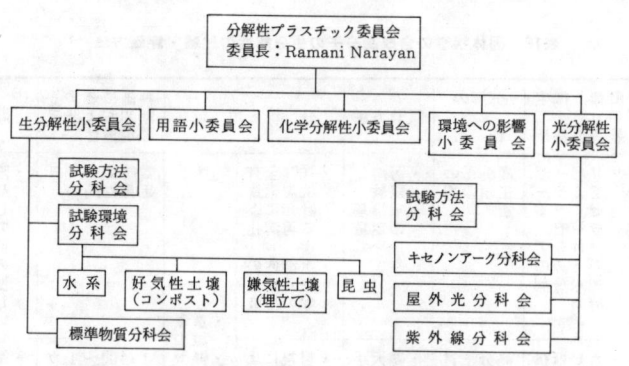

図15 ASTM分解性プラスチック委員会の組織図

```
           分解性プラスチック委員会
           委員長：Ramani Narayan
    ┌────────┬────────┬────────┬────────┬────────┐
  生分解性   用語     化学分解性  環境への影響  光分解性
  小委員会  小委員会   小委員会   小委員会    小委員会
    │                            │          │
  試験方法                      試験方法
  分科会                        分科会
    │                            │
  試験環境                    キセノンアーク分科会
  分科会                        │
  ┌──┬──┬──┬──┐              屋外光分科会
 水系 好気性 嫌気性 昆虫           │
     土壌   土壌               紫外線分科会
    (コンポスト)(埋立て)
    │
  標準物質分科会
```

また一方，我が国でも1989年11月に内外50社強の企業が参画する『生分解性プラスチック研究会』が発足し，通産省などの支援のもと，「分解性プラスチックにかかわる統一的かつ客観的な定義，試験，評価方法の確立」をめざした活動を開始しており，ASTM国際会議などでのリーダー的役割を果たすものと期待されている。

具体的な体制としては，企画委員会（生分解性プラの情報提供，内外諸機関との交流，業界意見の集約，提言），技術委員会（生分解プラの定義の検討，試験，評価方法の調査・研究，その他技術開発全般），調査委員会（生分解プラの動向調査，生分解性プラの技術調査）の3委員会体制で進められることとなっている。

表15 分解性プラスチックの生産・販売企業の例

企 業 名	製 品 名 な ど
Archer Daniels Midland（ADM）	Poly Clean（スターチPE）
St. Lawrence Starch	Ecostar （スターチPE）
	Ecostar-Plus（スターチPE＋光分解添加剤）
Ampacet	Poly-Grade 1（光分解性）
	Poly-Grade 2（光分解性）〔ADMからライセンス〕
Amko Plastics	生分解性プラスチックバッグ
	〔ADMおよびセントローレンスの技術〕
ICI	微生物ポリエステル
Battelle Institute	生分解性ポリマー（乳酸系，豆デンプン系）
Webstwer Industries	BES-PAK GOODN' TUFF（光分解性）
	GOOD SENSE（生分解性）
Agri-Tech	スターチ高配合PE（40〜80％）
Enviromer	Ecolyte （光分解性）〔Ecoplastics 社の技術〕
Plastigone Technologies	Formula 221 （光分解添加剤）

第2章　廃棄プラスチックによる環境汚染と規制の動向

表16　固体状態の合成高分子の生分解性の試験・評価方法

	酵素，微生物等の種類	分解の特徴	試験方法	分析項目		評価に要する期間およびその定量性	問題点
a．酵素による分解性	・リパーゼ，アミラーゼ，セルラーゼ，プロテアーゼ等の加水分解酵素	高分子の主鎖の切断	・可溶化試験 ・末端基の定量	・TOC（全有機炭素量計）による可溶化率 ・水溶性の還元糖量 ・酸の生成	・重量減少 ・顕微鏡観察 ・分子減少 ・物性低下	数時間〜1日 定量性高い	・限られた高分子にしか適用できない。・自然界での生分解性を反映していない。
b．微生物による分解性	・カビ抵抗性試験菌株（JIS Z2911-1960）（A.S.T.M.規格G21--70,1972）・活性汚泥	高分子材料の微生物資化	・寒天平板試験 ・液体培養試験 ・BOD試験	・目視によるカビ生育度の観察（5段階表示）・菌体量の測定 ・CO_2の発生 ・O_2吸収		1週間〜1カ月 定量性中ぐらい	・微生物の種類が限られる。・添加物やオリゴマーが混じっていると誤差が大きくなる。・自然界での生分解性を反映していない。
c．土壌による分解性	・場所と土質の異なる混合土壌 ・森林や耕作地などの自然環境中	高分子材料の劣化，崩壊	・ポット試験 ・野外土中埋め込み試験 ・海中浸漬試験	・CO_2の発生 ・O_2吸収		1カ月〜2年 定量性低い	・長い期間を要する。・再現性が低い。・代謝生成物や分解機構の解明には不適。

```
              総会
               |
              会長
               |
     ┌─────────┼─────────┐
   幹事会                事務局
     |
  ┌──┴──┬─────────┐
調査委員会  技術委員会  企画委員会
```

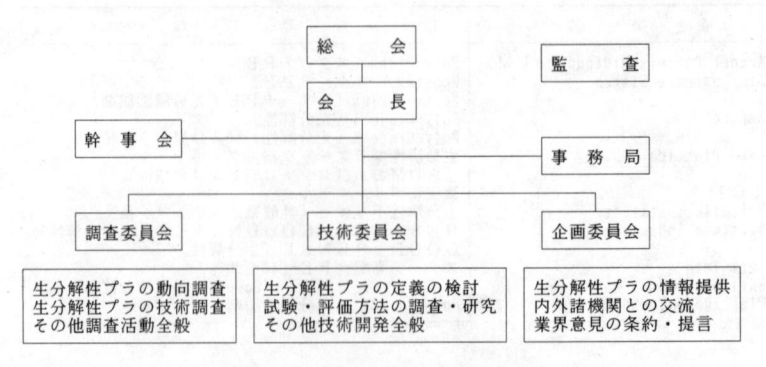

生分解性プラの動向調査　　生分解性プラの定義の検討　　生分解性プラの情報提供
生分解性プラの技術調査　　試験・評価方法の調査・研究　　内外諸機関との交流
その他調査活動全般　　　　その他技術開発全般　　　　　　業界意見の条約・提言

図16　生分解性プラスチック研究会・組織図

1　国内の動向

表17　生分解性プラスチック研究会のメンバーリスト

1.	会　長	昭和電工㈱	会　長	岸本　泰延		
2.	監　査	㈱日本製鋼所	社　長	八木　直彦		
3.	顧　問	東京工業大学	助教授	土肥　義治		
4.	研究会メンバー会社					

I.C.I.ｼﾞｬﾊﾟﾝ	旭化成	味の素	出光石油化学	宇部興産	
ＡＤＭ	鐘淵化学	協和発酵	キリンビール	クラレ	
呉羽化学	神戸製鋼所	昭和電工	住友化学	住友金属	
住友ﾍﾞｰｸﾗｲﾄ	積水化学	積水化成品	大成建設	ダイセル化学	
大日本インキ	中央化学	帝人	電気化学	日本製鋼	
東亜合成化学	東京ガス	東燃石化	東洋インキ	東洋紡	
東レ	日輝	日産丸善ﾎﾟﾘｴﾁ	日東電工	日本化薬	
日本触媒化学	日本ユニカー	荻原工業	ブリヂストン	丸善石化	
三井東圧	三菱瓦斯化学	三菱化成	三菱油化	三菱レーヨン	
ユニチカ	ﾛｰﾑ･ｱﾝﾄﾞ･ﾊｰｽ	etc.			

1.8　分解性プラスチックの課題と展望

　分解性プラスチックは，これまでの光分解型に加え，バイオテクノロジーの進歩により，生分解性のプラスチック技術も急速な進展を見せてきており，近年の世界的な地球環境保全意識の高まりと呼応して分解プラスチックに対する期待，規制策の実施，そしてさらなる分解性プラスチックの開発が活発化しつつあるが，その中には検討初期にみられるような混乱もみられる。とりわけ生分解プラスチックの分野においては，欧米では過去，コーンスターチ系生分解プラスチックが中心となっているが，これだけで処理問題を解決しえるかといった疑問をはじめ，それぞれの人の立場，専門領域により，生分解性の捉え方にすら差がみられる。

　例えば，生分解性の定義一つをとっても，欧米では，土壌中にプラスチックフィルムを埋めて形がなくなったとか，^{14}Cでラベルしたプラスチック試験片を土壌中に入れて$^{14}CO_2$が認められたとか，あるいはプラスチック試験片に標準菌株の胞子を播いて微生物の生育を肉眼的にみて，生分解性を判断するという評価のやり方がほとんどとなっているのに対し，日本では，分離した特定の微生物を用いて高分子物質の減少を追いかけ70％程度以上分解されることを確かめてから生分解法があるとしている，といった具合である。

　このような差は，生分解ポリマーを分子設計して合成し，実用化するにあたり，そのネックとなる可能性があり，技術的な視点から「生分解性の定義」をまず明確にさせることが必要となっている。現在はまだこのような段階ではあるが，その将来性には大きいものが期待されよう。

　すなわち第1には，生分解性という特徴を活かした機能性材料としての利用で，メディカル用途の医用材料や農薬などの徐放システムとしての利用，第2はクリーンプラスチックとしての利用，つまり意図せずに海や川に流れ出してしまうような（例えば漁網）への適用，そして第3として，いわゆるディスポーザブル製品への適用などがそれである。

　この点，すでに1990年秋から世界が注目している微生物生産型の生分解性プラスチック「バイ

第2章 廃棄プラスチックによる環境汚染と規制の動向

オポール」がイギリスＩＣＩ社から本格販売されることとなっており，生分解性プラスチックの利用に新たな展開をみせようとしている真っ最中でもあり，利用用途の拡大とともにスケールメリットを活かしたコストダウン，グレードの多様化など，その利便性もさらに大幅に向上している。

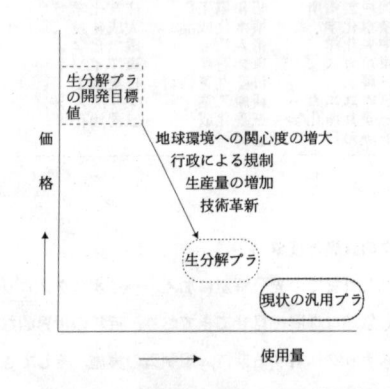

```
価           生分解プラ
格           の開発目標
             値
                    地球環境への関心度の増大
                    行政による規制
                    生産量の増加
                    技術革新
                         生分解プラ
                                    現状の汎用プラ
                    使用量
```

図17 生分解性プラスチックの価格想定

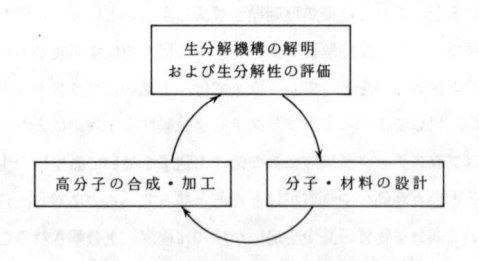

```
         生分解機構の解明
         および生分解性の評価
            ↙        ↖
   高分子の合成・加工 → 分子・材料の設計
```

図18 生分解性プラスチック開発のプロセス

表18 生分解性プラスチックをめぐる今後の課題

(1) 技術シーズを実用可能な技術へ昇華 　①多様な市場ニーズにあった製品 　②新しい市場の創設
(2) 試験・評価手法の確立 　的確な研究開発と適切な競争のための産業基盤
(3) 普及のための社会システムとの調整

2 海外の動向

久保直紀*

本節では，欧米各国における廃プラスチック問題の現状と法的規制の動向についてまとめた。ただ，廃プラスチックの処理に関しては次章で詳述されているので，ここでは詳しくは触れない。

2.1 米国における廃棄プラスチック問題の状況

米国の廃プラスチックの排出量は，EPA（環境保護庁）とフランクリン研究所の調査によると，1970年から1986年までの16年間で，3.3百万トンから11.4百万トンと3.5倍に増加している。

この間の固形廃棄物全体の排出量の伸びは，124百万トンから155.3百万トンと約20％の増加にとどまっているので，廃プラスチックの排出量の伸びが特に目立っているわけである。ちなみに廃プラスチック以外の廃棄物の排出量は，おおむね横這いまたは微増（紙が第2位だが，伸び率は40％）となっており，廃プラスチックの増加が米国の固形廃棄物の増加の主要な原因であると言えよう。

プラスチック廃棄物の中では，包装用プラスチック廃棄物の増加が，特に顕著であると指摘されている。例えば，ポリエチレン製品を例にとると，各種フィルム製品や牛乳用・台所用液体洗剤向けなどのボトル類の増加が目立っており，これらの廃棄物は街頭に散乱するなどから，その処理が難しくなっている。

また，ポリスチレンについては，ファーストフード用のテイクアウト向け等に使用されている発泡容器が問題視されている。特に発泡ガスにフロンガスが使用され，環境汚染の原因のひとつとして批判されており，さらにポリスチレン容器は埋め立て処理に適さない等の指摘も受けている。しかし現在は，フロンを使用して発泡ポリスチレン製品を製造しているメーカーはないようだ。

こうしたプラスチック廃棄物による被害の代表的な事例としてよく知られているのが，ニューヨーク州サフォーク郡でのゴミ処理パニックの問題である。同郡では，固形廃棄物を焼却処理あるいは埋め立て処分していたが，プラスチック製品，特にポリスチレンおよび塩ビ等の包装材料からのプラスチック廃棄物が急増して，焼却すると有害ガスや高熱を発生するうえ，嵩が多いために埋め立て処分も簡単にはできない等の事情から処理が深刻化した。

その対応策として，サフォーク郡では米国で初めてプラスチック製品の使用を規制して，「生分解性」を持つプラスチック包装材料の使用を義務付ける条例を制定した。

この条例は，食品小売店に，生分解性の包装資材の使用を義務づけ，ポリスチレンや塩ビの容器包装の提供・販売を禁止する（プラスチック買い物袋も禁止）というものであったが，プラス

---

* Naoki Kubo 中央化学㈱ 経営企画本部

第2章　廃棄プラスチックによる環境汚染と規制の動向

チック業界から強い反発が起こり，業界団体のＳＰＩおよび包装関連団体などがサフォーク郡を相手どってニューヨーク高等裁判所に訴訟を起こし，昨年来，法廷闘争が展開されており（現在も継続中である），その成り行きが注目されている。

さらに，飲料缶の持ち帰り用のキャリア（ポリエチレン製でシックスパッキングキャリアと呼ばれている）による野生動物への被害なども，廃棄プラスチックによる被害の具体例として知られている。このキャリアは，半ダースの飲料缶を持ち帰りやすいようにパックするためのネット状の製品で，欧米ではよく知られている製品である。これが，使用後に街頭や海洋に投棄されて，野生動物に様々な害を与えているというわけである。ちなみに，こうしたタイプの製品は日本ではほとんど使われていない。

また，プラスチックボトルの主流になりつつあるＰＥＴボトルについても，リサイクルによる資源化を実現すべきだと指摘されている。ＰＥＴ樹脂は，耐熱性や強度に優れているうえ，ガラスに近い透明性や美観をもっていることから，近年急速に需要が拡大している。しかし埋め立て処理中心の米国の廃棄物処理体系の中では，収集や埋め立ての効率が下がる等の理由や資源保護の立場から問題視されているわけである。

このほか，紙おむつ類や庭の手入れによって生ずる芝生の切屑等の「庭ゴミ」やその袋に使われるポリエチレンフィルム等も問題視されている。

これら包装材料として使用された各種のプラスチック製品が，使用後，街頭や海洋等に捨てられ，散乱性の廃棄物として街の美観を損ねたり，様々に環境を汚染しているという批判が多く，いわゆる「散乱ゴミ」の問題がプラスチック廃棄物が抱える大きな問題点であろう。野生動物にプラスチック廃棄物が被害を与えるという批判も，これらの散乱するプラスチック廃棄物によって生じている問題である。

一方，焼却処理の面では，廃棄プラスチックから発生する高熱が焼却炉を傷めるとか，特定のプラスチック材料から有害ガスが発生して大気を汚染するなどのクレームが出されている。

特に，有害ガスの問題では，二酸化炭素等による大気汚染のほかに，ダイオキシン等の有毒ガスの発生に塩素系化合物によるプラスチック製品が関与していると指摘されている。

もちろん，こうした指摘以外にも，プラスチックの多くは嵩張る上，いつまでも腐らず分解しないので，埋め立て処分場が短命化したり，埋め立て後の地盤が不安定化する等の批判もある。

こうした例からも判るように，現在米国では固形廃棄物の増加による埋め立て地の減少（米国では固形廃棄物の87％が埋め立て処分）や散乱性廃棄物による海洋や海岸の汚染，野生動物への被害などの様々な問題が発生している。

サフォーク郡の例をはじめとして，米国の各州では，プラスチックを初めとする固形廃棄物の処理が深刻化しており，その対策として各州ともプラスチック製品に対する何らかの規制や課税の検討に乗り出している。さらに米連邦政府でも，この問題は郡や州のレベルだけではなく，米

2　海外の動向

連邦政府でも取り組むべきであるとの考えのもとに，対応策の検討を始めているようだ。以下に，そうした米連邦政府および各州・郡におけるプラスチック製品の規制の動向を紹介する。

2.2　米連邦政府の対応と規制動向

　米国連邦政府で廃棄物問題を担当している環境保護局（EPA）では，かねて固形廃棄物の処理に関する諸問題を検討しているが，特にプラスチックについては使用量，プラスチックの将来トレンド，環境への悪影響（海洋，焼却，埋め立て，リサイクルの角度から），プラスチックの悪影響を軽減するための方法等について研究している。

　EPAは，健康と環境に関する規制を作るために議会より権限を受けている米連邦政府の機関で，廃棄物処理に関する活動はResources Conservation Recovery Act という廃棄物に関する規制と権限を示した法律に基づいている。

　EPAではプラスチック廃棄物のコントロールに関して，①減量化，②リサイクル，③分解性をもつこと，④諸方法により悪影響を低減できるか，の4点について，EPAレポートの中で言及している。

　また，EPAによると，米国議会は，1988年10月にEPAに対してシックスパックリングに対する法律を作るよう義務づけ，1990年10月までに非分解性プラスチックの使用を禁止する規制を作るべきだという法律を出した。

　この法律では，分解性プラスチックを使用した方が環境に悪影響があることが見いだせない限り非分解性プラスチックを禁止する法律を作るべきだとしている。

　EPAでは，こうした法律を受けて分解性プラスチックが野生動物の生命にどのような影響を与えるかを調査している。これは，分解性プラスチックが登場すれば前述のような野生動物への被害が減少するとの期待が持てると考えているためである。分解性プラスチックの用途についてEPAでは農業用マルチフィルム，海洋関連，庭ゴミの袋などに適していると想定しているが，定義，規格，環境への影響，リサイクルへの影響など分解性プラスチックに関する基本的な問題についても調査研究している。

　一方，OTA（米国・技術評価局）も米連邦政府の機関として，廃棄物処理問題や分解性プラスチックに関する評価について検討していたが，昨年（1989年）秋に都市系固形廃棄物に関するレポートをまとめている。紙幅の関係でレポートの内容については割愛する。

　このように，米国連邦政府レベルでは，現在廃プラスチックを含む固形廃棄物の処理について，本格的な検討を始めている。米連邦政府では，1992年度末までに家庭系廃棄物の分別を義務付ける考えと言われている。これは，廃棄物のリサイクルおよび資源化を前提にしているもので，プラスチックについては樹脂別の分別を考えているようだ。さらに，廃棄物処理の財源として課税も検討しているようだ。

第2章　廃棄プラスチックによる環境汚染と規制の動向

2.3　米国各州の規制の動き

また，米国の各州政府でもプラスチック廃棄物に関する様々な規制を設けたり，検討している。特に，前述のニューヨーク州サフォーク郡のプラスチック規制が有名だが，他にもミネソタ州ミネアポリス市とセントポール市の規制やアイオワ州条令の「容器等プラスチック製品へのコードづけ」の規制が知られている。そこでミネソタ州とアイオワ州の事例および容器等のコード化の規制案について以下にその概要を紹介する。

2.3.1　ミネソタ州の場合

ミネアポリス市とセントポール市の規制は，1989年の3月と4月に相次いで制定されたもので，その内容は《環境上受け入れられないと思われる製品（非分解性製品やリターナブルでないもの等），あるいは自治体が支援している「道端での回収」の対象になっていない包装容器・資材を食品小売店が使用することを禁止する》というもの。

ミネソタ州の人口の25％を占めているヘネピン郡では《道端の包装容器等の回収計画を確立する条令》の制定や関係業界との協力による《リサイクリング施設》の建設等を行っており，1992年末までに指定したプラスチックの50％をリサイクルすることを目標にしている。

さらにミネソタ州議会では，こうした計画を進めて行くために，それぞれの郡にリサイクルの目標を与えたり，リサイクリング基金を作ることを指示するなどの準備を進めている。

2.3.2　アイオワ州の場合

一方，アイオワ州は1989年5月に使い捨てプラスチック包装資材の分解性表示と強制的にプラスチック容器のコード化を義務付ける「廃棄物削減・リサイクリング法」を制定した。

この法律は，米国の州政府レベルでは初めて制定された包括的なプラスチック規制の条令である。主な内容は，①1993年1月までにリサイクリング率が50％に達しなければ発泡ＰＳの包装資材を1994年1月から禁止する。②州の機関はスターチ入りゴミ箱ライナーを購入しなければならない（1990年1月までにその比率を25％，2000年1月までに90％にする）。③1992年7月以降，ＳＰＩが提案している強制的コード化規制の実施。④分解性プラスチックが環境に悪影響を与えないことを確認のうえで，非分解性プラスチック製の買い物袋やゴミ袋の禁止。⑤デポジットの対象になっているプラスチック・ボトルの埋め立て禁止。⑥焼却するゴミを分別して，リサイクル可能なもの，再使用可能なもの，有害なゴミを取り除くことの義務付け。⑦ＣＦＣ使用の包装資材の禁止。以上の7項目である。

2.4　強制的容器コード化法について

これは，プラスチック製品のリサイクルを前提にして樹脂の分別を容易にするためのコードづけの法案で，ＳＰＩ（米国プラスチック協会）で提唱している案が代表的なもの。それによると16オンス以上の容器を対象（8オンス以上のケースもある）に樹脂別のコードを表示するという

2　海外の動向

表1　米国におけるプラスチック製品の規制など（89年8月現在）

州	郡・市	使用規制・分解性の要求					樹脂別分類用コード付け	デポジット制	食品包装材への課税	（参考）都市ゴミ規制（地域の動きを含む）
		特定の製品名（明示されている物）				使い捨てオムツ				
		6パック・リング	グローサリーバッグ	発泡プラスチック製品	プラスチック缶					
アラバマ州										○
アーカンソー州										○
カリフォルニア州		○	○		○				○	○
	サンディエゴ郡			○						
	バークリー市			○						
	ロサンゼルス市			○						
	マンハッタンビーチ市			○						
	モントレーパーク市			○						
	パロアルト市			○						
コロラド州						○				○
コネティカット州			○	○		○	○			
デラウェア州		○	○				○			
ワシントン, D. C.				○						○
フロリダ州				○	○				○	
ジョージア州				○						
ハワイ州			○							○
イリノイ州				○	○					
インディアナ州		○								
アイオワ州		○			○					
ルイジアナ州		○								
メーン州			○		○	○				
メリーランド州			○							○
	モントゴメリー郡			○						
マサチューセッツ州			○		○	○				○
	スプリングフィールド市			○						
ミシガン州		○								
ミネソタ州										
	ミネアポリス市	○								
	セントポール市	○								
ミズーリ州		○			○					○
	コロンビア市	○								
	カンザス市				○					
ネブラスカ州				○						○

州	郡・市	6パック・リング	グローサリーバッグ	発泡プラスチック製品	プラスチック缶	使い捨てオムツ	樹脂別分類用コード付け	デポジット制	食品包装材への課税	（参考）都市ゴミ規制（地域の動きを含む）
ニューハンプシャー州										○
ニュージャージー州			○				○		○	○
	ニューアーク市									
ニューメキシコ州										
ニューヨーク州		○	○	○	○		○		○	○
	エリー郡			○						
	オノンダカ郡									
	サフォーク郡			○	○					
	ロックランド郡			○	○					
	ウルスター郡									
	グレンコーブ市		○				○			
	ニューヨーク市	○							○	
ノースカロライナ州										
ノースダコタ州		○			○					○
オハイオ州										○
オレゴン州			○				○			○
	マルトノマ郡			○						
	ポートランド市			○						
ペンシルベニア州		○	○				○			
ロードアイランド州							○			
サウスカロライナ州										
サウスダコタ州		○	○				○			
テネシー州										
テキサス州										
ユタ州										
バーモント州								○	○	○
バージニア州			○				○			
ワシントン州		○					○			
	シアトル市			○	○					
ウエストバージニア州										
ウィスコンシン州			○	○		○	○		○	
	ミルウォーキー郡			○						
ワイオミング州										○

第2章 廃棄プラスチックによる環境汚染と規制の動向

もので，ウィスコンシン，コネチカット，フロリダ，イリノイ，ミネソタ，コロラド，テキサス，ノースダコダ，ミシガン，カリフォルニア，インディアナ，アイオワ，ニューハンプシャー，マサチューセッツ，ルイジアナ，オハイオ，メイン，ノースカロライナの18州で採用が決定している。コードの具体例は図1の通り。

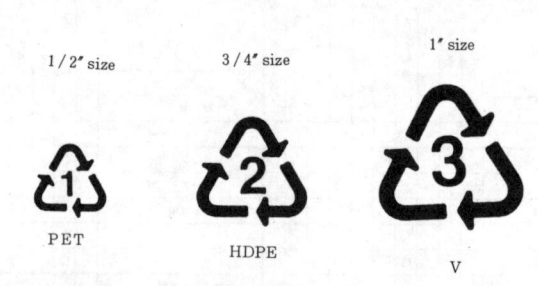

図1　SPI（米国プラスチック協会）が提唱する表示コード

このほか，米国でのプラスチック処理に関する規制では，CFCを使用した発泡ポリスチレンの使用禁止（メイン，ミネソタ，フロリダ，ミズリー，コネチカットの各州や郡，市などで実施），非発泡ポリスチレンやPVC包装容器の禁止，紙製買い物袋の提供義務付け，プラスチック包装資材への課税（ミネソタ，ロードアイランド，オレゴン，ウィスコンシンなどの各州），PETボトルのデポジット（メイン，バーモント，マサチューセッツ，コネチカット，デラウェア，ニューヨーク，ウィスコンシン，アイオワ，オレゴン，カリフォルニアの各州）などの規制がある。

2.5　欧州での廃棄プラスチック問題の現状と規制の状況

米国だけでなく，欧州でもプラスチック廃棄物による問題が生じている。EC諸国の中でプラスチック廃棄物の処理や規制に関する問題で最も注目されているのはイタリアと西ドイツの両国であろう。

2.5.1　イタリアの動向

イタリアでは，1986年に制定した条令 475条で，非分解性のプラスチック製ショッピングバッグに課税することを決定したが，この条令には1989年7月からPVC製のショッピングバッグの使用禁止や1991年以降非分解性のショッピングバッグを禁止するという内容を含んでおり，現在ポリエチレン製ショッピングバッグには1枚 100リラ（約10円）を課税している。

しかし，この条令には生分解性の定義や評価方法などが，はっきりと定められていないという

2　海外の動向

問題がある。このため，イタリア政府は，環境省の研究機関で生分解性の試験評価方法の研究を進めており，これが完成すれば，個々のショッピングバッグの材料が分解性であるかどうかを判定することにしている。

ただ，イタリア政府がこの条令を設けたのは，1枚100リラを課税することで，ショッピングバッグの量を減らし，ゴミを減量化させることが狙いではないか，とみるむきもある。

また，イタリアではショッピングバッグの他に液体容器についてのリサイクルも推進しており，EC諸国の中でもプラスチック廃棄物処理について積極的な取り組みが目立っている。

2.5.2　西ドイツの動向

西ドイツにおける廃プラスチック問題では，プラスチックボトルの処理をめぐる問題が知られている。同国では，10年以上前から政府と業界の間でプラスチックのワンウェイボトルは使用しないという紳士協定があったが，外国からプラスチックボトル入りのミネラルウォーターが輸入されたことから，PET容器が本格的に登場した。

これに続いてコカ・コーラ社がリサイクリングを指向しつつPET容器の試験販売に踏み切ったが，同時にPET容器メーカーやリサイクリングメーカーと共同で，リサイクリング会社を設立し回収ルートの整備に着手した。同社は西ドイツ政府に2年間で40％，5年間で65％の回収を約束するなど積極的な姿勢を示した。

しかし，政府は同社に80％の回収と50ペニヒのデポジット要求し，結局コカ・コーラ社はPETボトルの導入を断念した経緯がある。

また，西ドイツ政府は，1989年からプラスチック包装に表示を義務づけることを検討している。これによると「プラスチックの種類を限定し，環境に無害でエネルギーへの転換や油化，リサイクルして再生できるものなどを使用し，1991年半ばまでに業界が自主規制する」というものである。もし自主規制ができない場合は，法的な規制をかけるとしている。また包装資材に使用する重金属を含有する添加剤，顔料の規制や表示の義務づけも指示している。

さらに，西ドイツ政府では，新しい廃棄物法による処理と再利用，リサイクルに重点を置いた政策も検討中で，プラスチック飲料容器へのデポジット制度の導入，飲料容器へのマーキングやラベリングなども検討している。

また，生分解性プラスチックについても政府が関心を示し，1989年9月から90年9月までの1年間の予定でフィージビリティ・スタディを実施している。このプロジェクトは研究技術省が窓口となり，政府の研究機関であるFraunhofer Instituteが担当している。総予算は5,000万ドイツマルク（約4,000万円）。調査項目は包装材料への応用，環境への影響，法的な問題点，技術開発などである。

2.5.3　その他の欧州諸国

ECでは製造，流通，消費者の各段階で廃棄物の減量に努力するとともに，リサイクリングの

第2章　廃棄プラスチックによる環境汚染と規制の動向

表2　欧州諸国の規制などの動向

国	内容
イタリア	・91年1月以降，小売店で使用する包装資材は，生分解性を有する材料で製造することを義務付け ・89年1月以降，非分解性のグローサリーバッグ（輸入品を含む）1枚につき，100リラ（約10円）を課税 ・グローサリーバッグは，27×50cm以上の大きさにすること（再利用の促進） ・89年7月以降，塩化ビニール製のグローサリーバッグを全面禁止 ・プラスチック製飲料容器のリサイクリングを強制（'93年3月までにリサイクリング率40%を達成できない場合は課徴金）
西　　独	・89年3月よりPETボトルに対して50ペニヒ（約40円）の強制デポジットを実施 ・政府は，業界に対してプラスチック製ボトルの80%回収を要求 ・連邦研究技術省（BMFT）が生分解性プラスチックのフィージビリティースタディーを実施中（89年6月〜90年9月，予算：56万6,000 西独マルク） ・地方により塩化ビニール製ボトルの使用禁止
デンマーク	・包装用資材としての塩化ビニールの使用禁止を検討中 ・使い捨てのプラスチック製飲料品容器の使用禁止 ・デポジット制度の導入
スイス	・塩化ビニール製ボトル，スチールおよびアルミ缶の使用禁止を検討中 ・リサイクリングシステムの確立されていないコンテナの使用禁止を検討中
オーストリア	・包装用資材としての塩化ビニールの使用禁止を検討中 ・PETボトルおよびアルミ製飲料品容器の使用禁止を検討中 ・デポジット制度の導入を検討中

強化，焼却炉の設置・整備，焼却技術の向上などに努めれば，プラスチック廃棄物問題は解決できるとの考えを持っているという。また，液体食品容器に関しては1985年7月にECとしての方針を出している。それによると，「生産，流通，使用，リサイクル，再充填など使用済み容器が処理の段階で環境に与える影響を減らすよう求めている」。

さらにその他の欧州各国でも廃棄プラスチックの処理対策に頭を痛めているところが多い。デンマークでは古い焼却炉の整備，PVC樹脂の自主的な切り替え，ミネラルウォーター容器へのプラスチックや金属容器の禁止，重金属を含有する製品の禁止などを検討している。

オランダでは，PETボトルの回収実験を政府と環境保護グループの監視の下で1987年4月から実施し，年間4000トンを再生している。またPVC容器についても規制を検討している。

そのほか，スイス，オーストリア，フランス，イギリス等でも，プラスチック廃棄物への規制や処理の円滑化，リサイクル等の取り組みが進んでいる。

2 海外の動向

文 献

1) バイオテクノロジー応用化学物質安全性向上対策調査報告書,財団法人バイオインダストリー協会編
2) 生分解性プラスチック-海外動向調査報告書,財団法人バイオインダストリー協会編
3) 生分解性プラスチック海外調査報告書,生分解性プラスチック研究会編
4) 生分解性プラスチックの動向調査,生分解性プラスチック研究会編
5) ジェトロセンサー,6月号,日本貿易振興会編(1990)

第3章　廃棄プラスチック処理の現状と課題

柳澤孝成[*]

1　はじめに

プラスチックはその利便性ゆえに現代社会に深く根を下ろし需要の拡大を続けてきたが，処理能力を超える廃棄物の氾濫と地球規模の環境汚染が表面化し，廃プラスチック処理対策が改めて問題化している。つい先日まで，処理設備の性能向上と処理に伴う二次公害防止が問題の焦点であったが，今や廃棄物の減量化が要請されリサイクルに関心が集まり，さらにはプラスチックの使用規制にまで拡大している。

廃棄物は，その発生形態や性状の違いから廃棄物処理法上，一般廃棄物と産業廃棄物とに区分される。後者は事業活動に伴って発生した廃棄物のうち法定19種類のごみであり排出事業者がその処理責任を負う。産業廃棄物以外にスーパーやホテル等の事業活動により排出されるごみは事業系一般廃棄物と呼び，日常生活に伴い排出される家庭系廃棄物と併わせて一般

表1　廃棄物の区分
出典：廃棄物用語集（全国都市清掃会議）

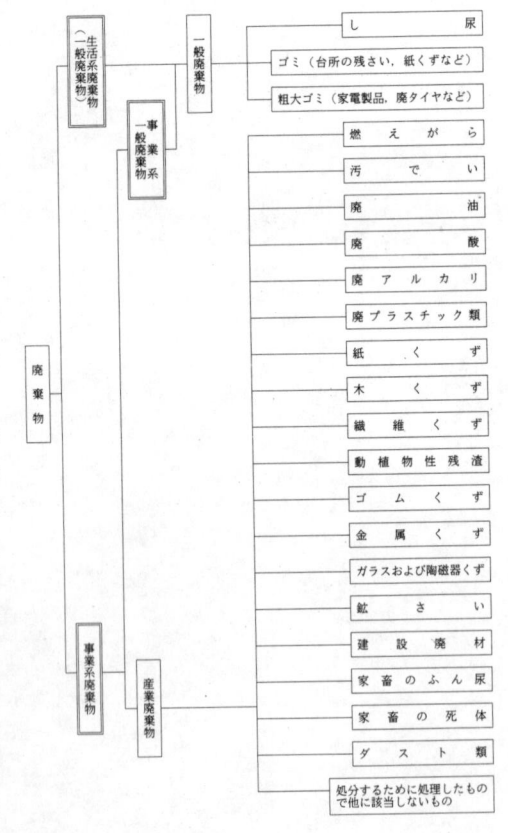

廃棄物				内訳
一般廃棄物	生活系廃棄物	一般廃棄物		し尿
				ゴミ（台所の残さい，紙くずなど）
				粗大ゴミ（家電製品，廃タイヤなど）
	事業系廃棄物	一事般廃棄物系		
		産業廃棄物		燃えがら
				汚でい
				廃油
				廃酸
				廃アルカリ
				廃プラスチック類
				紙くず
				木くず
				繊維くず
				動植物性残渣
				ゴムくず
				金属くず
				ガラスおよび陶磁器くず
				鉱さい
				建設廃材
				家畜のふん尿
				家畜の死体
				ダスト類
				処分するために処理したもので他に該当しないもの

[*] Yoshinari Yanagisawa　㈳プラスチック処理促進協会

1 はじめに

廃棄物（いわゆる都市ごみ）として区分され，地方自治体が処理責任を負う（表1）。都市ごみの総排出量は漸増しており1987年には 4,646万トン／年，すなわち，1人当り1日平均1.04kgが排出され，そのうち家庭系は 889ｇ／日／人となっている。一般廃棄物は約73％が焼却され，23％が埋立，4％が有機肥料化その他の方法で処分されている（表2）。11大都市について家庭系と事業系の比較を見ると，排出量ではこの5年間に家庭系が13％増加したのに対し事業系が22％増加し，なかでも首都圏では事業系が50％以上も増加している（表3）。それぞれの廃プラスチック混入率について東京都の例を掲げる（表4，表5）。

表2　ごみ処理の状況（1987年度）

総排出量（千トン）		計画処理量（千トン）	
計 画 収 集 量	38,164	焼　　　　却	32,617
直 接 搬 入 量	6,767	埋　　　　立	10,531
自 家 処 理 量	1,535	そ　の　他	1,784
計	46,466	計	44,932
区 域 内 人 口	122,025 千人		
1 人 当 り 排 出 量	889ｇ／日／人	最 終 処 分 量	16,486

出典：厚生省

表3　11大都市ごみ処理量の推移（1983～87年度）

都市名	ごみ区分	人口指数	ごみ処理量 1987年(t)	ごみ処理指数 '83	84	85	86	87	焼却処分 焼却量(t)	焼却%
東京 (区部)	家庭系 事業系 計	99.6	3,417,304 1,073,520 4,490,824	100 97 100	100 100 100	103 115 105	108 134 113	111 150 118	2,541,066 213,961 2,755,027	74.4 19.9 61.3
札幌	家庭系 事業系 計	104.7	447,905 553,911 1,001,816	99 103 101	100 100 100	102 88 94	108 87 96	118 104 110	626,321	62.5
川崎	家庭系 事業系 計	104.5	480,386 25,210 505,596	99 114 100	100 100 100	105 106 105	115 123 115	120 143 121	498,212	98.5
横浜	家庭系 事業系 計	105.9	911,655 394,634 1,306,289	97 90 95	100 100 100	102 109 104	109 127 113	113 159 124	1,206,697	92.4
名古屋	家庭系 事業系 計	101.6	688,821 201,515 890,336	99 94 98	100 100 100	97 104 98	97 113 101	103 121 106	704,752	79.2
京都	家庭系 事業系 計	99.5	337,598 289,298 626,896	99 98 99	100 100 100	101 107 104	103 117 109	105 122 112	601,707	96.0

（つづく）

第3章 廃棄プラスチック処理の現状と課題

都市名	ごみ区分	人口指数	ごみ処理量 1987年(t)	ごみ処理指数					焼却処分	
				'83	84	85	86	87	焼却量(t)	焼却%
大阪	家庭系	100.7	719,527	96	100	104	110	116		
	事業系		1,193,499	99	100	101	102	105		
	計		1,913,026	98	100	102	105	109	1,590,991	83.2
神戸	家庭系	101.8	394,160	101	100	112	120	127		
	事業系		207,272	89	100	105	111	119		
	計		601,432	97	100	110	117	124	500,219	83.2
広島	家庭系	113.9	184,947	99	100	112	122	127		
	事業系		137,870	102	100	105	111	117		
	計		322,817	100	100	109	117	123	245,457	76.0
北九州	家庭系	98.6	331,699	99	100	100	105	111		
	事業系		73,405	99	100	114	126	137		
	計		405,104	99	100	102	108	115	398,945	98.5
福岡	家庭系	106.7	290,267	101	100	103	112	124		
	事業系		221,826	125	100	108	117	126		
	計		512,093	111	100	105	114	125	442,243	86.4
合計	家庭系	102.1	8,204,269	99	100	103	108	113		
	事業系		4,371,960	99	100	104	111	122		
	計		12,576,229	99	100	103	109	116	9,570,571	76.1

注) 人口増加指数＝'83年対87年
　　ごみ処理指数＝'84年を100とする。

出典：東京都清掃局

表4 都市ごみ中の廃プラスチック混入率（湿潤wt%）

収集区分	1984年	1988年
可燃ごみ	7.7	8.1
不燃ごみ	18.8	19.9

注) 東京都区部
出典：東京都清掃審議会

表5 事業系一般ごみの組成（湿潤wt%）

地区	調査事業所	組成 (%)				
		紙	厨芥	焼却不適物	金属	他
東京, 代々木地区	28	52.0	19.5	9.1	8.5	10.9
東京, 墨田地区	27	27.1	25.3	14.6	7.8	25.2
計	55	35.5	23.7	12.5	8.0	20.3

注) 廃プラスチックは皮革, ゴム等と共に焼却不適物に含まれる。

出典：東京都清掃研究所

　他方, 産業廃棄物の全国総排出量は3億1,000万トンであり排出量の0.9%を占める廃プラスチックは282万トンでこの5年間に26%も増量している（表6）。産業廃棄物の処理施設は中和, 脱水, 焼却等の中間処理施設が9,074箇所, 最終処分場（埋立地）が2,300箇所あり, 減量処理率30%, 埋立処分率29%, 再生利用率41%となっている[1]。区分別の廃プラスチック排出量の推移を表7に示す。

1 はじめに

表6 産業廃棄物の種類別排出量

項目	1985年 数量千t	%	1980年 数量千t	%	5年間の伸率
燃えがら	2,409	0.8	1,797	0.6	34.1
汚でい	112,821	36.1	88,190	30.2	27.9
廃油	3,672	1.2	2,419	0.8	51.8
廃酸	4,320	1.4	10,219	3.5	▲57.7
廃アルカリ	923	0.3	6,090	2.1	▲84.8
廃プラスチック類	2,816	0.9	2,232	0.8	26.2
紙屑	1,472	0.5	1,624	0.6	▲9.4
木屑	8,058	2.6	6,628	2.3	21.6
繊維屑	98	0.0	101	0.0	▲3.0
動植物性残渣	2,207	0.7	4,323	1.5	▲48.9
ごむ屑	78	0.0	92	0.0	▲15.2
金属屑	8,877	2.8	13,111	4.5	▲32.3
ガラス・陶磁器屑	3,910	1.3	2,297	0.8	70.2
鉱さい	41,649	13.3	60,561	20.7	▲31.2
建設廃材	48,948	15.7	30,007	10.3	63.1
家畜糞尿	62,462	20.0	49,629	17.0	25.9
家畜死体	96	0.0	62	0.0	54.8
ダスト類	6,224	2.0	11,731	4.0	▲46.9
その他	1,230	0.4	1,199	0.4	2.6
計	312,271	100	292,312	100	6.8

出典:厚生省

表7 プラスチック排出量の推算

年(昭和)	プラスチック生産量(千トン)	排出プラスチック対象量(千トン)	プラスチック排出量						
			合計(千トン)	一般廃棄物(千トン)	(%)	前年比	産業廃棄物(千トン)	(%)	前年比
54	8,209	6,065	2,853	1,545	54	100	1,308	46	100
55	7,518	5,587	3,258	1,784	55	111	1,474	45	103
56	7,038	5,179	3,490	1,974	57	103	1,516	43	100

(つづく)

第3章 廃棄プラスチック処理の現状と課題

年(昭和)	プラスチック生産量（千トン）	排出プラスチック対象量（千トン）	プラスチック排出量						
			合計（千トン）	一般廃棄物（千トン）	(%)	前年比	産業廃棄物（千トン）	(%)	前年比
57	7,135	5,343	3,538	2,025	57	106	1,513	43	102
58	7,812	5,790	3,685	2,148	58	101	1,537	42	118
59	8,914	6,627	3,988	2,171	54	107	1,817	46	103
60	9,232	6,994	4,188	2,317	55	108	1,871	45	108
61	9,374	7,296	4,528	2,502	55	104	2,026	45	101
62	10,032	7,916	4,656	2,604	56	104	2,052	44	101
63	11,016	8,613	4,878	2,761	57	106	2,117	43	103

注：（排出プラスチック対象量）＝（プラスチック生産量）－（輸出量）＋（輸入量）
　　　　　　　　　　　　　　－（液状樹脂）－（合繊 PVC, PE, PP）
出典：プラスチック処理促進協会

2 埋　立

埋立は焼却残灰や不燃性廃棄物の最終処分に不可欠である。廃棄物を単に谷間や凹地に投棄すると悪臭，ハエやネズミ等の発生，散乱，流出等の公害が起こるので，最終処分場では覆土および堰堤による流出防止を行う「管理された埋立処分」が行われる。覆土の目的は上記二次公害防止のほか，雨水の侵入防止，廃棄物の分解促進，地盤の安定化があり，形式としては，ごみを一定の厚み毎に水平に均しその全面を土で水平に30〜50cmの厚さに覆うことを繰り返すサンドイッチ工法と，1日分の廃棄物をセル状に即日覆土してゆくセル工法がある(図1)。最終処分場の型としては，廃プラスチック，建設廃材等を受け入れる安定型，紙くず，廃油等を対象とする管理型，有害な焼却残灰，鉱滓などを埋立てる遮断型の3タ

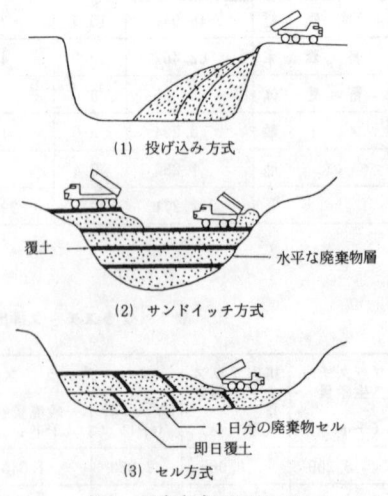

図1　埋立方式のいろいろ
出典：厚生省水道環境部監修「廃棄物処理施設構造指針解説」

2 埋 立

イプがある。政令により管理型は側壁と底面を不透水材により遮水し、集水管により滲出水を集め、廃水処理設備を置くこと、また遮断型はコンクリートで密閉し廃水流出を防止することが義務付けられている（図2）。

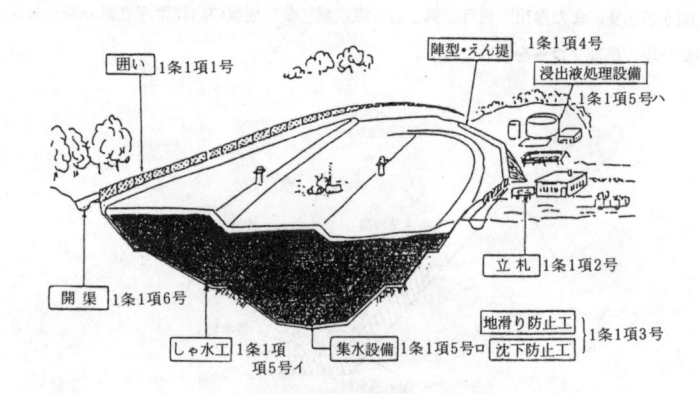

図2 一般廃棄物の管理型最終処分場
出典：廃プラスチックの処理資源化技術システムガイドブック
　　　（プラスチック処理促進協会）

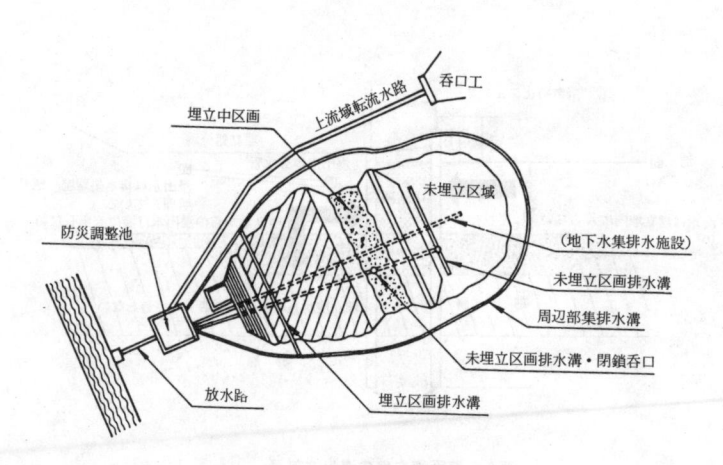

図3 雨水集排水施設の概念図
出典：プラスチック処理促進協会

第3章 廃棄プラスチック処理の現状と課題

都市ごみのうち粗大ごみや不燃ごみ,減容化処理した廃プラスチックの最終処分には,安定型でなく管理型埋立場を使うことが多い。廃プラスチックの埋立については,埋立処分に共通な雨水対策および滲出水処理対策のほかに,容積が嵩ばることによる処分場の使用寿命の短縮,輸送コストの増大,また自然分解しないことによる跡地の地盤不安定化等の問題がある。雨水集排水施設の概念を図3に,滲出水の遮水について内陸型遮水工の概念を図4に,海面埋立型遮水工の概念を図5に示す。また滲出水処理の例として東京都三多摩地域の内陸型埋立処分場である日出町広域処分場の処理フローを図6に示す。

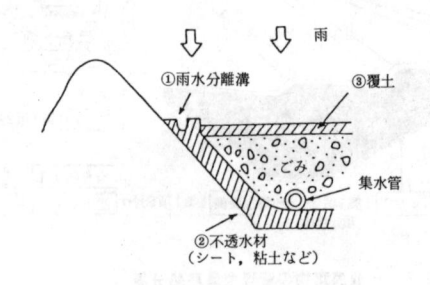

図4　内陸型埋立地の浸出水対策
出典：新エネルギー産業技術総合開発機構

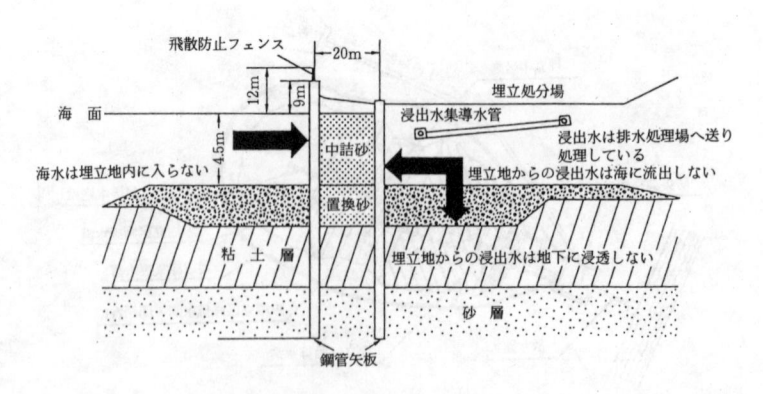

図5　海面埋立地の浸出水対策
出典：プラスチック処理促進協会

2　埋　立

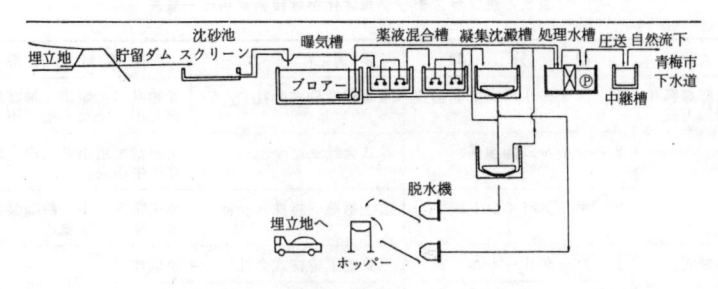

図6　浸出水処理圧送フロー
出典：日の出町処分場パンフレット

　処分場延命策として，可燃ごみ，不燃ごみに次ぐ第3の分別ごみの形で廃プラスチックのみを収集し，これを加熱圧縮方式などにより1／11〜1／20に減容固化して埋立てる技術がある（表8）。設備の例を図7に示す。これは将来，廃プラスチックからのエネルギー回収その他有効利用技術が開発されるまでの一種のプラスチック貯蔵庫とも考えられ，積極的に炭坑の廃坑や採石場跡などにシュレッダーダスト等プラスチック分の多い廃棄物を集中的に埋立てることが欧州では行われている。

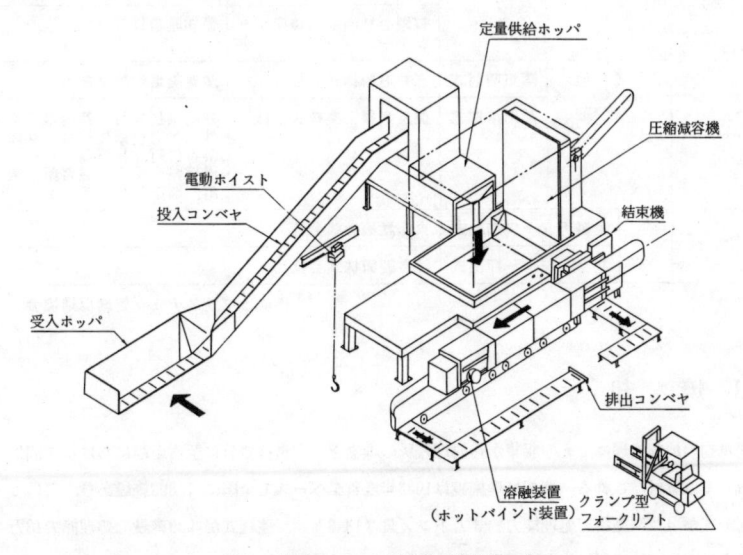

図7　廃プラスチック減容固化設備の例
出典：富士電機総設㈱カタログ

第3章 廃棄プラスチック処理の現状と課題

表8 廃プラスチック減容化処理技術実用化一覧表

大分類	細分類		装置メーカー	採用自治体等
圧縮減容化梱包方式	1. スチールバンド梱包式		手塚興産株式会社	愛知県名古屋市,神奈川県藤沢市,千葉県松戸市,他
	2. フィルム梱包式		株式会社タクマ	山形県東根市外二市一町共立衛生組合
	3. ホットバインド式		富士電機総設株式会社	埼玉県上尾市,静岡県磐田市,愛知県安城市
溶融固化方式	1. ロータリーキルン式		三菱重工業株式会社	東京都
	2. 二軸スクリュー押出式		三菱レイヨンエンジニアリング株式会社	島根県松江市,東京都福生市,和歌山県田辺市,滋賀県守山市,他
			鐘通エンジニアリング株式会社	千葉県鎌ヶ谷市
	3. 一軸スクリュー押出式		富士電機総設株式会社	宮城県名取市,静岡県島田市,愛知県津島市,神奈川県横須賀市
			極東開発工業株式会社	山形県置賜広域行政事務組合,兵庫県大栄環境㈱,京都府城南衛生管理組合,愛知県小牧岩倉衛生組合
			第一燃料工業株式会社	和歌山県御坊市農業協同組合
			有限会社西部環境保全センター	愛知県自社
	4. その他	蒸気噴射式	三井造船株式会社	産業廃棄物処理業者
		熱風溶融式	住友金属工業株式会社	静岡県長泉町,新潟県巻町外三ヶ町村衛生組合,兵庫県香住町,長野県伊那市,滋賀県彦根市,滋賀県信楽町,埼玉県桶川市
		金属チューブ加熱式	東洋燃機株式会社	
		プランジャー押出式	鎌長製衡株式会社	

出典:プラスチック処理促進協会

3 焼却

　廃棄物の焼却処理は,その収集から処理残灰の埋立という最終処分に至る過程における中間処理として位置付けされる。焼却処理施設は1988年度着工ベースで全国に1,893施設あり,このうち回分式が1,254施設で処理能力約3万トン／日(18.3%),連続式が639施設で処理能力13万4千トン／日(81.7%)である(表9)。

3 焼　却

表9　ごみ処理施設の整備状況（型式別，全国，着工ベース）

（能力：t／日）

型式 年度末	固定バッチ		機械化バッチ		準連続		全連続		コンポスト		計	
	施設数	能力	施設数	能力	施設数	能力	施設数	能力	施設数	能力	施設数	能力
56	397	5,510	1,059	30,048	157	11,423	370	101,399	15	412	1,998	148,792
57	368	4,757	1,043	29,579	171	13,538	360	103,479	20	424	1,962	151,777
58	336	4,204	1,035	29,601	183	14,346	361	105,152	23	389	1,938	153,692
59	288	3,236	1,014	28,716	198	15,448	388	110,073	28	598	1,916	158,071
60	290	3,393	1,000	28,260	207	15,747	403	113,453	36	868	1,936	161,721
61	295	3,075	978	27,041	220	16,937	406	114,346	39	866	1,938	162,265
62	284	2,737	970	27,133	230	17,577	409	116,201	29	632	1,922	164,280

出典：厚生省

3.1 焼却技術

都市ごみ用焼却炉にはストーカ燃焼式，流動床燃焼式，床燃焼式等の方式が使用されている（図8～図10）。なかでもストーカ式が普遍的に採用されている。

3.1.1 ストーカ式焼却炉

焼却炉の中で火層に接して燃焼を行わせる火床部分を火格子（ロストル）とよび，火格子の集合体である床とこの床を動かす駆動伝達装置からなるごみ移送および攪拌のための装置をストーカという。一般にストーカは，炉の中における機能により乾燥ストーカ，燃焼ストーカおよび後燃焼ストーカから構成されている。乾燥ストーカは給塵装置で供給された生ごみ中の水分を燃焼に先だち乾燥させるために設けられている。要求される性能は，ごみや土砂で火格子が目詰まりしないこと，セルフクリーニングができること，異物の嚙み込みが起きにくいこと等である。燃焼ストーカは乾燥したごみを炎燃焼させるために設けた部分であり，主な機能としては燃焼用空気の均一分配，ごみの攪拌混合，ごみの均一移送，火格子の効果的冷却，吹き抜け燃焼防止などが挙げられる。後燃焼ストーカは燃焼を完結するためにおき燃焼させる部分であり，要求される性能はおきと未燃物との混合，攪拌，もみほぐし作用に優れていること，ストーカ上で燃焼物が長時間滞留できること，小量の空気で効果的におき燃焼ができること，クリンカーの生成が少ないこと，灰の排出が良好であること等である。

ストーカの形式[2]について，以下に代表的なものを挙げる。

第3章　廃棄プラスチック処理の現状と課題

凡例
ごみの流れ
灰の流れ
空気の流れ
ガスの流れ

Refuse flow
Fly ash flow
Air flow
Flue gas flow

① ごみ計量機
② プラットホーム
③ プラットホーム監視室
④ ごみピット
⑤ ごみクレーン操作室
⑥ ごみクレーン
⑦ ごみ供給ホッパー
⑧ 燃焼装置
⑨ 押込送風機
⑩ 蒸気式空気予熱器
⑪ 灰押出装置
⑫ 灰ピット
⑬ 灰クレーン
⑭ ボイラ
⑮ 電気集じん器
⑯ 誘引通風機
⑰ 湿式排ガス洗浄装置
⑱ ダスト調湿装置
⑲ 灰トラック
⑳ 蒸気式ガス加熱器
㉑ 蒸気式空気加熱器
㉒ 排ガス加熱用送風機
㉓ 煙突
㉔ ごみ収集車

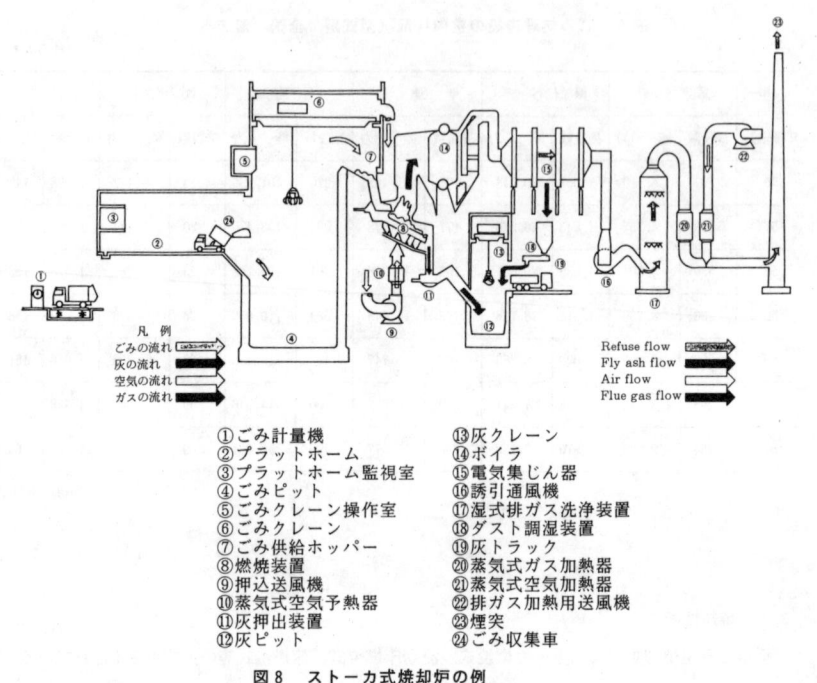

図8　ストーカ式焼却炉の例
出典：北九州市日明焼却工場パンフレット

(1) 階段式（並列往復動式）

ストーカがごみの流れ方向に縦割りに並列して設置され，固定火格子と可動火格子とが交互に組み合わされており全体としてごみの流れる方向に下向きに傾斜している。このストーカは駆動時にごみを下から持ち上げる作用があるので，ごみの攪拌，移送が良好であり，また段差によりごみの反転が行われるので燃焼が良好である。ごみの搔落し作用（セルフクリーニング）もある。しかし可動と固定の火格子が相互に接触するので磨耗が進みやすい。

(2) 階段摺動式

固定火格子と可動火格子とが交互に階段状に組み合わされており，全体としてごみの流れ方向に下向きに傾斜している。この方式はごみの押出し効果に優れ，攪拌，移送が適切であるので燃焼が良好である。またセルフクリーニングでもある。しかしロストル間の接触による磨耗，ロストルの冷却効果が不足する場合の焼損が起こりやすい。

(3) 逆動式

固定火格子と可動火格子とが横割りに交互に配置され，全体としてごみの流れる方向に下向き

50

3 焼却

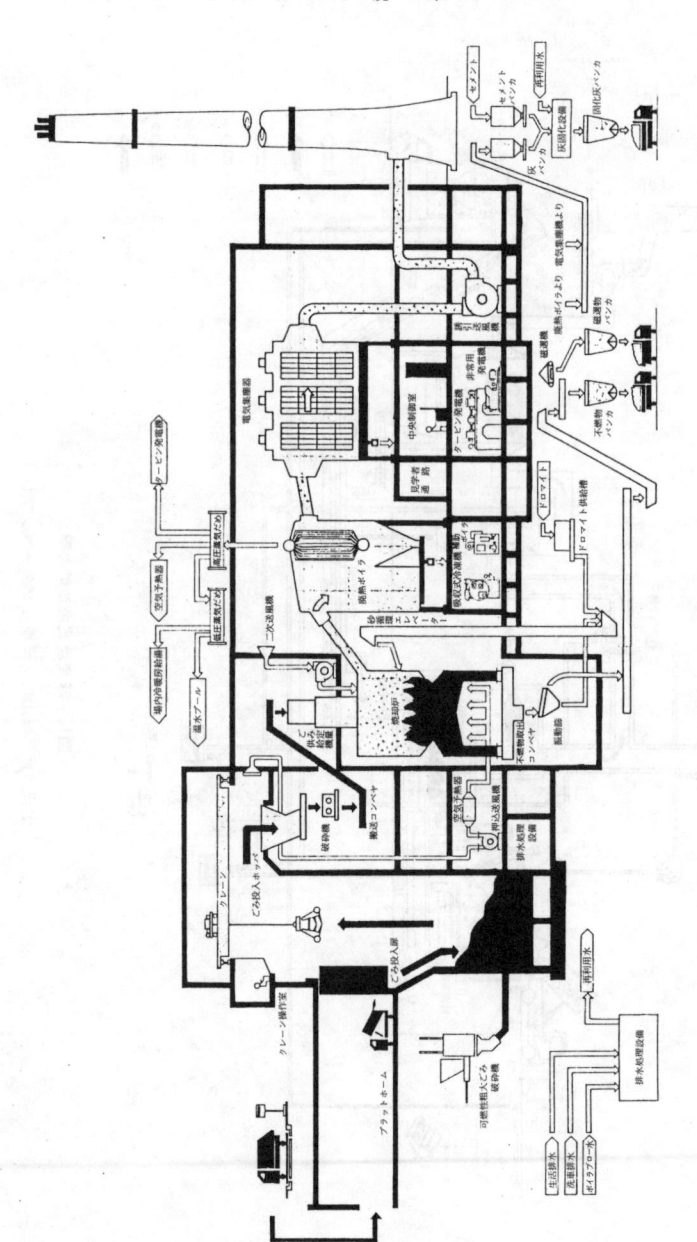

図9 流動床式焼却炉の例

出典:藤沢市清掃センターパンフレット

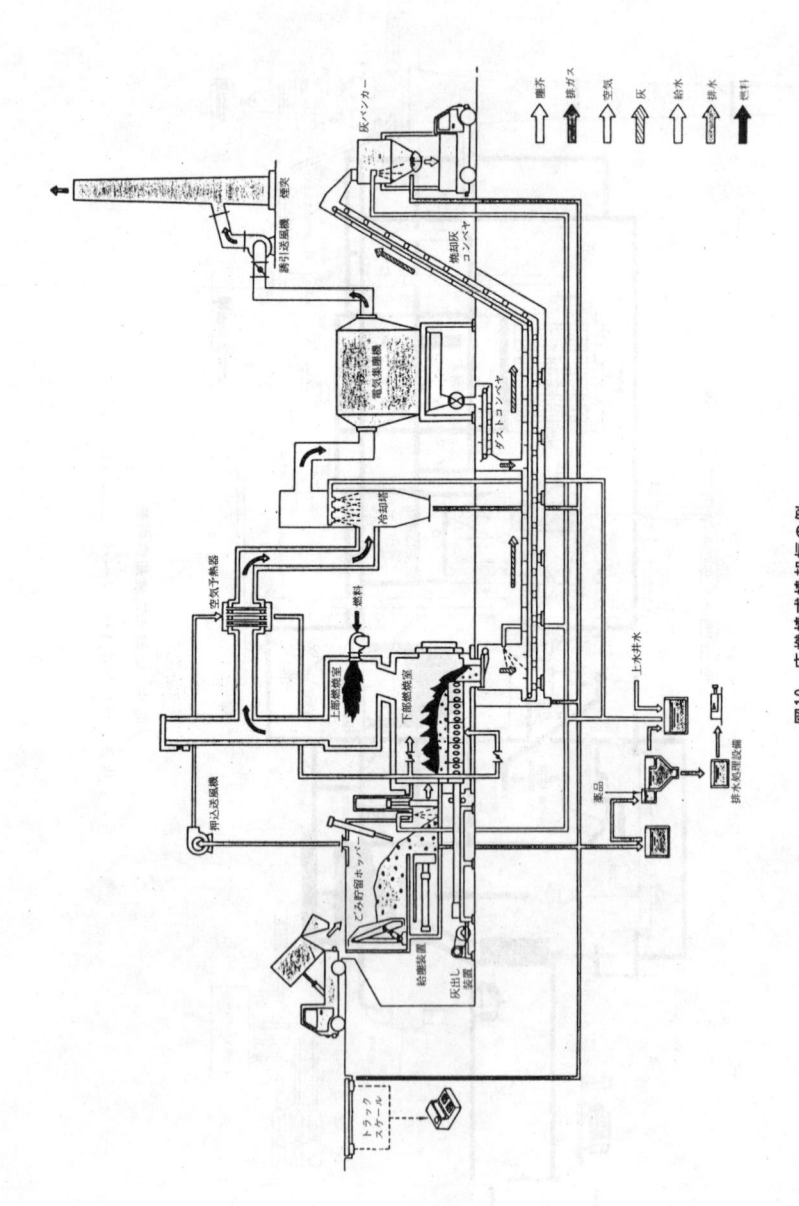

第 3 章　廃棄プラスチック処理の現状と課題

図10　床燃焼式焼却炉の例

出典：徳島県山川町環境センターパンフレット

に傾斜している。可動ロストルが斜め下方から斜め上方へごみを突き上げるので，重力により下方へ移動してゆくごみのうち一部はロストル表面に沿って逆流し，他の一部はごみ層の下方から上方へ沸き出すように運動する。この運動によりごみの攪拌効果が良好で，セルフクリーニング作用も生じ，燃焼効率が他の形式のストーカに比べて高い。しかしロストル間の接触による磨耗，ロストル間の隙間へのごみの噛み込みが起こりやすい。

(4) 移床式

火格子がキャタピラと同様な無限軌道形に配列されており，ごみを静止状態のまま先へ移送する。装置が簡単でありまたロストルが下部へ回って来ると冷却されるので焼損が少ない。しかしごみの攪拌ができないので焼却効率はやや低く，落塵の取出しが困難であり，構造的に大幅なものができない等の短所がある。

(5) 鎖床式

ストーカを駆動させているチェーンそのものが火床を兼ねる構造であり，移床式よりさらに簡単な装置である。長所短所は移床式と同じであるが，駆動チェーンが高温にさらされ焼損の機会が多い。

(6) 回転ローラ式

無数の通気孔をあけた円筒をごみの流れと直角の方向に5～7段ほど階段状に並べて組み立て，全体としてごみの流れ方向に下向きに傾斜させている。各ローラーは緩やかに回転しており，その回転によってごみを反転，攪拌，移送する。燃焼用空気は円筒表面の通気孔から供給する。ごみの移送が確実で火格子が下部へ回ると冷却されるので焼損が起こらず，また駆動装置が簡単である。しかし乾燥ストーカに目づまりを生じやすく，ごみ層が厚い場合には攪拌，反転が不充分となる。

(7) 扇形反転式

ストーカを全体としてごみの流れ方向に下向きに傾斜させ，ストーカ傾斜面に対して直角方向の上下に揺動する扇形の火格子を階段状に配列し，交互に90度反転往復運動してごみを反転させながら移送する。燃焼用空気は各火格子にあけられた通風孔から供給される。ごみの攪拌効果が大きく落塵の取り出しも容易であるが，火格子間に異物を噛み込み，破損する機会が大きい。また燃焼ストーカがごみ層から火焔中に露出すると焼損が起こりやすい。

実際の焼却炉では，ストーカの構造と運動方式に特徴のある多様なものが開発されている（表10）。これらのストーカは安定燃焼，完全燃焼等を目的に，ごみの攪拌効果，燃焼空気の吹込効果，吹抜け防止対策，落塵防止対策等に重点を置いて改良されており，火格子の焼損対策として材質は耐熱鋳鋼を採用している。

炉本体の構造は，鉄骨造の骨格と炉の気密性を確保するために炉周囲に巡らされた鋼板囲壁（ケーシング）からなり，炉内側の炉壁体は高温に耐える耐火断熱材で築造され，炉外への燃焼排ガ

第3章　廃棄プラスチック処理の現状と課題

表10　ストーカ式焼却炉

メーカー名	ストーカ型式	規　模 T/24H/炉	低位発熱量 kcal/kg	灰の熱灼減量 %	炉の構造	プラスチックの燃焼
石川島播磨重工	回転式	100~450	900~10,000	3以下	全水管壁構造 ボイラーと炉本体が一体	炉の損耗なし
荏原インフィルコ	揺動階段式	45~150	900~2,400	0.8~2.2（実績）	燃焼空気を炉全面に均等に吹き出し	混入率7%が基準
川崎重工業	回転式（VKW）	200	1,100~2,500	3以下	水冷壁構造	溶融プラスチックがストーカ下に滴下するのを防止した火格子
久保田鉄工	上向き摺動式（K&K）	360	700~2,500	3以下	空冷式鋳鋼炉壁構造	混入率25%まで安定焼却可能
三機工業	階段往復動式（W&E）	20~300	700~2,500	3~5	（燃焼の自動制御）	混入率30~40%の焼却可能
タクマ	階段往復動式	30~300	3,000	5	水冷壁構造	混入率25%
日本鋼管	交差流式（フェルント）	75~	550~2,500	2以下	異常高温防止形状	
日立造船	揺動階段式（デ・ロール）	200	1,200~2,500	2	火格子を緊張装置で幅方向に一体化	溶融プラスチックがストーカ下に滴下するのを防止
三菱重工業	逆送式（マルチン）	65~500	700~2,700	1~3（実績）	炉天井にプラスチック耐火材使用	混入率20~30%

出典：プラスチック処理促進協会報告書（1985年3月）

スの漏れ出し，炉内への空気の漏れがないように密閉構造となっている。ごみの性状や低位発熱量に適した火炉負荷は一般に$8～15\times10^4$ kcal/㎥/hrとされている。築炉材料の例[3]としては，第1層に粘土質耐火レンガ（シャモット），第2層およびごみと接する部分に高アルミナ質耐火レンガ（電鋳レンガ），第3層に断熱ボード（岩綿ボード），部分的に不定形耐火物（プラスチック耐火物）を使用する。プラスチック耐火物は，各種の耐火骨材に粘土または他の結合材を配合し，よく混練した可塑性の粘土状耐火材である。熱硬化性であり耐久性があるので高温部に適しており，これをエアハンマーで打ち固めながら炉壁，天井その他の部分を一体構造として築造する。

54

3 焼 却

　さらに高温燃焼の重点対策として，炉壁に，水管で構成する水管壁，水冷壁構造，空冷式鋳鋼炉壁などが採用されている。このような技術により焼却ごみの低位発熱量は2,500～3,000kcal/kgと高発熱用設計になっており，焼却能力は最大 500 t／24hr／炉となっている[4]。性能的にも，焼却残渣の熱灼減量は「構造指針」の7％を大きく下回り3％以下となっている。炉の運転も，起動停止時間の短縮，自動燃焼制御の採用による運転省力化が図られている。

3.1.2　流動床式焼却炉

　次いで流動床式焼却炉が普及している。流動床燃焼方式は，多孔板または多孔管から送入する予熱空気により流動状態で浮遊する高温の砂（流動媒体）に可燃ごみを浮遊状態でむらなく接触させて瞬時にガス化し，いわゆる瞬時燃焼させる方式である。燃焼後の灰は大部分燃焼ガスと共に炉外に運ばれサイクロンと電気集塵装置で捕集される。炉体の形状は円筒形竪型が多く，炉の構造は，流動化空気を分散させる散気装置と不燃物の抜出装置を収納する風箱部，砂が流動状態をなしている流動床部，可燃物の熱分解ガスが燃焼するフリーボード部（燃焼室）からなる。この炉は流動床とフリーボードの2箇所に燃焼ゾーンを持つのが特色である。

　炉の形式を流動砂の流動方式から見ると，砂が散気管の作用で上下に流動する垂直流形，散気板の作用で浮遊した砂が散気管により一方向に旋回しながら流動する1旋回流形，砂が2旋回で流動しながら下向に循環する2旋回下向流形，砂が旋回しながら上向に循環する2旋回上向流形がある[5]。また砂の循環形式から見ると，炉底から抜出した流動砂を直接流動床に投入する直投形，流動砂を常にバンカー（貯留槽）に留めバンカーから定量切り出して炉に投入する貯留形，圧縮空気を用いて砂と不燃物を分離し砂を空気圧により炉内へ逆送する逆送形がある。

　この炉は一般にごみを約10cm以下に破砕する前処理が必要であり，ごみ質の制約条件については処理可能なプラスチック混入率が湿潤ベースで約30％までと高いこと，金属等の不燃物の混入率が多くないこと，ごみの低位発熱量の処理幅が 800～5,000 kcal／kgと広いこと，低カロリー質ごみの焼却に有利であること等の特色がある。炉の規模はストーカ式より小型であり，実績は 150 t／24hr／炉である。処理性能については，減容比は1／33とストーカ式焼却炉とおおむね同等であるが飛灰等のダスト量が多く，抜出し灰40％，ダスト60％の割合になる。抜出し灰の無害化の程度は熱灼減量が 0.5～1％でストーカ式（2～5％）より完全灰化に近い。しかし飛灰については3～15％と著しく高い。大気汚染性については，煤塵量がごみ処理量によって大きく変動するので電気集塵装置の容量を充分大きくする必要がある。

　運転管理については，流動砂の蓄熱による保温効果があるため炉の起動停止が容易であることから処理量が少ない地域にも適し，また運転員の技能を特に要しない。ごみの供給停止が即燃焼停止となるので緊急時の対応が容易である。ただし，高カロリーごみを燃焼する場合，流動床温度が 800℃を超えると砂が焼結するおそれがあるので，冷風吹き込みや蒸気吹き込みなど流動床温度を下げる装置を置く必要がある。炉の内部構造は簡単であるが散気管の損耗が激しいので保

守が必要である。炉の耐用年限は現在まで約10年の実績を更新中である。建設費はおおむねストーカ式と同程度であるが、ごみ破砕機等の運転のため電力消費量や運転人員が多く運転費は割高である。瞬時燃焼のため蒸気量が変動しやすく廃熱ボイラーによる熱回収には不利である。

3.1.3 床燃焼式焼却炉

他方、床燃焼方式は廃プラスチックの混入率が高い産業廃棄物の焼却、あるいは一般系と産業系の混合焼却が必要な地方自治体などに回分式焼却炉として採用されている。特徴としては、固定炉床式であり炉の機構が簡単であることから運転が容易で専門技術者を必要とせず、運転人員も少なくて済むこと、また消耗部品が少ないため運転経費も少ないこと、粗大ごみを破砕せずに焼却できること、安定した燃焼であり排ガス処理設備の性能が変動しないこと等が挙げられる。

焼却技術の課題としては運転管理の省力化、運転操作のワンマン化、ごみ破砕など前処理設備の改良、高いプラスチック混入率のごみについての燃焼効率向上、エネルギー回収率の向上、建設費低減などが挙げられる。

3.2 排ガス処理技術

ごみの焼却に伴い発生する排ガス中の塩化水素（HCl）、窒素酸化物（NO_x）は、大気汚染防止法（1977年）により排出が規制され、現在100%の焼却炉に除去設備が設置されている。

HClの除去法には湿式法と乾式法がある。前者ではカ性ソーダや消石灰の水溶液を散布するか、または溶液で排ガスを洗浄して除去する（図11）。HCl除去率は95〜98%と高く、HCl濃度は20〜50ppm以下となる[6]が、廃液中に重金属を含むので高度の廃水処理を必要とすることからHCl排出基準の厳しい地域において設置される。排出基準が50ppm程度の場合、廃水処理設備の建設費や運転経費を軽減するため、アルカリ液を噴霧して完全蒸発させて塩類の粒子として電気集塵装置で捕集する方法が採用されている。一方、生石灰や炭酸カルシウム粉末を噴霧する乾式法は設備が構造的に簡単で建設費が安く、運転経費も安く維持管理が容易であるがHCl

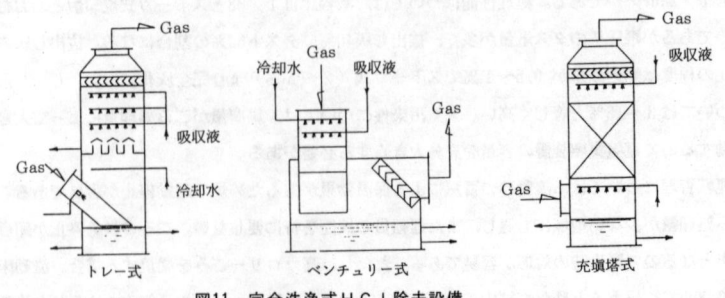

図11 完全洗浄式HCl除去設備

出典：焼却施設構造指針（全国都市清掃会議1978年）

3 焼 却

濃度は 100～250ppmまでしか除去できない。消石灰等に水を加えてスラリー状として気液接触させる半乾式法は,ＨＣＩ濃度50～100ppmまで除去できる。ＨＣＩ除去技術の課題は,運転経費の安い乾式法の除去効率を50ppm程度にまで向上させること,排ガスの圧力損失の低減,除去装置のコンパクト化などが挙げられる。

次にNO$_x$発生の抑制対策としては,低空気比燃焼,ガス再循環,炉内の水噴射による燃焼抑制を行うことにより低温または低酸素下に燃焼させるのが有効である。発生NO$_x$の濃度は50～100ppmに抑制可能で排出基準250ppmを大幅に下回ることが出来る。現行のNO$_x$除去技術はアンモニア,尿素などの還元性物質と反応させてNO$_x$を分解除去するもので,20ppmまで除去可能である[7]。NO$_x$抑制除去技術の課題としては,燃焼を自動制御し,さらに炉内の水噴射やアンモニア接触還元などと組合わせることにより目標濃度10ppmに取組むことである。

3.3 廃棄物発電

今では中規模（処理能力約 300 t／日）以上の焼却工場では発電を行うのが一般的になってきた。1987年現在,我が国における発電機付清掃工場は全国で89工場,発電能力 254,350kWで,これは我が国の地熱発電所 9 箇所の総発電能力 215,100kWとほぼ同じであり,全国の可燃ごみが持つ潜在的エネルギー総量14.8×10^{13}kcal／年[8]のわずか40分の1しか発電に利用していないことになる。また清掃工場の発電規模をみると,国内最大の東京都江東清掃工場でも15千kWで産業用自家発電所と比較しても小さい。発電効率も11％で,熱出力が同程度の火力発電所の約30％に比べるとかなり低い。欧米と比較しても江東工場は処理量 1,800 t／日で15千kWであるのに対しパリでは 2,400 t／日で50千kWの出力といわれ,2 倍以上の差がある。これは排ガス中のＨＣＩによるボイラー伝熱管の腐蝕を避けるために蒸気温度および圧力を抑えていることからタービン効率が悪いこと,維持管理の容易な空冷コンデンサーを採用しているために復水タービンの背圧が下げられないことからタービン効率が悪いこと,焼却炉を高空気比で運転するために排ガスへの熱損失が大きいこと,および低温排ガスの熱回収が不充分なことからボイラー効率が低いこと等が原因である。廃棄物発電の課題としては,焼却炉規模の拡大,高温でのＨＣＩ除去技術の開発,高カロリー廃棄物の計画的混焼による入熱量確保などが挙げられる。

なお,焼却に関連して都市ごみ中の有機物を還元性雰囲気中で熱分解して可燃性ガスに変えると共に,これを燃料としてガラス,金属,焼却残灰をスラグ化する高温溶融処理技術がある（表11）。この技術は,一つの炉内でごみ焼却,可燃性ガス製造,無機物の減容無害化を行う機能があり減容率も 3／100 と良い。しかし運転に専門技術者を必要とし,また建設費および運転コストが高いので普及していない。このほか固形燃料（ＲＤＦ）化,熱分解油化,熱分解ガス化等の技術があり（表12～表14）,当協会でもいくつかの実証実験を行ったが,日本では実用化の事例が少ないので詳細は割愛する。

第3章 廃棄プラスチック処理の現状と課題

表11 高温溶融処理技術

	システム名称	分解炉	回収物質	会社・機関	技術提携先
高温溶融	廃棄物溶融処理方式	立形シャフト炉	ガス	新日本製鉄	
	タクマートラックス	〃	〃	タクマ	アンドコ社
	ピューロックス	〃	〃	昭和電工	ユニオンカーバイド社
	FLK式	立形環状炉	〃	荏原インフィルコ	
	VW式	〃	〃	久保田鉄工	トラボ社

出典:狩郷 修「ごみ焼却炉選定の技術的評価」工業出版社

表12 廃プラスチックの熱分解利用技術の比較と開発例(油化プロセス)

方式	特徴 熔融	特徴 分解	長所	短所	開発例
熔融浴式	外部加熱または不要	外部加熱	1. 技術的に容易	1. 廃プラの熱伝導率が小さいため加熱設備と分解炉が大 2. 伝熱面のコーキング 3. プラ熔融量が多いためスタートおよび緊急停止が複雑	三井石油化学 三井造船 ニチオー 川崎重工 三菱重工
二段式	外部加熱とマイクロ波による内部加熱併用	外部加熱前処理(脱HCl)	1. 熔融が容易 2. 前処理により分解以降の腐食小 3. スクリュー攪拌により伝熱が均一で分解速度大 4. 異物の混入可	1. 処理能力の増加でスクリュー本数が増加する 2. プラ熔融量が多いためスタートおよび緊急停止が複雑	三洋電機
スクリュー式	不要	外部加熱	1. 熔融の必要なし 2. スクリュー攪拌により加熱が均一で分解速度大	1. 大型化に難点	日本製鋼所
パイプスチル式	重質油に溶解または分散	外部加熱	1. 加熱が均一で油回収率が高い 2. 分解条件の調節容易	1. 分解管内コーキング防止 2. 均質原料必要	日揮
流動層式	(不要)	内部加熱(部分燃焼)	1. 熔融の必要なし 2. 分解速度が大きい 3. プラ熔融物がほとんどないので,スタート停止が簡単 4. 熱効率が高い 5. 大型化容易	1. 分解生成物に有機酸素化合物などを含むので,適当な留分を回収する必要がある。	住友重機 日揮 日本製鋼所 日立造船 (ガス化)

(つづく)

3 焼却

方式	特徴		長　所	短　所	開発例
	熔融	分解			
接触式	外部加熱	外部加熱（触媒使用）	1. 分解温度が低いのでコーキングが少ない 2. ガス生成率が少ない	1. 熔融浴式と同じく炉と加熱設備が大 2. プラ熔融量が多いためスタートおよび緊急停止が複雑 3. 塩ビ，熱硬化性樹脂の処理不可または困難 4. 異物の混入に制限	日綿実業 東洋エンジニアリング

出典：村田勝英「プラスチック廃棄物熱処理技術の現状と課題」
　　　工業技術会（平成2年4月23日）

表13　廃プラスチックを含む混合ごみの熱分解技術（ガス化プロセス）

型式	プロセス名称	反応器の種類	回収物	プロセスの特徴	企業または機関
流動床式	流動熱分解技術	単塔式流動床	油	砂流動床での低温熱分解	工技院，日立製作所
	2塔循環式熱分解技術	2塔循環式流動床	ガス	砂媒体を燃焼塔，分解塔に循環させて高温熱分解を行う。	工技院，荏原製作所
	パイロックス・システム	2塔循環式流動床	ガス／油	同　　上	月島機械
ロータリ・キルン式	ランドガード・システム	ロータリ・キルン	ガス／蒸気	回転炉による熱分解	川崎重工
シャフト炉式（竪形炉）	廃棄物溶融処理方式	シャフト炉	ガス	溶鉱炉による熱分解で残渣を溶融する。	新日本製鉄
	ピュロックス・システム	シャフト炉	ガス	竪形炉による熱分解で，酸素を吹き込み，残渣を溶融する。	昭和電工
	トラックス・システム	シャフト炉	ガス／蒸気	竪形炉による熱分解で，空気吹き込み，発生ガスを燃焼して水蒸気で回収残渣を溶融	タクマ
	熱分解ガス化燃焼装置	シャフト炉	ガス	竪形炉，空気吹込みによる熱分解	日立造船
レトルト式	デストラガス・プロセス	竪形レトルト	ガス	外熱式竪形炉による熱分解	日立プラント兼松江商
その他	ギャレット・プロセス	竪形フラッシュ炉	油	搬送気流中での熱分解	三菱重工
	マグマ床形処理装置	マグマ床電気炉	ガス	マグマ床電気炉での熱分解	新明和工業
	プラズマ熱分解処理システム	プラズマアーク炉	ガス	プラズマアークトーチによる熱分解	日本鋼管

出典：「廃プラスチック処理方法に関する調査研究報告書」公害防止事業団　1979年3月

第3章 廃棄プラスチック処理の現状と課題

表14 廃プラスチック利用固形燃料の例

採 用 例	原　　料	技　　術	用　途
市川環境エンジニアリング	廃プラスチック＋パルパーかす＋紙屑	三菱レイヨンエンジニアリング	実証実験
東川町森林組合	廃プラスチック＋バーク，木屑	第一燃料工業	家庭用燃料
合川町ごみ処理センター	廃プラスチック＋生活ごみ	東洋燃機	下水スラッジ焼却炉用補助燃料
習志野市	分別収集ごみ	荏原製作所	
出雲市森林組合	廃農ポリ＋製材屑，バーク	第一燃料工業	ブドウハウス用

（出典：プラスチック処理促進協会）

4 再生加工

　廃プラスチックを再びプラスチックの成形品に加工して使用する場合を再生と呼び，成形用原材料となるペレット，フラフ（砕片），顆粒，パウダー等の再生にとどまる場合を便宜的に単純再生，さらに成形部品または最終製品まで一貫再生する場合を複合再生として区分している（図12）。当協会が推定した区分別年間再生数量を表15に示す。

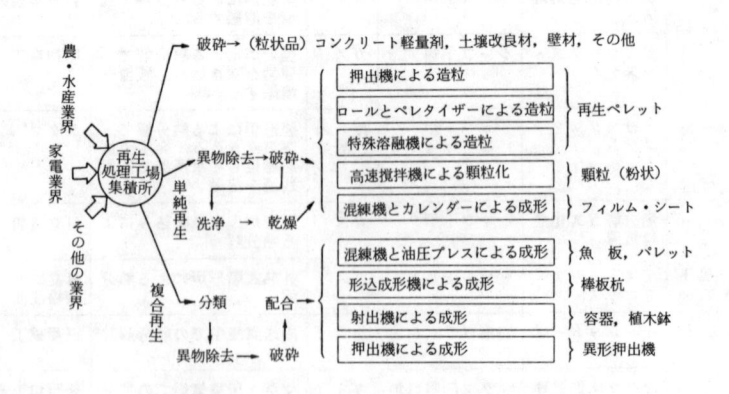

図12 再生のフローチャート
出典：プラスチック再生便覧（プラスチック処理促進協会）

4　再生加工

表15　再生加工生産量（1989年）

（単位：トン）

		単純再生	複合再生	計
会員	回答	233,159	22,976	256,135
	未回答	22,631	0	22,631
アウトサイダー		210,000	57,000	267,000
合計		470,000	80,000	550,000

注）会員は全日本合成樹脂原料加工工業会および日本プラスチック有効
利用組合員。　　　　　　　　　　出典：プラスチック処理促進協会

4.1　単純再生

　一定品質の成形用原材料を製造するため，廃プラスチックは樹脂の種類が単一でグレードもある程度限られた範囲内で変動するものが使用され，現状では工場スクラップや産業系の使用済みプラスチックを再生利用する場合が多い。代表的な単純再生工程を次に記述する。

(1)　押出機によるペレット製造

廃プラスチック→破砕→ベント，スクリーンチェンジャー付押出機→ストランドカットペレタイザー→ペレット（4〜5mm径）

　（例）　回収ビールコンテナーからペレットの製造

(2)　ロールによる角ペレット製造

廃プラスチック→素練りロール→ストレーナー→混練ロール→空冷ロール→ペレタイザー→角ペレット

　（例）　軟質塩ビ屑から角ペレットの製造

(3)　溶融造粒機によるペレット製造

廃プラスチック→溶融造粒機（電熱を組み入れたV字型溶融ホッパーと押出機の組み合わせ機械）→ホットカットペレット

　（例）　発泡PS箱からペレットの製造

(4)　高速攪拌ミキサーによる顆粒の製造

廃プラスチックフィルム→切断→洗浄→乾燥→高速攪拌混合機（グラッシュミキサー，ヘンシェルミキサー等，サーモカップルおよびタイマー付）→顆粒

　（例）　廃農ポリのフラフから押出成形機用顆粒の製造

(5)　フラフ（砕片）の製造

廃プラスチックフィルム→粗切断→粗水洗→1次破砕→1次洗浄→2次破砕→2次洗浄（超音波洗浄）→脱水→乾燥→異物分離→粉砕→フラフ

第3章　廃棄プラスチック処理の現状と課題

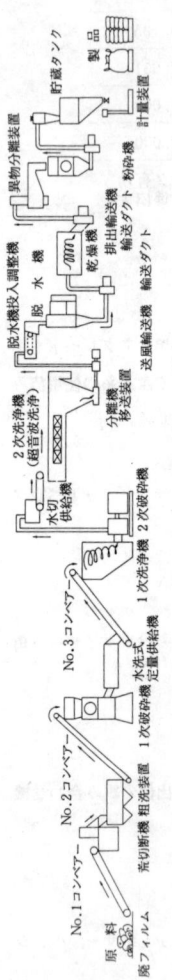

図13　廃農ビからPVCフラフの製造
出典：群馬県経済連樹脂加工センターパンフレット

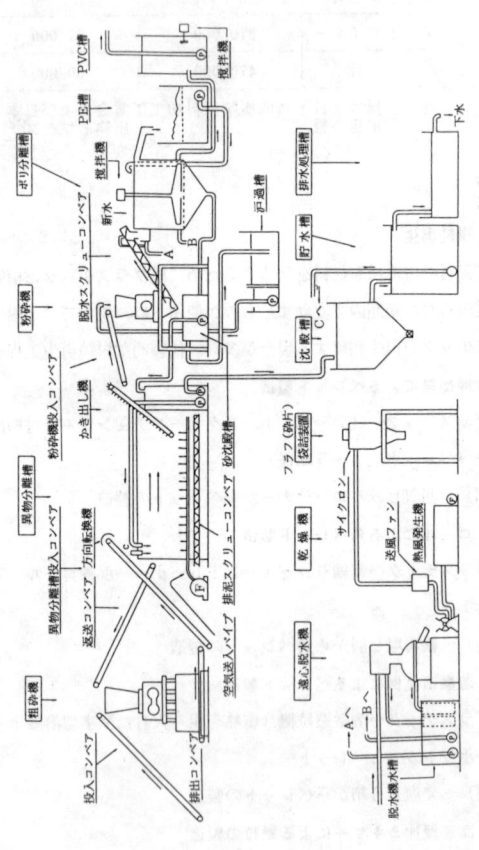

図14　廃農フィルムからPVCおよびPEフラフの製造
出典：山梨県農業用廃プラスチック処理センターパンフレット

4 再生加工

（例） 廃農業ビニルフィルムからフラフの製造（図13）。
　　廃プラスチックフィルム→粗砕→異物分離→粉砕→水洗比重式分離→ＰＶＣフラフ分→
　　脱水乾燥→ＰＶＣフラフ　　　　　　　　　↓
　　　　　　　　　　　　　　　　　　　ＰＥフラフ分→脱水乾燥→ＰＥフラフ

（例） 廃農ポリ農ビ混合物から各フラフの製造（図14）。

　再生成形材料は，プラスチックの使用過程や再生工程中で分子量や分子量分布などが変わるため強度等の物性が低下する反面，流動特性が変わり成形加工性が向上することが多いので，添加剤による改質技術などのノウハウを駆使してバージン樹脂にはない特性を付与することができる。

4.2 複合再生

　複合再生では通常，使用済みプラスチック製品を原料として廃プラスチックから直接加工により再生製品を成形している。コスト低減のために，廃プラスチックをその形のまま直接溶融してプラスチック溶融塊とする溶融可塑化装置が開発され，未破砕のプラスチックを強制的に油圧シリンダー式プランジャーで押し込みつつ溶融するプランジャー型溶融機（図15），使用済み包装材などの大幅のフィルムをそのまま巻き込みつつ混練する溶融機，製品の比重を上げるため熱砂と廃プラスチックを混練するパドルミキサー（図16）など各種の専用可塑化装置が開発されている。

　しかし再生製品の品質安定化のためには廃プラスチックの選別や異物分離，汚れの洗浄などの前処理が重要であり，また回収廃プラスチックの輸送コスト低減が経済的に大きな意味を持っている。このため，溶融前の処理機としてプラスチックボトルの圧縮梱包機（ベーラー），粗砕機

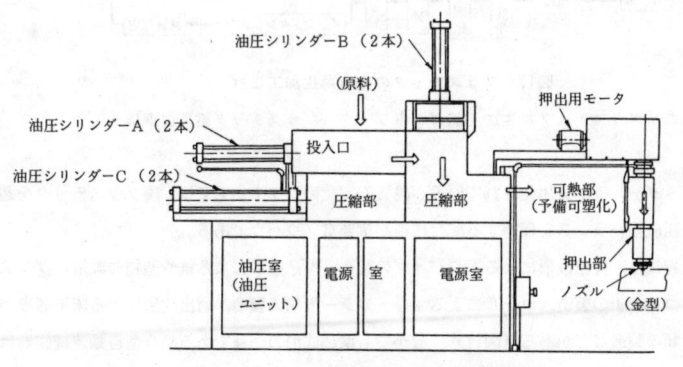

図15　プランジャー型予備可塑装置付溶融機
出典：プラスチック再生便覧（プラスチック処理促進協会）

第3章 廃棄プラスチック処理の現状と課題

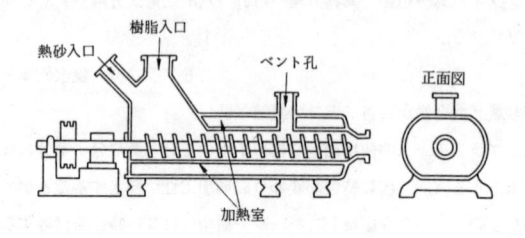

図16 パドルミキサー溶融機
出典：プラスチック再生便覧（プラスチック処理促進協会）

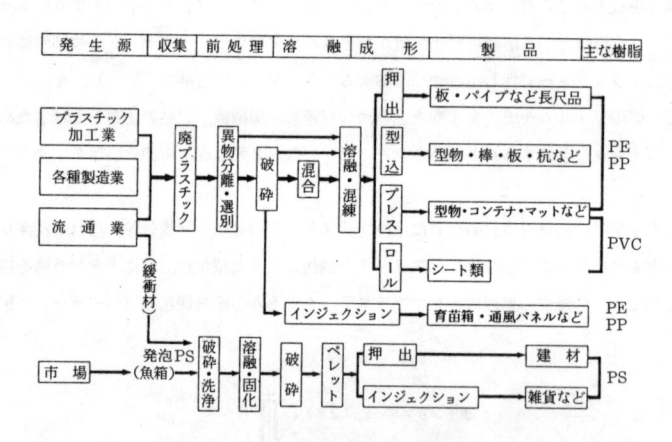

図17 プラスチックの複合再生加工工程
出典：プラスチック再生加工品ガイドブック（プラスチック処理促進協会）

（シュレッダー）等が実用化されている。品質安定化のソフトとしては，廃プラスチックを適宜配合して組成のバランスを保持する配合技術が重要なノウハウである。

　成形工程には，押出成形による板やパイプの製造，型込成形による杭や型物の製造，プレス成型によるコンテナの製造，ロールによるマットやシート類の製造，射出成形による床下通風パネルや雑貨類の製造などがある（図17）。なかでも型込成形の一種である割金型自動連続成形は通産省の再生事業育成方針に基づき開発されたもので，チェンコンベア等の成形ラインに同一の割金型を多数個取りつけ，金型の着脱，廃プラスチック溶融物の自動注入，冷却，製品取出を次々

4 再生加工

表16(1) 再生プラスチック製棒，板，杭のJIS規格
JIS K6931

試験項目と性能

試験項目			性能						
			1種		2種		3種		4種	
			1号	2号	1号	2号	1号	2号	1号	2号
密度		g/cm³	1.0未満	1.0以上	1.0未満	1.0以上	1.0未満	1.0以上	1.0未満	1.0以上
曲げ弾性率		kgf/mm² {N/mm²}	30 {294} 未満		30 {294} 以上 70 {686} 未満		70 {686} 以上 150 {1471} 未満		150 {1471} 以上	
曲げ強さ	破壊時曲げ応力または最大曲げ応力	kgf/mm² {N/mm²}	0.5 {4.9} 以上		1.2 {11.8} 以上		1.7 {16.7} 以上		2.5 {24.5} 以上	
圧縮強さ	圧縮弾性率	縦方向 kgf/mm² {N/mm²}	8 {78.4} 以上		18 {176} 以上		28 {275} 以上		45 {441} 以上	
		横方向 kgf/mm² {N/mm²}	3 {29} 以上		8 {78} 以上		13 {127} 以上		20 {196} 以上	
	圧縮比例限度強さ	縦方向 kgf/mm² {N/mm²}	0.1 {1.0} 以上		0.3 {2.9} 以上		0.6 {5.9} 以上		1.2 {11.8} 以上	
		横方向 kgf/mm² {N/mm²}	0.1 {1.0} 以上		0.3 {2.9} 以上		0.4 {3.9} 以上		0.9 {8.8} 以上	
空胴率	部分	%	3個の試験片ごと20以下							
	全体	%	18以下							
硬さ (参考)		H_R R	—		—		(30以上)		(60以上)	

1～4種の性能分類は，密度，曲げ弾性率の試験結果によって区分している。
{ } の単位および数値は，国際単位系（SI）による。

表16(2) 複合再生プラスチック製標識杭のJIS規格
JIS K6932

試験項目と性能

	試験項目		性能
圧縮強さ (縦方向)	圧縮弾性率 kgf/mm² {N/mm²}		18 {176} 以上
	圧縮比例限度強さ kgf/mm² {N/mm²}		0.3 {2.9} 以上
	衝撃強さ		折れ，割れ，欠けがないこと
	耐熱性	%	著しい反り，ねじれがないこと 収縮率±3°以下
	耐候性[1]		7.0以下
空胴率	部分	%	20以下
	全体	%	18以下

(1) ここでいう耐候性とは，プラスチック製キャップに対するもので Lab系による色差を求めるものとする。

{ } の単位および数値は，国際単位系（SI）による

第3章　廃棄プラスチック処理の現状と課題

に連続的に行う成形法である。

　再生製品のうち棒，杭についてはＪＩＳ規格が制定されている（表16(1), (2)）。再生品の物性について特色を挙げると，①曲げ強度が木材の１／３〜１／６程度であり連続的に力が加わると変形する，②熱膨張率も木材より大きいので組み合わせて使用する場合は注意を要する，③成形品の内部に空洞を生じやすいので中心部を釘で接合する場合は釘引抜強度に注意を要する。

　しかし使用する者の寛容な姿勢も再生事業の育成に大切であり，例えばフランスでは混合収集した都市ごみからＰＶＣボトルを機械選別し溶融成形してブドーつる支柱（vine pole）に大量に使用しており，日照による膨張率の差で多少の変形があっても意に介さずに実用化している。

　新しい成形法の開発[9]ではCo-extrusion法がある。これは都市ごみ中のＰＶＣボトルから再生したＰＶＣ粉を使用してパイプを成形するSolvay社（フランス）の技術であり，回収再生した樹脂の色や臭気が商品外観を悪くするのでパイプの中芯に再生樹脂を使い外表面と内表面にバージン樹脂を使用して３層構造に成形している。また３層ブロー成形法も同様な目的で使用するＰ＆Ｇ社（アメリカ）の新成形技術で，ＨＤＰＥ牛乳ボトルから回収再生した樹脂が悪臭を持つので３層の中芯に入れ，ブロー成形で洗剤用ボトルを製造している。さらにＳＯＰＡＶＥ社（フランス）は廃農業ＰＥフィルムから再生したフラフを中芯にして再生ＰＥ80％バージンＰＥ20％となるように厚み調整した３層プラスチック袋を製造している。再生製品以外の用途，例えば回収ＰＶＣの破砕物を素材として道路舗装用の石油ピッチに混合して舗装面の耐油性を改良するCreg社（フランス）の利用技術などについては，ここでは省略する。

　なお，廃プラスチックを再生樹脂として成形に利用するいわゆるプラスチックリサイクリングの理念に対し，分解性プラスチックは相反する概念である。もし通常の廃プラスチックの収集，再生の過程に分解性プラスチックが混入したまま再生品として成形されると品質の信頼性は大幅に低下するので，秩序ある使用区分の設定が緊急課題である。

5　おわりに

　廃プラスチックを含む都市ごみの処理は，公害防止対策を充分に講じた上で焼却しこれをエネルギー源として廃棄物発電を行うのが最も効率的であり，日本は普及度において世界をリードし技術的にも成熟の域に達している。しかし焼却する前に再び成形品として再生利用すれば限りある天然資源の保護につながるので，条件の整うものからリサイクルするのが望ましい。年間排出量約490万トンの廃プラスチックのうち，現在約55万トンが再生されているが，大部分が産業系廃プラスチックの再生であり，一般系廃プラスチックの再生に取り組むことが大きな課題である。そのためには，収集し分別した廃プラスチックを有価物として買い取りする社会システムの構築が必要である。さらにごみ処理をめぐる都市環境の快適性改善として清掃工場とアメニティ施設

5 おわりに

の融合,また既にニュータウン等で実施されているごみの管路輸送やカプセル輸送の一層の展開が期待される。

文　献

1) 厚生省産業廃棄物対策室及び通産省公害防止指導室,都市と廃棄物,19,(10), 60-63 (1989)
2) 厚生省監修,「廃棄物処理施設構造指針解説」,全国都市清掃会議
3) 「清掃工場の運営と管理」,工業出版社
4) 「ごみ焼却処理技術の現状と動向」,プラスチック処理促進協会,3月(1985)
5) 石川禎昭,「流動床式ごみ焼却炉設計の実務」,工業出版社
6) 「ごみ焼却処理技術の現状と動向」,プラスチック処理促進協会
7) 同上
8) 「新エネルギーの導入普及に向けて」,総合エネルギー調査会,6月(1990)
9) R. Derry, "Plastics Recycling in Europe", Warren Spring Laboratory

第4章　分解性プラスチックスの開発技術

1　生分解性プラスチックス

1.1　微生物産生高分子（バイオプラスチックス）
1.1.1　微生物産生ポリエステル
(1)　はじめに

土肥義治*

　微生物は，生命活動を営むために，核酸，タンパク質，多糖類，脂質，ポリエステルなど多種多様な生体高分子を合成している。これらの生体高分子は，様々な機能を発現する材料や生命体を構成する構造材料として，合目的的な役割を果たしたのちに，各種の酵素によって分解され，最終的には炭酸ガスと水とになる。その炭酸ガスを植物や植物プランクトンが生体高分子に変え，さらに動物がそれを利用し，再び微生物によって炭酸ガスに分解されるという，自然界の大きな炭素サイクルが確立されている。この炭素循環プロセスでは，様々な微生物，植物，動物がそれぞれの段階で重要な役割を果たしており，かけがえのない地球の生態系の安定化に寄与している。

　ところで，フェノール樹脂（ベークライト）の生産によって20世紀初頭にアメリカで幕あけしたプラスチック産業は，石炭化学，石油化学とともに大きく発展し，プラスチック文明ともいえる現代の社会を築いてきた。現在，プラスチックは1年間に全世界で1億トンも化学合成されており，日本はそのうちの12％をつくっている。これらのプラスチックの製品は，衣食住のすべての場面で大いに活躍しており，現代生活に欠かせないものになっている。しかし半面，プラスチックは水に漬けても，土の中に埋めても腐らないために，不要になった大量のプラスチックのゴミをどのように処理するかが大きな社会問題となっている。また，1年間に全世界で数十万トンも海に流出するプラスチック廃棄物が，年々蓄積して漁業や海洋の生態系を破壊しているといった問題も発生している。近年，地球的規模での環境問題に対して人々の関心が高まるにつれて，こうしたプラスチック廃棄物が自然環境に与える影響について議論され始めた。

　役に立ってくれるプラスチックが，もう一方で自然のなかの生物や人間の生活に害をもたらすのは，合成プラスチックが使い捨てられたあと，半永久的に消滅しないからである。プラスチックが大地や海洋にすむ微生物によって分解され，自然界の炭素サイクルの中に組み込まれてくれれば，これらの問題はほぼ解決されることになる。

---

*　Yoshiharu Doi　　東京工業大学　資源化学研究所

1 生分解性プラスチックス

ここでは，優れた物性と生物（酵素）分解性とを兼ね備えているポリエステルの発酵合成法とその構造，性能について紹介する。現在，微生物のつくる共重合ポリエステルに関する研究は，基礎と応用の両面から世界各国で活発に進められている[1]～[4]。

(2) ポリエステルの発酵合成

① P（3HB）ホモポリマー

合成ポリエステルには数十年の歴史しかないが，微生物は何億年もの太古から自然界でポリエステルをつくってきた。数多くの原核生物は，いろいろな餌の炭素源からポリエステルを合成し，それをエネルギー貯蔵物質として体内に蓄えている。生活環境下に摂取する炭素源がなくなると，ポリエステルを分解して生命活動のエネルギー源としている。したがって，ポリエステルは動物の脂肪や植物のデンプンに相当するものである。

微生物のつくる最も典型的なポリエステルは，D（−）体の3−ヒドロキシブチレート（3HB）ユニットが1万個以上も結合した高分子量の光学活性ポリエステル，P（3HB）である。P（3HB）は，1925年にパスツール研究所のLemoigneによって*Bacillus megaterium*から抽出され，1927年には3HBユニットからなる高分子と同定された[5],[6]。

$$-\!\!\left(\mathrm{O}-\overset{*}{\mathrm{C}}\mathrm{H}-\mathrm{CH}_2-\underset{\|}{\overset{\mathrm{O}}{\mathrm{C}}}\right)_{\!\!x}\!\!-$$
$$\mathrm{CH}_3$$
P（3HB）

表1には，P（3HB）を生合成することが知られている微生物がまとめて示してある。これらの微生物は，糖類，有機酸，アルコール，炭酸ガスなど様々な炭素源からポリエステルを生合成する。図1に示すように，これらの炭素源は，微生物の体内で様々な代謝経路を経て，アセチル補酵素A（CoA）に変換される。アセチルCoAは，トリカルボン酸（TCA）回路に取り込まれ，エネルギー生産やアミノ酸合成に使われる。しかし，過剰量のアセチルCoAが生成されると，アセチルCoAの一部はP（3HB）となり，エネルギーや炭素貯蔵物質として将来のために蓄えられる。P（3HB）生合成は，まず2分子のアセチルCoAが，酵素3−ケトチオラーゼの作用により縮合し，アセトアセチルCoAとなる。つぎに，3位のケトン基はリダクターゼにより還元され，D体の3−ヒドロキシブチリルCoAとなる。これがモノマーとなり，ポリメラーゼによって重合してP（3HB）となる。そして，微生物は環境下に摂取する炭素源がなくなると，体内のP（3HB）をアセチルCoAに分解して，エネルギー生産やアミノ酸合成のために用いるのである。

図2には，水素細菌*Alcaligenes eutrophus*を用いて，炭酸ガス（CO_2）と水素ガス（H_2）からP（3HB）を発酵合成した結果が示してある[7]。この発酵合成法においては，多量のリン

第4章 分解性プラスチックスの開発技術

表1 P（3HB）を生合成する微生物

Acinetobacter	*Gamphosphaeria*	*Photobacterium*
Actinomycetes	*Haemophilus*	*Pseudomonas*
Alcaligenes	*Halobacterium*	*Rhizobium*
Aphanothece	*Hyphomicrobium*	*Rhodobacter*
Aquaspirillum	*Lamprocystis*	*Rhodospirillum*
Azospirillum	*Lampropedia*	*Sphaerotilus*
Azotobacter	*Leptothrix*	*Spirillum*
Bacillus	*Methylobacterium*	*Spirulina*
Beggiatoa	*Methylocystis*	*Streptomyces*
Beijerinckia	*Methylosinus*	*Syntrophomonas*
Caulobacter	*Micrococcus*	*Thiobacillus*
Chlorofrexeus	*Microcoleus*	*Thiocapsa*
Chlorogloea	*Microcystis*	*Thiocystis*
Chromatium	*Moraxella*	*Thiodictyon*
Chromobacterium	*Mycoplana*	*Thiopedia*
Clostridium	*Nitrobacter*	*Thiosphaera*
Derxia	*Nitrococcus*	*Vibrio*
Ectothiorhodospira	*Nocardia*	*Xanthobacter*
Escherichia	*Oceanospirillum*	*Zoogloea*
Ferrobacillus	*Paracoccus*	

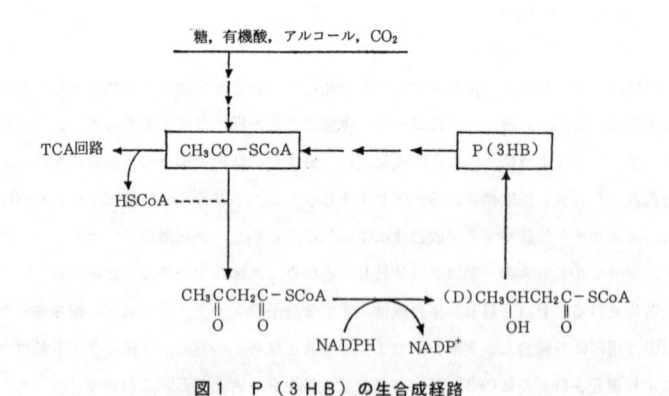

図1 P（3HB）の生合成経路

酸イオンと少量のアンモニアイオンを含むミネラル培地で *A. eutrophus* をバッチ培養し，H_2（エネルギー源）とCO_2（炭素源）を供給して，増殖とP（3HB）合成を行っている。培養開始後15時間までは増殖により総菌体量とタンパク質量が増加し，増殖期においてはP（3HB）生合成量は少ない。ところが，培地のNH_4^+イオンが完全に消費された培養15時間以降では

1 生分解性プラスチックス

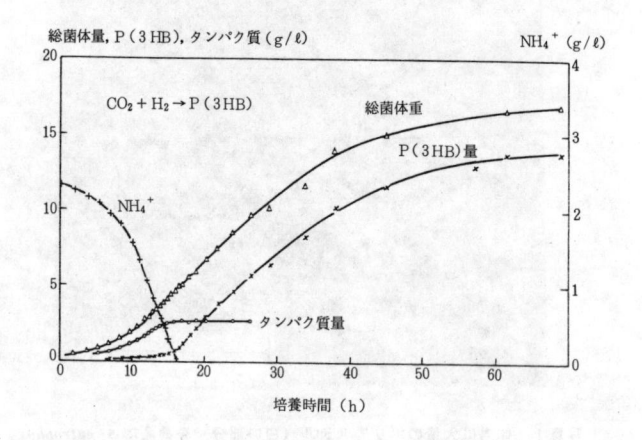

図2 水素細菌 *Alcaligenes eutrophus* による P（3HB）の発酵合成

増殖（タンパク質合成）が停止し，かわりにP（3HB）が大量に合成（蓄積）され始める。培養60時間後には，P（3HB）量が乾燥菌体重量の約80％にも達している。このように，炭素源が豊富にあり，増殖のための栄養源（たとえば窒素源）が欠乏した制限培養条件下において，ポリエステルが効率的に発酵合成されるのである。

写真1に示すように，微生物はポリエステルを粒子径が $0.5 \sim 1.0 \, \mu m$ 程度の顆粒として体内に蓄えている。この顆粒の成分は，ポリエステルが約98％であり，タンパク質と脂質が2％である。このようなポリエステル顆粒は，菌体を各種の酵素や次亜塩素酸ナトリウムで処理することによって細胞壁や細胞成分が溶解するために，微粒子として取り出すことができる[1]（図3）。また，クロロホルムなどの有機溶媒を用いる抽出法によっても，細菌体内から高純度でポリエステルを取り出すことができる。

このようにして取り出したP（3HB）は極めて高分子量（数十万から2百万）の高結晶性ポリエステルであり，さらに，180℃前後で融ける性質（熱可塑性プラスチック）もある。P（3HB）の分子鎖は全てD体の3HBユニットからなる高分子であるために，右巻きの 2_1 ヘリックス構造をとる。そのために，P（3HB）は固体状態では，高結晶性の光学活性ポリエステルとなる。P（3HB）の物性値は密度が $1.25 \, g/cm^3$，ガラス転移温度 T_g が 5 ℃，融点が 180℃である。P（3HB）の引張り強さは43MPa（23℃）であり，この値はポリプロピレンの引張り強さ38MPaと同程度である。しかし，P（3HB）の破壊伸びは5％ときわめて小さく，硬くてもろい材料である。そのために，微生物がP（3HB）を高い生産効率でつくることはわかっ

71

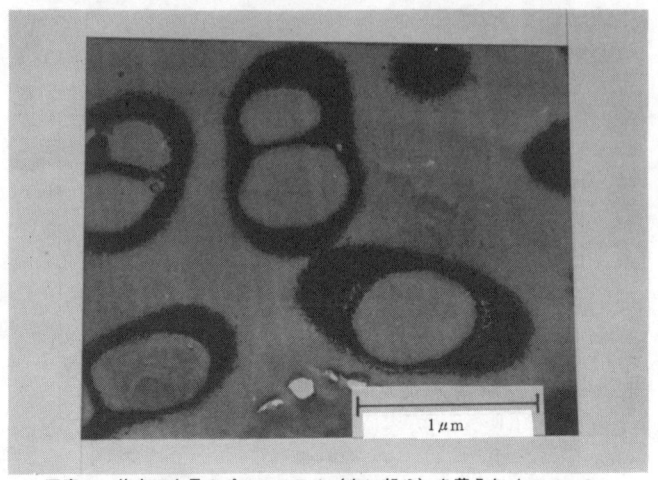

第4章 分解性プラスチックスの開発技術

写真1 体内に大量のポリエステル（白い部分）を蓄えた *A. eutrophus* （黒い部分）の電子顕微鏡写真

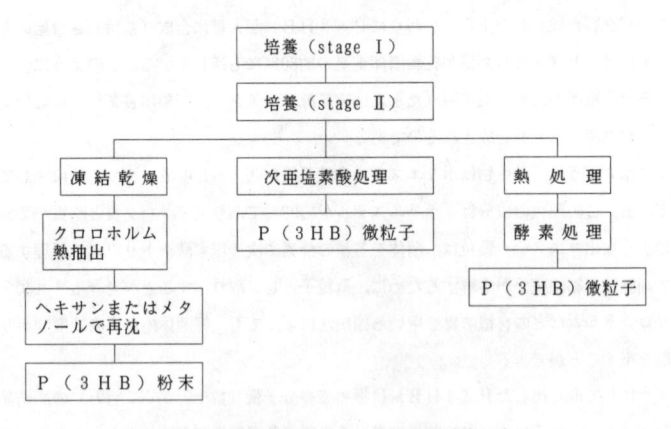

図3 菌体からのP（3HB）の取り出し方

っていたが，構造材として実用化されなかった。

②共重合ポリエステルの発酵合成

　最近，微生物と炭素源との組合せを工夫することによって，多様な物性を示す共重合ポリエステルが発酵合成できるようになり，実用化に向けて活発な研究が始まった[1]。表2には，現在までに発酵合成された共重合ポリエステルがまとめて示してある。

1 生分解性プラスチックス

表2 微生物がつくる共重合ポリエステル

微生物	炭素源	生成するポリエステル
Alcaligenes eutrophus *Bacillus megaterium* *Beijerinckia indica* *Derxia gummosa* *Methylobacterium* *Pseudomonas cepacia* 　　　　　*extorquens* 　　　　　sp. 28D *Rhodospirillium rubrum*	プロピオン酸 吉草酸	$-\!\!\!+\!O-CH-CH_2-\overset{O}{\overset{\|}{C}}\!\!\!+_{\!x}\!\!+\!O-CH-CH_2-\overset{O}{\overset{\|}{C}}\!\!\!+_{\!y}$ （3HB-co-3HV）
Pseudomonas aeruginosa 　　　　　*fluorescens* 　　　　　*oleovorans* 　　　　　*putida* 　　　　　*testosteronii*	C_6〜C_{12}のアルカンまたは直鎖有機酸	CH_3 $(CH_2)_n$ $-\!\!\!+\!O-CH-CH_2-\overset{O}{\overset{\|}{C}}\!\!\!+_{\!x}$ P(3HA), $n=2\sim8$
Pseudomonas oleovorans	1-オクテン	CH_2 $\|\|$ CH $(CH_2)_3$ $-\!\!\!+\!3HA\!\!+_{\!x}\!\!+\!O-CH-CH_2-\overset{O}{\overset{\|}{C}}\!\!\!+_{\!y}$
Alcaligenes eutrophus	4-ヒドロキシ酪酸 1,4-ブタンジオール 1,6-ヘキサンジオール γ-ブチロラクトン	$-\!\!\!+\!O-CH-CH_2-\overset{O}{\overset{\|}{C}}\!\!\!+_{\!x}\!\!+\!O-CH_2-CH_2-CH_2-\overset{O}{\overset{\|}{C}}\!\!\!+_{\!y}$ P(3HB-co-4HB)
Alcaligenes eutrophus	4-ヒドロキシ酪酸 吉草酸	P(3HB-3HV-4HB)

3HA：3-ヒドロキシアルカノエート，3HB：3-ヒドロキシブチレート，3HV：3-ヒドロキシバリレート，4HB：4-ヒドロキシブチレート

　水素細菌 *A. eutrophus* など9種の微生物にプロピオン酸や吉草酸を与えると，3-ヒドロキシブチレート（3HB）と3-ヒドロキシバリレート（3HV）とのユニットからなるランダム共重合体が発酵合成できる[8]〜[13]。これらの微生物によって合成されるP(3HB-co-3HV)共重合体の組成は，えさとして与える炭素源組成を変えることによって制御できる。表3に示すように，*A. eutrophus* に炭素源として酪酸と吉草酸を与えて，その混合割合を変えることによって，3HV分率は，0〜90モル%の広い範囲で調節することができる[9]。
　イギリスのICI社は，*A. eutrophus* にプロピオン酸とグルコースを与えてP(3HB-co-3HV)共重合体（3HV＝0〜30モル%）を発酵生産し，Biopolという商品名で販売している。このBiopolは，西ドイツのウェラ社のシャンプー容器に採用され，1990年5月から西ドイツ

第4章 分解性プラスチックスの開発技術

表3 *Alcaligenes eutrophus* による吉草酸と酪酸からのP（3HB−*co*−3HV）共重合体の発酵生産（30℃，pH=7.0，48時間）

炭 素 源 （g/ℓ）		ポリエステル	組成（mol%）	
$CH_3(CH_2)_3COOH$	$CH_3(CH_2)_2COOH$	含率（wt%）[a]	3HB	3HV
20	0	45	10	90
18	2	43	40	60
16	4	47	44	56
14	6	48	55	45
12	8	37	70	30
10	10	46	74	26
5	15	55	85	15
0	20	48	100	0

[a] 乾燥菌体中のポリエステル含率

国内で試験的に発売されている。現在のBiopolの年産は50トン程度であり，価格も 5,000円/kgと高価であるが，ICIでは年産1万トン規模になれば 600〜700 円/kgまで価格を低下できると発表している。また，最近，オーストリアのbtF研究所でも，年間50トンのP（3HB）を発酵生産できるパイロットプラントを完成し注目を集めている。

石油資化菌の *Pseudomonas oleovorans* をはじめ，5種の *Pseudomonas* 菌は，炭素数が6以上のアルカンや有機酸を資化して生育し，炭素数が6から12までの3−ヒドロキシアルカノエート（3HA）を含む共重合ポリエステルを合成することが見いだされている[14),15)]。例えば，*P. oleovorans* にオクタンを与えると，炭素数が8個の3−ヒドロキシオクタノエート（C−8）ユニット（89モル%）に3−ヒドロキシカプロレート（C−6）ユニットが少量混ざった共重合体を発酵合成できる。さらに，1−オクテンからは側鎖に二重結合をもつP（3HA）も発酵合成されている[16)]。

A. eutrophus に4−ヒドロキシ酪酸を与えると，3HBと側鎖アルキル基をもたない4−ヒドロキシブチレート（4HB）ユニットからなる新しいタイプのランダム共重合体P（3HB−*co*−4HB）が発酵合成できることが見いだされている[17)]。このランダム共重合体は，1,4−ブタンジオール，1,6−ヘキサンジオール，γ−ブチロラクトンからも高い効率で発酵生産できる[18)〜20)]。さらに，*A. eutrophus* に4−ヒドロキシ酪酸と吉草酸を与えると，3HB，3HV，4HBとの3種のモノマーユニットを含む三元共重合体を発酵合成できる。

最近，筆者らは，*P. oleovorans* にフッ素化や塩素化アルカンを与えると，側鎖にFやClを含むポリエステルが発酵合成できることを見いだした[21)]。また，Lenzらは，*P. oleovorans* を用いて，側鎖にフェニル基をもつポリエステルの発酵合成にも成功している。今後，炭素源の分子構造を工夫することによって，様々な官能基をもつポリエステルが発酵合成できるようになるものと期待できる。

以上，示してきたように，多くの微生物は様々な炭素源から分子構造の異なる共重合ポリエス

テルを生合成する。これは，ポリメラーゼ（重合酵素）の基質特異性が微生物によって異なるためであろう。最近，A. eutrophus と P. oleovorans からポリメラーゼの遺伝子DNAが取り出され，それぞれの塩基配列が決定された。2つの酵素のアミノ酸配列は，60％以上も異なっていることが明らかにされている。

(3) 共重合ポリエステルの固体物性

① P（3HB-co-3HV）共重合体

共重合ポリエステルの固体構造と物性は，ポリエステルの分子構造と共重合組成によって大きく変化する[1]。

P（3HB-co-3HV）共重合体の融点（T_m）は，P（3HB）の180℃から3HV分率の増加とともに低下し，3HV分率が約40％で最小値の70℃となる。3HV分率が40モル％を超すと，T_mは徐々に増加し，3HV分率95モル％で107℃となった[22]。ガラス転移温度T_gは，3HV分率0〜95モル％の範囲で，3HV分率の増加とともに5℃〜−17℃まで単調に低下した[23]。

P（3HB-co-3HV）共重合体の固体構造は，X線回折によって詳しく調べられている[22]。その結果，この共重合体は3HV分率が0から95モル％の広い範囲で高い結晶化度（50〜70％）を示し，3HV分率40モル％付近でその結晶構造が変化するという特徴をもつことが明らかにされている。

② P（3HB-co-4HB）共重合体

この共重合体（4HB＝0〜80モル％）のT_gは，4HB分率の増加とともに5℃〜−40℃まで低下した[23]。X線回折より求めた結晶化度は，4HB分率の増加とともに低下し，4HB分率49モル％で10％程度になった[22]。P（3HB-co-4HB）共重合体は，3HV共重合体とは異なり，結晶化度が共重合組成により変化するという特徴をもっている。そのために，4HB共重合体の物性は，共重合組成を変えることによって大きく変化する。

表4には，P（3HB-co-4HB）共重合体フィルムの機械的性質が示してある。共重合体フィルムの破壊伸びは，4HB分率とともに増大し，16モル％では444％も伸びるようになる。

表4 P（3HB-co-4HB）共重合体の応力−歪試験の結果（23℃）

	4HB分率 (mol%)				
	0	3	10	16	44
降伏応力（MPa）	—	34	28	19	—
降伏伸び（％）	—	4	5	7	—
引張強さ（MPa）	43	28	24	26	10
破壊伸び（％）	5	45	242	444	511
性質	脆性	延性	延性	延性	弾性

第4章 分解性プラスチックスの開発技術

4HB分率が40モル％以上の共重合体はゴム弾性を示すようになる。

このように，P（3HB-co-4HB）共重合体は，4HB分率の増加とともに結晶化度が低下するために，結晶性の硬いプラスチックから弾性に富む柔かいゴムまで，幅広い多様な物性を発現する素材となることがわかった。

P（3HB）ホモポリマーは，融点（180℃）以上に加熱し融解されると，主鎖のエステル結合が容易に切断され，熱分解によって分子量が急激に減少する。そのために，P（3HB）は熱可塑性プラスチックではあるが，溶融成形が困難な素材であった。ところが，P（3HB-co-3HV）やP（3HB-co-4HB）共重合体は，160℃以下で融解させると分子量の低下はほとんどなく，熱的に安定となり，溶融成形が可能となることがわかった[24]。

これら共重合ポリエステルは，強い糸や透明でしなやかなフィルムに加工できる。このポリエステルをゲル紡糸すると，ナイロンより強い糸に加工できることも明らかにされている[25]。また，ポリエステルのフィルムは，ガスバリヤー性にも優れている[25]。このように，微生物のつくる共重合ポリエステルは，石油化学工業で生産されている合成高分子と同じように成形加工ができ，多方面に使用できる性質をもっている。

(4) ポリエステルの生物分解性

これら微生物産生ポリエステルの最大の特性は，大地や海洋にすむ微生物によって分解される生物（酵素）分解性にある[1]。

筆者らは，自然環境のなかでのポリエステルの分解性を評価するために，P（3HB），P（3HB-co-3HV），P（3HB-co-4HB）の3種のフィルム（厚さ70μm）を畑

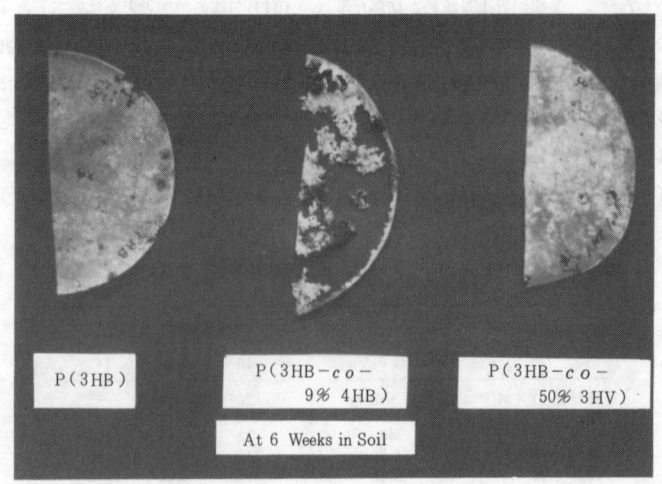

写真2　土の中に6週間（20～25℃）埋めて，微生物によって分解されたバイオポリエステルのフィルム（厚さ70μm）

1 生分解性プラスチックス

の土の中に埋めて、フィルムが分解する様子を春、夏、冬の各季節ごとに観察した。分解したフィルムの様子を写真2に示す。いずれの季節でも、P（3HB-co-4HB）のフィルムが最も速く分解した。夏（30℃）は2週間程度で、春（20℃）は6週間程度で、冬は12週間ほどで跡形もなく分解した。また、フィルムの分解実験を神奈川県水産試験場の自然海水槽を用いて海水中でも行った。海水温度16～22℃という条件で、ポリエステルフィルムは4～8週間程度で完全に分解した。このように、土や海のなかには、バイオポリエステルを速やかに分解する微生物が普遍的に生息していることが確認できた。

ポリエステルを分解して消化する微生物は、土の中や活性汚泥から10種類以上が分離、同定されている。これらの微生物は、ポリエステルを分解する酵素を菌体外に分泌し、その酵素によってポリエステルの高分子鎖を低分子量の有機酸に分解している。そして、その有機酸を体内に取り込み、生命活動の栄養源として利用し、最終的には、各種の生体高分子や炭酸ガスに変えているのである。

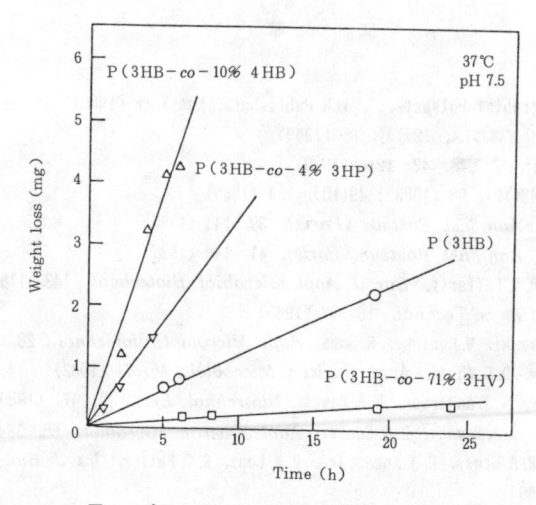

$$\mathrm{-(O-\underset{\underset{CH_3}{|}}{CH}-CH_2-\underset{\underset{O}{\|}}{C})_n-} \xrightarrow{\text{分解酵素, 水}}$$

$$\underset{\text{分解生成物}}{\mathrm{HO-\underset{\underset{CH_3}{|}}{CH}-CH_2-\underset{\underset{O}{\|}}{C}-OH}} \xrightarrow{\text{微生物}} CO_2 + H_2O$$

図4　ポリエステルフィルムの重量減少速度の測定

第4章 分解性プラスチックスの開発技術

酵素分解性におよぼすポリエステルの分子構造の影響を定量的に調べる目的で，活性汚泥から単離されたP（3HB）分解菌 *Alcaligenes faecalis* の分泌する菌体外デポリメラーゼ（3μg）を用いて，37℃でポリエステルフィルム（5～7mg）の分解実験を行い，フィルムの重量減少速度を測定した。その結果を図4に示す。デポリメラーゼによる分解速度は，4HB共重合体＞3HP（3－ヒドロキシプロピオナート）共重合体＞P（3HB）＞3HV共重合体の順に低下した。このように，酵素分解速度は物性と同様に共重合ポリエステルの分子構造によって調整できることがわかった[26]。

(5) おわりに

微生物と炭素源との組合せによって，様々な分子構造の共重合ポリエステルを発酵合成できる。そして，共重合ポリエステルの分子構造を変えることによって，物理的性質や酵素分解性をコントロールできることがわかってきた。このようなバイオポリエステルの特性を生かす用途として，まず第一に自然環境下に流出して回収が困難となる合成プラスチックの代替品としての使用が考えられる。たとえば，つり糸，漁網，農業用フィルムなどへの応用が考えられる。また，この他にも，バイオポリエステルの特性である生体適合性を生かし，医用材料への応用も期待される。今後，バイオポリエステルの特性を生かした応用研究が進み，人間と環境にやさしい高分子素材として多方面に利用されることを期待したい。

文献

1) Y. Doi, "Microbial Polyesters", VCH Publishers, New York (1990)
2) 土肥義治，サイエンス，12月号，80 (1989)
3) 土肥義治，化学と工業，42, 1218 (1989)
4) 科学朝日，48(12), 68 (1988); 49(10), 104 (1989)
5) M. Lemoigne, *Ann. Inst. Pasteur (Paris)*, 39, 144 (1925)
6) M. Lemoigne, *Ann. Inst. Pasteur (Paris)*, 41, 148 (1927)
7) E. Henzle, R. M. Lafferty, *Eur. J. Appl. Microbiol. Biotechnol.*, 143, 178 (1985)
8) P. A. Holmes, *Phys. Technol.*, 16, 32 (1985)
9) Y. Doi, A. Tamaki, M. Kunioka, K. Soga, *Appl. Microbiol. Biotechnol.*, 28, 330 (1988)
10) R. H. Findlay, D. C. White, *Appl. Environ. Microbiol.*, 45, 71 (1983)
11) G. W. Haywood, A. J. Anderson, E. A. Dawes, *Biotechnol. Lett.*, 11, 471 (1989)
12) B. A. Ramsay, J. A. Ramsay, D. G. Cooper, *Appl. Environ. Microbiol.*, 55, 584 (1989)
13) H. Brandl, R. A. Gross, E. J. Knee, Jr., R. W. Lenz, R. C. Fuller, *Int. J. Biol. Macromol.*, 11, 49 (1989)
14) R. G. Lageveen, G. W. Huisman, H. Preusting, P. Ketelaar, G. Eggink, B. Witholt, *Appl.*

Environ. Microbiol., **54**, 2924 (1988)
15) R. A. Gross, C. DeMollo, R. W. Lenz, H. Brandl, R. C. Fuller, *Macromolecules*, **22**, 1106 (1989)
16) G. W. Huisman, O. DeLeeuw, G. Eggink, B. Witholt, *Appl. Environ. Microbiol.*, **55**, 1949 (1989)
17) M. Kunioka, Y. Nakamura, Y. Doi, *Polymer Commun.*, **29**, 174 (1988)
18) M. Kunioka, Y. Kawaguchi, Y. Doi, *Appl. Microbiol. Biotechnol.*, **30**, 569 (1989)
19) Y. Doi, A. Segawa, M. Kunioka, *Polymer Commun.*, **30**, 169 (1989)
20) Y. Doi, A. Segawa, M. Kunioka, *Int. J. Biol. Macromol.*, **12**, 106 (1990)
21) Y. Doi, C. Abe, *Macromolecules*. **23**, in press (1990)
22) M. Kunioka, A. Tamaki, Y. Doi, *Macromolecules*, **22**, 694 (1989)
23) M. Scandola, G. Ceccorulli, Y. Doi, *Int. J. Biol. Macromol.*, **12**, 112 (1990)
24) M. Kunioka, Y. Doi, *Macromolecules*, **23**, 1933 (1990)
25) P. Holmes, "Development in Crystalline Polymers-2", (ed. by D. C. Bassett), Elsevier Applied Science, London, Chapter 1 (1988)
26) Y. Doi, Y. Kanesawa, M. Kunioka, T. Saito, *Macromolecules*, **23**, 26 (1990)

1.1.2 その他微生物産生高分子
(1) バイオセルロース

高井光男*

①はじめに

セルロースは地球上で最も豊富に存在する高分子物質で，毎年数千億トン（10^{11}トン）が光合成されている。これらは植物界の構築組織として重要な役割を果たしているのみならず，セルロース繊維は紙，パルプ，衣料用繊維など工業的にも広く利用され人類とのかかわりも古い。

微生物が菌体外にセルロースを産生することは古くから知られており，100年程前の1886年にA. J. Brown が炭水化物培地で厚膜を形成する菌の存在を報告している[1]。後にHibbert, Barsha[2]によりこの膜がセルロースであること，さらにそのX線回折図が天然繊維の綿と同じであることも確認された[3]。これらの菌は天然醸造の食酢製造工程で汚染菌としてしばしば現れ，コンニャク状の厚膜セルロースをつくることがある。フィリピンではこのコンニャク状セルロースをシロップ漬けにして"ナタ"と称して低カロリーデザートとして販売されている。

セルロース産生菌の中で特に収率の高いものとして，Acetobacter xylinum とA. acetigenus が知られている。両菌はグルコースなどを基質とする培地中で培養すると菌体外にセルロースを産生する。我々はこのセルロースをバクテリアセルロースまたはバイオセルロースと呼んでいる。バクテリアセルロースが従来のセルロース原料と比較して大きく異なる点は，ヘミセルロースやリグニンを全く含まず純度の高いセルロースが得られ，脱リグニンの必要がないことである。さらに物理的性質が優れ，いろいろな形状の不織布として生産可能で，結晶化度，吸水性，重合度を生合成過程でコントロールできる，などの利点がある。最近ではこのバクテリアセルロースを素材としたスピーカーの音響振動板や濾過膜，医療用パットなど具体的用途が特許として出され反響を呼んでいる。

ここではバイオセルロースの特性，製造法，分解性および経済性と今後の展望について簡単に述べることにする。

②バイオセルロースの特性

1) 生合成経路

酢酸菌がグルコースを炭素源とした培地でセルロースをつくるためには，まずグルコースを利用して菌体が増殖しなければならない。既に増殖した菌体によってセルロースが生成される場合にも2分子のATPを必要とする。したがってセルロースをつくるためには，セルロース生合成酵素系と別にエネルギー供給の酵素系が伴わなければならない。セルロースの生合成経路をまとめると図1のようになる。グルコースを炭素源とする標準培地で Acetobacter xylinum またはA. acetigenus を培養すると，菌体内でG（グルコース）→G6P（グルコース6リン酸）→G

---

* Mitsuo Takai 北海道大学 工学部 応用化学科

1 生分解性プラスチックス

G: glucose, G6P: glucose 6 phosphate, G1P: glucose 1 phosphate,
UDPG: uridine diphosphate glucose, LPPG: lipid pyrophosphate glucose
LPPC: lipid pyrophosphate cellobiose, ATP: adenosine triphosphate

図1 セルロースの生合成経路

1P（グルコース1リン酸）→ UDPG（ユリジン・ジフォスフェート・グルコース）という経路でUDPGが得られ，これがセルロース合成の前駆体となる。さらに，リピッド（ポリイソプレノール）が途中キャリヤーとして介在し，LPPG（リピッド・ピロフォスフェート・グルコース）→ LPPC（リピッド・ピロフォスフェート・セロビオース）へと二量体化される。ここから後が菌体外の過程で，LPPCがセロビオース受容体と出合い，酵素的に高重合化が進むものと考えられている[4]。

2) セルロース合成錯体とミクロフィブリル構造の発現

バイオセルロースのミクロフィブリル形態は，写真1に示すように幅75〜100Åで均一な幅のリボン状である。従来，セルロースミクロフィブリル形成には多くの考え方が提出されている。Preston[5]，Muhlethaler[6]らは，*Chaetomorpha melagonium*（緑藻類しおぐさ科の海藻）の細胞壁や玉ねぎ根端矛細胞の細胞質膜外表面上に粒状構造物を観察し，これらがセルロースの合成および分子鎖配列を制御する器官であると考えた。Roelofsen[7]もミクロフィブリルの生長先端に酵素錯体を観察し，先端付加によるセルロース合成を提唱している。最近R.M. Brown[8]らはフリーズフラクチャー法（凍結割断面法）による電子

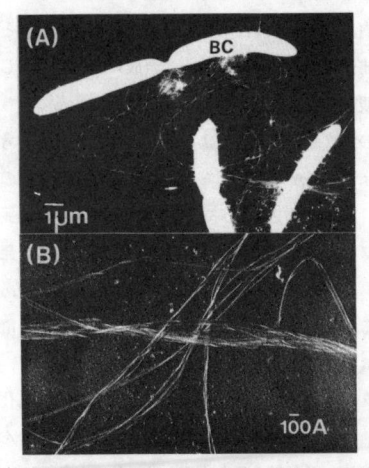

写真1 (A) 培養中期におけるバクテリアセルロース生成の電子顕微鏡写真
BC: bacterial cell
(B) バクテリアセルロースミクロフィブリルの電子顕微鏡写真

81

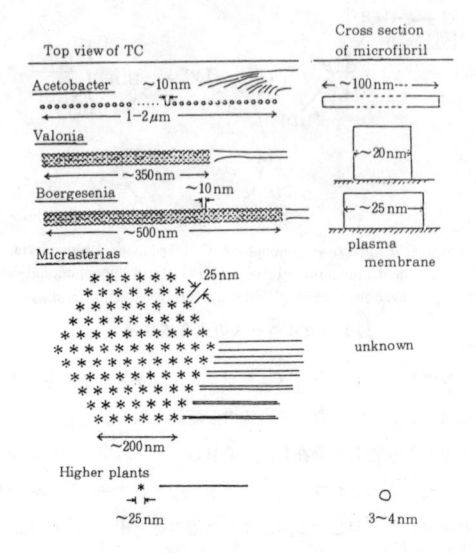

第 4 章 分解性プラスチックスの開発技術

```
Top view of TC                    Cross section
                                  of microfibril
Acetobacter    ～10nm
         ・・・・・・・・・・・・・・・・・       ～100nm
         ←── 1-2μm ──→
Valonia
                                        ～20nm
         ～350nm
Boergesenia   ～10nm
                                        ～25nm
         ～500nm
                                  plasma
                                  membrane
Micrasterias
              25nm
         * * * * *
       * * * * * * *
     * * * * * * * * *
     * * * * * * * * *  ─────
     * * * * * * * * *  ─────    unknown
     * * * * * * * * *  ─────
     * * * * * * * * *
       * * * * * * *
         * * * * *
         ～200nm
Higher plants
         ←→                             ○
         ～25nm                         3～4nm
```

図 2　TC 構造とミクロフィブリル断面形態の相関

顕微鏡観察を詳細に行い，セルロース合成に密接な関係を持つTC（ターミナルコンプレックス）の存在を確認し，このTCの形態とミクロフィブリルの断面形態との相関を結論した（図2）。この内，*Acetobacter* におけるTC構造の特徴とミクロフィブリル構造発現については次のように述べている[9]。セルロース合成に関係するTC錯体は細胞のLPS（リポポリサッカライド）層に観察され，細胞の長軸方向に平行に並んでおり（写真2），セルロース分子鎖はこのTC中心部の穴（直径約35Å）より押し出されていると考えている（図3）。15Åのサブエレメンタリーフィブリルが1個のTCと連結しており，1個のTCが多数のセルロース合成酵素から成っている。菌体はサブエレメンタリーフィブリルの伸長とともに移動し集束してミクロフィブリル→フィブリル→リボン状フィブリルへと高次構造を発現する。このようにして押し出された伸長したミクロフィブリルは結晶性，非晶性のどちらであるか興味が持たれる。Colvinらは構造発生期にあるバクテリアセルロースミクロフィブリルの電子顕微鏡観察から，電子線透過の高いサヤ部分と低いコア部分からなる二重構造を観察した[10]。すなわち，サヤ部分は非晶性で構造発生期のミクロフィブリルと考え，コア部分は脱水結晶化したミクロフィブリルであるとした。その後，Brown は蛍光増白剤（Calcofluor White ST）を含んだ培地より生成した未乾燥セルロースは非晶性であり，増白剤を除去すると結晶性のセルロース I を再生することを示している[11]。また，甲斐らはリンタングステン酸ナトリウム（電子顕微鏡用負染色剤）を含む培地から生成して間もない発生期ミクロフィブリルを観察し，写真3のように均一に染色された非晶性を示すが時間が

1 生分解性プラスチックス

写真2 酢酸菌のリポポリサッカライド層に観察されるセルロース合成に関係すると思われる酸素粒子配列（矢印）

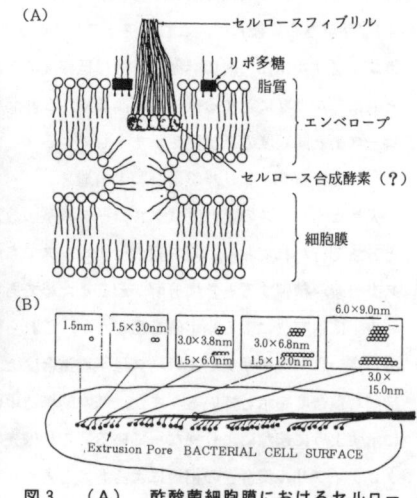

図3 （A）酢酸菌細胞膜におけるセルロース合成のBrown[11]らの想像図
　　 （B）酢酸菌によるバクテリアセルロースミクロフィブリル形成の一般的モデル

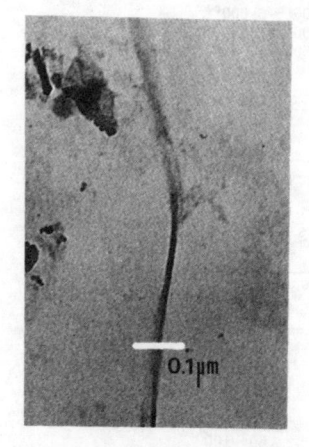

写真3 バクテリアセルロースの発生期ミクロフィブリルの電子顕微鏡写真
（リンタングステン酸ナトリウムによる負染色で内部が均一に染色されている。甲斐　昭氏の御好意により提供）

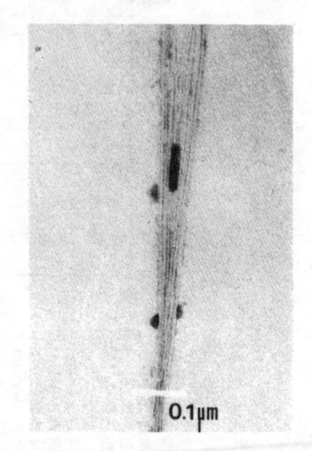

写真4 5時間培養で得たバクテリアセルロースミクロフィブリルの電子顕微鏡写真
（フィブリル縦軸方向に平行に黒い筋が観察され結晶化が進行している。甲斐　昭氏提供）

経過するにつれて長軸方向と平行に約40Å幅で黒い筋があらわれ結晶化が進行するとした（写真4）[12]。さらに彼らは，これらフィブリルのアルカリに対するマーセル化挙動を観察し，非晶性フィブリルは10^{-3}～10^{-2}％と非常に低濃度のアルカリでセルロースⅡへ転移するが，時間経過と共にアルカリに対する抵抗性が高まり，5時間程度経過した未乾燥フィブリルでは通常のセルロースⅠと同程度の抵抗性を示すとしている。

3） ミクロフィブリルおよび膜の構造

天然セルロースの重合度（グルコース残基の数）測定は従来多くの研究者によって種々の溶媒と方法で行われており，同一種のセルロースでもその測定値はまちまちである。これはセルロースを分離，精製するときに分解が起こるためである。

表1に粘度法による測定値を示したが，これらは正確な値としてではなく大体の目安と考えた方が良い。バクテリアセルロースは平均重合度 2,000～5,700 と綿の一次壁セルロース繊維とほぼ同じ重合度を示している。また，基本的構造単位であるミクロフィブリルの幅サイズは，表2に示すように起源により異なっている。これは先に示したように，種の違いによるＴＣ形態とミクロフィブリル集合との相違によるものと考えられる。

表1 天然セルロースの平均重合度

バクテリアセルロース	2,000～3,700[23], 5,700[24]
綿繊維	
一次壁セルロース	2,000～6,000[25]
二次壁セルロース	13,000～14,000[25]
バロニア	28,500～40,000[26]
リンター	10,350[27]
靱皮繊維	9,550[27]
木材パルプ繊維	
広葉樹	8,200[27]
針葉樹	8,450[27]

表2 各種天然セルロースのミクロフィブリル幅

種　　類	ミクロフィブリル幅（Å）
バクテリアセルロース	75～100
バロニアセルロース	250～300
綿およびラミーのセルロース	50～60
木材形成層セルロース	15
植物細胞一次壁セルロース	20～25
木材細胞二次壁セルロース	50～100

上で述べたように，バクテリアセルロースは菌体から押し出された後もしばらくは非晶状態を保持しているが，時間が経過するにつれて結晶化が進行し，最終的には綿や亜麻のセルロースと同

1　生分解性プラスチックス

写真5　バクテリアセルロース膜（熱乾）の
　　　　　X線回折写真
　　　　　入射X線を膜面に（A）垂直，
　　　　　（B）平行に照射

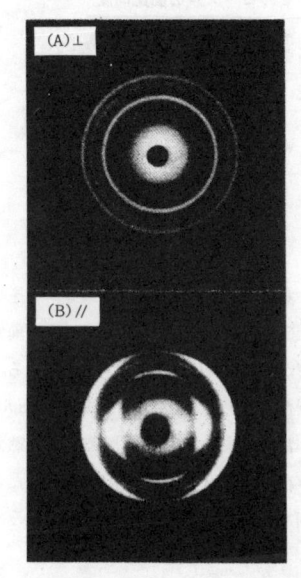

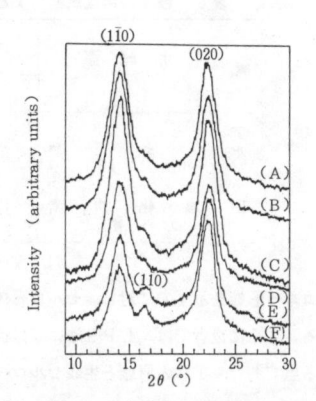

図4　種々の再生試薬より再生したバクテリ
　　　　アセルロース膜のX線回折図
　　　　（A）アセトン，（B）氷酢酸，
　　　　（C）ピリジン，（D）水，（E）四
　　　　塩化炭素，（F）シクロヘキサン

一のX線回折図を示す厚膜状のゲル状物質を形成する。これをガラス板上で風乾したり，ホットプレスすると羊皮紙状の膜が，また凍結乾燥すると嵩高いスポンジ状のサクサクした膜が再生される。これら膜状生成物は特定の微結晶面が膜面に平行に並ぶ，いわゆる選択的面配向構造を有している。特に羊皮紙状膜がこの配向構造を顕著に示す（写真5）。リボン状に生成するミクロフィブリル自体が既に選択的面配向構造を持つことから考えて，膜全体としての配向性はこのリボン状ミクロフィブリルの膜中での並び方によって決定される。すなわち，リボン面が膜面に平行に配列するほど面配向度が高くなる。したがって，培地中に生成したバクテリアセルロース膜から再生する仕方によって配向度の異なる膜を調製できる。図4は種々の再生試薬から再生乾燥したバクテリアセルロース膜のX線回折図である。これによると，膜中に含まれている水をアセトン，氷酢酸などの極性試薬で置換すると（1$\bar{1}$0）回折強度が水から再生した場合より強くなり，面配向度が高くなる[13]。一方，四塩化炭素，シクロヘキサンなどの非極性試薬では反対に低くなっている（表3）。

Brownらの最近の報告によると，*Acetobacter xylinum* の *in vivo* 合成でセルロースⅡを合成するタイプの菌が発見されたそうである[14]。通常のセルロースⅠを合成する菌がラフタイプ

第4章 分解性プラスチックスの開発技術

表3 種々の再生試薬によるバクテリアセルロース膜の面配向度

再 生 試 薬	面 配 向 度 (X線回折強度比 (110)/(002))	
	高さ強度比	面積強度比
ア　セ　ト　ン	1.256	1.216
氷　　酢　　酸	1.251	1.493
ピ　リ　ジ　ン	1.196	1.341
水	1.050	1.138
四　塩　化　炭　素	0.669	0.646
シ ク ロ ヘ キ サ ン	0.602	0.584

のコロニー形態を示すのに対し，セルロースIIを合成する菌はスムースタイプのコロニーを与えている。さらに後者では，LPS層に直線状に配列したTC形態が全く見られないことも前者と異なる点であり，TCの形態と生成セルロースの結晶形が密接な関係にあると考察している。また *Acetobacter xylinum* 由来の酵素を用いた *in vitro* 合成で生成したセルロースは *in vivo* 合成のそれと異なりセルロースIIを与えるという報告も非常に興味がある[15]。すなわち，熱力学的に準安定なセルロースIを形成するためには菌体の存在，いいかえれば直線状に配列したTC形態が不可欠と思われる。これらの構造発生機構が解明されれば，将来 *in vitro* 合成で望みの結晶多形セルロースを効率的に合成可能となるであろう。

③バイオセルロースの製造方法

バイオセルロースを製造する方法には，大別して菌体存在下で行う *in vivo* 合成と菌体不在下で菌体由来の酵素の働きで行う *in vitro* 合成とがある。ここでは主に前者について述べることにする。

セルロースを産生する微生物はアセトバクター属，シュードモナス属，アグロバクテリウム属などがある。これらを培養する培地は炭素源，窒素源，無機塩類の他，微量のアミノ酸，ビタミン等の有機栄養から成っている。代表的な例として *Acetobacter xylinum*（好気性のグラム陰性菌，0.5 ×2～4の桿菌）を通常の Hestrin-Schram 標準培地による培養条件を表4に示す。炭素源としては純粋なグルコースの他に，シュークロース，マルトース，フラクトース，マンニトール，パルプスラッジ加水分解物，デンプン加水分解物，各種モラセス（糖蜜）などでも良い。窒素源としては有機系のペプトンの他，無機系の硫酸アンモニウム，塩化アンモニウム，リン酸アンモニウム等のアンモニウム塩，硝酸塩，尿素なども有効である。微量有機栄養素は，総合的なものとして酵母エキス，ペプトン，大豆タンパク分解物，カザミノ酸が，また単独的なものとしてはアミノ酸，ビタミン，脂肪酸，核酸などが使用される。無機塩類としては，リン酸塩，マグネシウム塩，カルシウム塩，マンガン塩が一般的に使用され，呼吸的代謝と培養中のpH調整に役立っている。

酢酸菌がグルコースやそれ以外の糖類を炭素源とした培地でセルロースをどの程度までつくり

1 生分解性プラスチックス

得るのであろうか。一般に，一定培地中におけるセルロースの収率には限度があることが多い。それは生成したセルロースがチキソトロピー的性質を持っているため培養液が大きな塊になり，撹拌が不十分となり通気ができなくなってしまうためで，ゲルの性質上やむを得ない。バイオセルロースの生産には，第1に培地中の炭素と窒素の比率が重要で，窒素含有量が高すぎると菌体の増殖の方が旺盛になり，セルロースの生産性が悪くなる。次に重要なのは培地中のpHであって，菌体増殖のpHとセルロース生産のためのpHとは必ずしも一致せず，培地組成を調整することにより培養中のpHを一定範囲にする必要がある。また，最適培養温度範囲は28～30℃である。

表4 Hestrin-Schram標準培地と培養条件

培地成分	濃度（％）	
D-グルコース	2.0	
バクトペプトン	0.5	
酵母エキス	0.5	pH=6.0
クエン酸	0.115	
リン酸水素2ナトリウム	0.27	

培養方法：静置培養（培地表面にセルロースを産生）
培養温度：29℃
培養時間：96hr（4日間）
セルロース収率（乾燥重量）：200 mg／10ml
　　　　　　（対グルコース収率10％）

表5 シュークロース基本培地

培地成分	濃度（％）	
シュークロース	5.0	
リン酸・カリウム	0.3	pH=5.0
硫酸マグネシウム・7水塩	0.05	
カザミノ酸	0.8	

表6 各種添加物によるセルロース収量の増加
（培養条件：30℃，2週間，静置培養）

添加物質	濃度（％）	セルロース収量 （mg／100 ml）
対照		23.5
酵母エキス	0.50	47.0
イノシトール	0.10	53.0
フィチン酸	0.05	100.0
フィチン酸・1カルシウム塩	0.02	88.2
フィチン酸・1カルシウム・ 4マグネシウム・2アンモニウム塩	0.02	85.2

1）添加物の効果

　最近，酢酸菌によるセルロース合成収率がイノシトールまたはフィチン酸を添加した培地で著しく向上することが発見され，特許として提出されている[16]。表5に示した組成の基本培地400 mlに酵母エキス0.5％，イノシトール0.10％，フィチン酸0.05％，フィチン・1カルシウム塩0.02％，フィチン・1カルシウム・4マグネシウム・2アンモニウム塩0.02％をそれぞれ単独に添加した培地から得られたセルロース物質の収量を表6に示した。これからわかるように酵母エキス，イノシトール，フィチン酸およびその塩類の添加によりセルロース収量が無添加培養の

第4章 分解性プラスチックスの開発技術

それよりも2～4倍増加している。
2）pHの効果
　表5の基本培地にフィチン酸0.05%を加え，pHを3，4，5，6，7と変えてセルロース収量を測定した結果を表7に示した。これから分かるように培地の始発至適pHは4～5である。
3）ＰＱＱ（酸化補酵素，ピロロキノリンキノン）の添加効果
　表8に示す基本培地にＰＱＱを0.001%添加すると無添加に比べ約2倍のセルロース収量を与える（表9）。
　以上の結果をまとめると，酢酸菌から高収率でセルロースを得るための最適培養条件は表10に示すようになる。この他，菌株の選択や空気または酸素の供給条件によってもセルロース収量が多少異なると思われる。得られたセルロース膜は余分の培地成分や菌体が付着しているので，最終的には1%ＮａＯＨ中で1昼夜除タンパク後，1%ＡｃＯＨ浸漬，水洗により安定化処置を行わなければならない。

表7　培地のpHとセルロース収量
（培地条件：30℃，2週間，静置培養）

始発pH	セルロース収量（mg／100 ml）
3	10
4	110
5	100
6	35
7	0

表8　ＰＱＱ添加用シュークロース基本培地

培地成分	濃度（%）	
シュークロース	5.0	
フィチン	0.02	
カザミノ酸	0.5	pH=（?）
リン酸カリウム	0.1	
硫酸マグネシウム・7水塩	0.5	

表9　ＰＱＱの添加効果
（培地条件：30℃，2週間，静置培養）

	セルロース収量（mg／100 ml）
ＰＱＱ添加	700
無添加	400

表10　セルロース生合成（*in vivo*）の最適培養条件

培地成分	濃度（%）
シュークロース	5.0
リン酸カリウム	0.3
硫酸マグネシウム・7水塩	0.05
カザミノ酸	0.8
フィチン酸	0.05
ＰＱＱ	0.001
pH	4～5
温度	28～30℃

④バイオセルロースの分解性
1）exo－およびendo－セルラーゼによるセルロースの分解
　Irpex lacteus（ウスバタケ）起源のセルラーゼより単離精製された exoおよびendo型セルラーゼで，天然セルロース（バイオセルロース，バロニアセルロース，コットンセルロース）および再生セルロース（マーセル化コットン，普通レイヨン）基質に対する分解（0.1M AcONa buffer,

1 生分解性プラスチックス

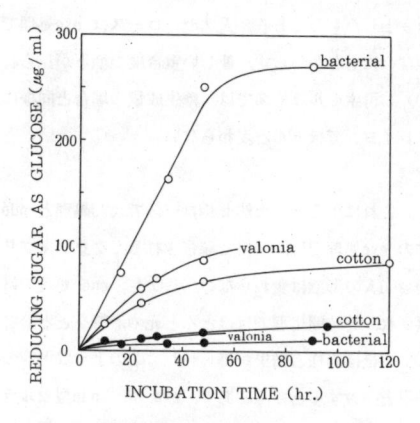

図5 天然セルロース（バロニア，コットン，バイオセルロース）のexo型およびendo型セルラーゼ処理による分解特性（還元糖生成量）
　　—○— exo 型, —●— endo 型

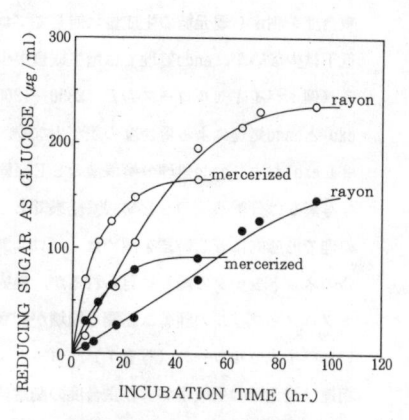

図6 再生セルロース（マーセル化コットン，ビスコースレイヨン）のexo型およびendo型セルラーゼ処理による分解特性（還元糖生成糖）
　　—○— exo 型, —●— endo 型

pH4.0, 30 ℃, 基質濃度 1〜30mg／2 ml, 酵素濃度 4〜20mol/ℓ）を行った。図5および図6は還元糖生成量（Somgyi-Nelson 法，グルコース換算）を酵素分解時間に対してプロットしたものである。天然セルロースは exo 型で糖生成が多く，endo 型でほとんど生成せず，両者の差が著しい。再生セルロースのマーセル化コットン，レイヨンのendo処理では，バロニア，コットンの exo 処理に相当する量の糖を生成し exo 処理との差が縮小する。全糖量はバイオセルロースの場合を除いて，再生セルロースの方が天然セルロースよりも多く与える。図7は使用した酵素のrandomnessを知るため分解残渣の

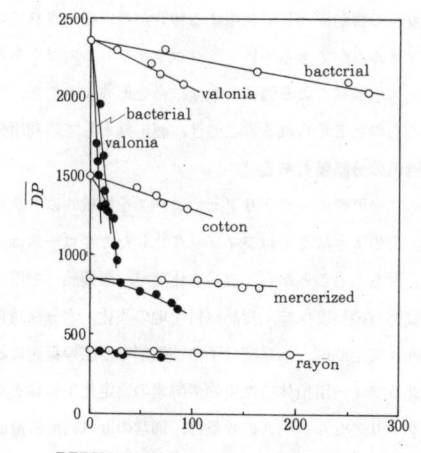

図7 天然および再生セルロースの exo 型およびendo 型セルラーゼ処理による重合度変化と還元糖生成量の関係
　　—○— exo 型, —●— endo 型

重合度を測定し還元糖の生成量に対してプロットしたものである。天然セルロースは exo処理で低下は少ないが，endo処理では糖生成量が少ないにもかかわらず，著しい重合度の低下が見られる（例：バイオセルロース DP =2350→1300）。再生セルロースでは，糖生成量の場合と同様に exo とendo処理による重合度の差が少なく，レイヨンでほとんど変わらない。

2) exo およびendo処理分解残渣のＳＥＭ観察

写真6は分解残渣のＳＥＭ観察結果である。これによると，天然セルロースで exo処理とendo処理で形態的に著しい差を認めた。バロニアの exo処理では，原料で観察されるミクロフィブリルのネットワークの緩みは見られるが，幅約 250Åの形態は変わらない。しかし，endo処理ではミクロフィブリルの顕著な膨潤と崩壊が観察され，48時間処理ではほとんど元の形態をとどめない。バイオセルロース（写真7），コットンでもほぼ同様の結果が得られた。このような形態の相違は還元糖の生成量および重合度の測定結果と一致するところであり，exo 型，endo型セルラーゼのセルロースに対する作用機構の相違が形態学的にも示されたことになる。

⑤バイオセルロースの経済性と今後の展望

培地中に生じるゲル状のバクテリアセルロース膜を希アルカリで除タンパクし，水洗後，ホットプレスで 105℃で乾燥すると羊皮紙状のフィルムができる。このフィルムの物理的性質，動的ヤング率も最高30GPa の強度を示す。この値は新聞紙などの普通の紙の数十倍，ポリエチレンやアラミド紙の数倍の強度に相当する。この超高強度的性質を利用して，音をより忠実に伝えるスピーカーの振動板として利用する特許が最近提出されている[17]。このような超高強度のセルロースフィルムができるのは，ミクロフィブリル内はもちろんのこと，ミクロフィブリル間でもセルロース水酸基による強固な水素結合を形成すること，および(110) 微結晶面の選択的面配向性によるものと考えられる。この他，膜形態としての利用分野は耐薬品性に優れていることから限外濾過用の分離膜もある[18]。

さらに未乾燥のバクテリアセルロースを機械的にミクロフィブリル化すると水分保持能が高くなる。このようなミクロフィブリル化したセルロースは分散性に優れていると同時に人体に対する安全性もあることから，食品や化粧品，医薬品への用途がある。例えば食品，化粧品，医薬品または塗料の粘度保持，食品原料生地の強化，水分保持食品の安定化向上，低カロリー添加物または乳化安定助剤，水系高分子の補強剤など広い範囲にわたっての利用価値がある。また，クロマトグラフィー用担体，微生物や酵素の固定化用担体としての利用も可能である。

バクテリアセルロースの収量は，通常のHestrin-Schram標準培地（表4）における酢酸菌培養で10％程度（対グルコース），ＰＱＱ（酸化補酵素ピロロキノリンキノン）添加培養でも高々14％（対シュークロース）と低い（表10）。基質炭素源としてはグルコース，シュークロースのほかにマルトース，フラクトース，マンニトール，転化糖，エタノール，グリセロールなどでもよい。また，製紙工場からでるパルプスラッジ加水分解物や農林産廃棄物なども有望である。たと

1　生分解性プラスチックス

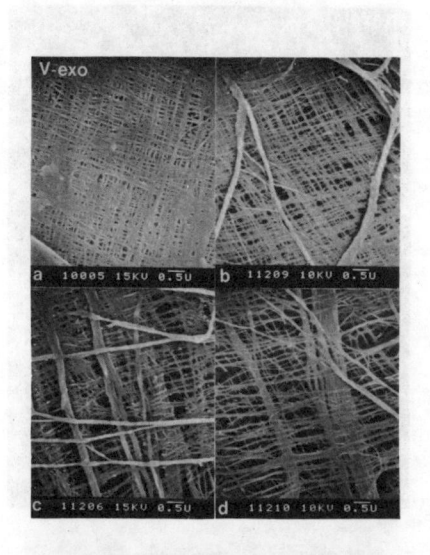

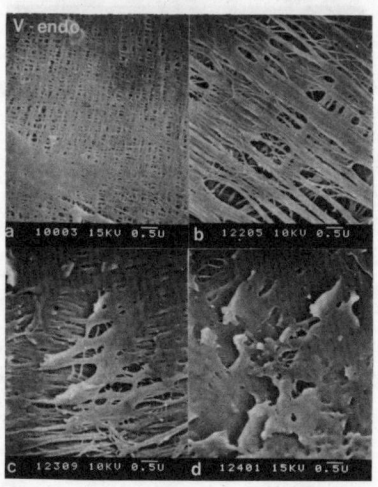

写真6　バロニアセルロースの exo型およびendo型セルラーゼ処理による
　　　分解状況のSEM観察
　　V－exo：バロニアセルロース exo型処理　　(a)　未処理
　　V－endo：バロニアセルロースendo型処理　(b)　9時間処理
　　　　　　　　　　　　　　　　　　　　　　(c)　24　〃
　　　　　　　　　　　　　　　　　　　　　　(d)　48　〃

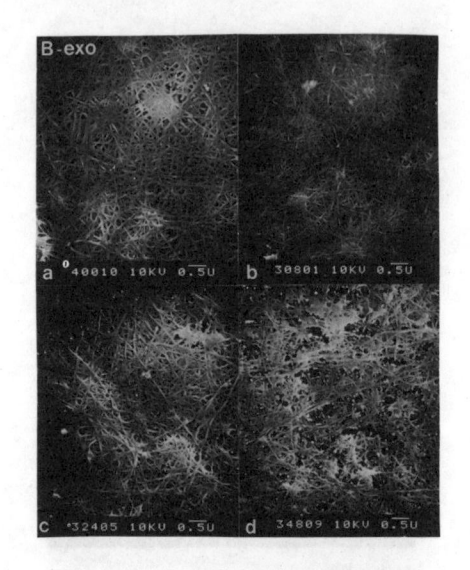

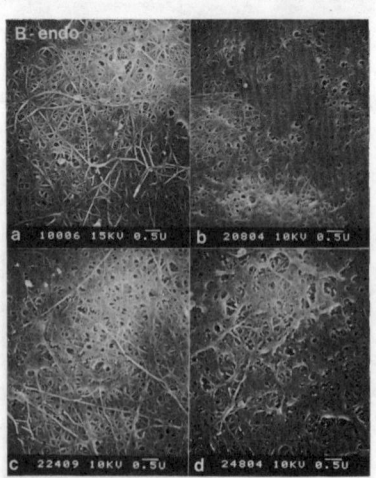

第4章 分解性プラスチックスの開発技術

写真7 バイオセルロースの exo型およびendo型セルラーゼ処理による分解状況のSEM観察
B-exo：バイオセルロース exo型処理　　(a)　未処理
B-endo：バイオセルロースendo型処理　　(b)　9時間処理
　　　　　　　　　　　　　　　　　　　(c)　24　〃
　　　　　　　　　　　　　　　　　　　(d)　48　〃

1 生分解性プラスチックス

えばフィリピンで商業生産されている"ナタ"の場合,基質として安価で手に入りやすい砂糖キビ糖とココナッツミルクが利用され,その経済性を支えている。このような基質の多様性は工場設備の立地にかなりの自由度を与え,また基質の価格変動による影響を回避でき経済的に有利である。

バクテリアセルロースの価格は,ある試算によると現在のところ乾燥重量1kg当り10万円だそうだ[19]。したがって価格面では明らかに他のセルロース源と競争できない。培養効率とスケールの経済性改善により大きなコスト低減は可能であるが,その下限は基質原料の価格によって決まる。通常この種の基質価格は木材パルプや綿と同程度であり,結果としてバクテリアセルロースは他のセルロースより高くなる。したがってその利用は高付加価値製品に限定され,オーディオスピーカー振動板や創傷保護剤はこのモデル的応用例と言える。

上でのべたようにバイオセルロースの生産性は現在のところ低く,これをいかにして向上させるかが商業化の鍵を握っているといえるが,これを考える前に,Acetobacter xylinum を大量培養した場合に生じる問題点に触れることにしよう。まず第一に,セルロース産生酢酸菌自体の不安定性である。振盪培養または旋回培養を連続して行うと,この菌はセルロース収量を低下させ変異株を作りやすい。培地のpH,酸素濃度,代謝産物などが変異出現の原因と考えられるが,この不安定性は工業的生産を行う場合,問題となる。また,Acetobacter のセルロース産生株はグルコース培地で育成させた場合,糖代謝の副産物としてグルコン酸を生成する。このグルコン酸の生成はバッチ式および連続培養系におけるpH調整を困難にし,セルロースの合成速度を低下させるが,これは工業化において培養器の形状を決定する際,重要な因子となる。他の一つは,培養系で生成するゲル状のセルロース膜が系における酸素拡散の障害となることである。Acetobacter xylinum は好気性菌なので,代謝機能を活発に維持するため酸素を絶対必要とするが,生成物である不溶性セルロースゲルは培養媒体中への酸素拡散を著しく阻害する。実際,静置培養におけるセルロース合成は気液界面で活発に行われる。したがって,静置培養で行う限り,細胞育成とセルロース合成を最大にするため,体積を犠牲にして気液界面の表面積を最大にしなければならない。"ナタ"食品製造のようにウエット状態で利用する場合は静置培養で充分採算が取れるが,乾燥重量で大量のセルロースを合成しなければならない時は膨大な表面積を必要とする。例えば,乾燥重量で1日1kgの生産を行うためには約 410㎡の面積を必要とする。したがって,バイオリアクターの設計,考察にも,この固体状生成物の問題を考慮する必要がある。

一方,セルロース収量の高い酢酸菌の育種と遺伝子組換え技術による改良も必要である。酢酸菌は食酢製造上有用な菌であるにもかかわらず,育種や遺伝子操作に関する研究が少ない。通常,優良菌の入手法はスクリーニングによる場合が多く,食酢製造における高温耐性菌の開発も,この方法によって行われ,工業生産に活用された良い例である[20] が,遺伝子組換え技術により,食酢製造速度を数倍速める能力を持ったスーパー酢酸菌の開発も行われている[21]。これ

第4章 分解性プラスチックスの開発技術

によると，まず酢酸菌を作り出すアルコール脱水素酵素とアルデヒド脱水素酵素を酢酸菌から分離して複製し，ついでプラスミドベクターにこの酢酸合成遺伝子を結合して酢酸菌宿主に導入し，酢酸合成能を増大した菌株を得る。また抗体を使った遺伝子のクローニングにも成功している[22]。この菌株を用いると食酢製造期間が従来に比較して著しく短縮され，生産コストも大幅に低減できると報告されている。

最近，セルロース産生能を持つ酢酸菌について，宿主・ベクター系が確立され道具立ては整った。あとはセルロース合成遺伝子の解析とクローニングを行うことである。Brown らはセルロース合成酵素の単離精製とアミノ酸配列の決定を行っていると報告している。これが明確になると，セルロース合成酵素の効率的クローン化と他種生物への形質転換によりセルロース合成の効率化が容易になる。さらにセルロース合成と細胞壁形成および形態発現との相関をもっと良く理解できるようになるであろう。最終的には，これら遺伝子工学およびタンパク質工学的技術を駆使して強力で安定なセルロース合成酵素を調製し，in vitro 的セルロース合成を目指すことであろう。この系が確立されればセルロース産業に対するインパクトは大きく，森林資源の保存も可能となるであろう。

文　献

1) A. J. Brown, *J. Chem. Soc.*, **49**, 432 (1886)
2) H. Hibbert, *Science*, **71**, 419 (1930) ;
   H. Hibbert, J. Barsha, *Can. J. Res.*, **5**, 580 (1931)
3) H. Mark, G. V. Susich, *Z. Physik. Chem. Abt.* **B. 4**, 431 (1929)
4) R. D. Preston, "The Formation of Wood in Forest Trees", (M. H. Zimmermann ed.), Academic Press, New York-London, p. 169 (1964)
5) J. R. Colvin, G. G. Leppard, *Can. J. Microbiol.*, **23**, 701 (1977)
6) K. Muhlethaler, *J. Polym. Sci.*, **C28**, 305 (1969)
7) P. A. Roelofsen, *Acta Bot. Neerl.*, **7**, 77 (1958)
8) S. Kuga, R. M. Brown, *J. Appl. Polym. Sci.*, in press
9) R. M. Brown, C. H. Haigler, J. Suttie, A. R. White, E. Roberts, C. Smith, T. Itoh, K. Copper, *J. Appl. Polym. Sci., Appl. Polym. Symp.*, No. 37, 33 (1983)
10) J. R. Colvin, D. T. Dennis, *Can. J. Microbiol.*, **10**, 763 (1964)
11) C. H. Haigler, R. M. Brown, M. Benziman, *Science*, **210**, 903 (1980)
12) 甲斐　昭，小栗次郎，日本化学会誌，**148**, 536, 1394 (1982)
13) M. Takai, Y. Tsuta, J. Hayashi, S. Watanabe, *Polym. J.*, **7**, 157 (1975)
14) E. M. Roberts, I. M. Saxena, R. M. Brown, *J. Appl. Polym. Sci.*, in press

15) T. E. Bureau, R. M. Brown, *Proc. Natl Acad. Sci. USA*, **84**, 6985 (1987)
16) 特開昭61-212295
17) 特開昭61-281800
18) 野々村文就, 高井光男, 林 治助, 繊維学会シンポジウム予稿集, **C-126** (1988)
19) 日経バイオテク, 10月24日号, p. 9 (1988)
20) 特開昭54-46899;
    S. Ohmori, H. Masai, K. Arima, T. Beppu, *Agric. Biol. Chem.*, **44**, 2901 (1980)
21) 特開昭60-188068; 特開昭60-188069; 特開昭61-282079;
    M. Fukaya, H. Okumura, H. Masai, T. Uozumi, T. Beppu, *Agric. Biol. Chem.*, **49**, 2083 (1985); M. Fukaya, K. Tayama, H. Okumura, H. Masai, T. Uozumi, T. Beppu, *Agric. Biol. Chem.*, **49**, 2091 (1985)
22) M. Fukaya, K. Tayama, T. Tamaki, H. Tagami, H. Okumura, Y. Kawamura, T. Beppu, *Applied Environmental Microbiol.*, **55**, 171 (1989)
23) M. Marx-Figini, B. G. Pion, *Biochem. Biophys. Acta*, **338**, 328 (1974)
24) M. Takai, Y. Tsuta, S. Watanabe, *Polym. J.*, **7**, 137 (1975)
25) M. Marx-Figini, *J. Polym. Sci., Part C*, **28**, 57 (1969)
26) W. E. Blanton, C. L. Villemez, *J. Protozool.*, **25**, 264 (1978)
27) D. A. I. Goring, T. E. Timell, *Tappi*, **45**, 454 (1962)

(2) ポリアミノ酸

岩月 誠*

①はじめに

アミノ酸は，タンパク質を構成する基本要素であり，大部分のものが微生物による発酵法で工業生産されている。そのポリマーは，タンパク質のモデルとして，高分子量のものが作られ，構造や物性の研究がされて来た。そして，1970年にポリ-γ-メチルグルタメートが世界に先がけ日本で工業化され，応用展開[1]がなされている。

ポリマーまで微生物により生産されるものとして，ポリグルタミン酸とポリリジンがある。ここでは分解性ポリマーという視点から，発酵ポリアミノ酸と合成ポリアミノ酸を紹介したい。

②発酵ポリアミノ酸

1) ポリ-γ-グルタミン酸（γ-PGA）

Bacillus subtilis の1菌株が培養液にγ-PGAを分泌することをBovarnick[2]が発見し，古くから食品として親しまれている納豆の粘質物にγ-PGAが多量に含まれていることが藤井[3]により確認された。

Bacillus natto はグルタミン酸ないし代謝上グルタミン酸と近縁なアミノ酸から糖をエネルギーとしてγ-PGAを生合成しており，Thone ら[4]は生合成経路として図1を提出している。Haraら[5]はPGA-synthetaseとしてγ-glutamyltranspeptitaseの働きにつき報告している。

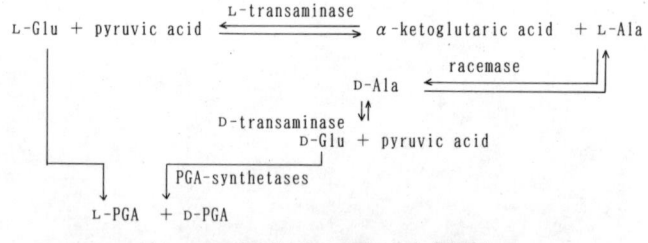

```
L-Glu + pyruvic acid  ⇌(L-transaminase)  α-ketoglutaric acid + L-Ala
                                                              ↑
                                                         racemase
                                         D-Ala  ←
                                          ↕ D-transaminase
                                   D-Glu + pyruvic acid
           ↓           ↓
           PGA-synthetases
      L-PGA  +  D-PGA
```

図1 γ-ポリグルタミン酸の生合成経路[4]

γ-PGAはD型とL型のホモポリマーの混合物であり，Mn^{++}イオン濃度等の培養条件によりD型が39〜87％の間で変動をする[3,6]。

D-グルタミン酸は人体を始め生態系にほとんど存在しないので，L型のγ-PGAの含量を多くする研究が行われ，培地中のMn^{++}濃度を10^{-3} mol/ℓ と低くすることにより，L体を最大80％まで高めることに成功している[7]。

当初はγ-PGAの生成能もわずかであったが，最近では，培地にグルタミン酸を7〜10％加

---

* Makoto Iwatsuki 味の素㈱ 開発企画室

えて，γ－PGAを46～48g／ℓに高めることに成功している[8),9)]。

粘調な培養液から，γ－PGAを分離精製するには，アルコール，アセトンを培養液に添加し，γ－PGAを析出させる[3)]が，溶剤を使わない方法[10),11)]や能率のよい方法[12)]も開発されている。

i) γ－PGAの物性

γ－PGAの水溶液の物理化学的な性質（濃度－粘度，pH－粘度，温度－粘度，粘度の熱安定性，粘度－塩類添加効果）については，沢ら[13)]が *Bacillus subtilis* No 5E の生産したもので詳細に報告している。その中で分子量については 100～116 万と結論づけており，現在の一般的分子量測定方法であるGPC法で，他の菌株から得られたものを測定しても，おおよそその近傍の値となる。

近藤ら[14)]はL体／D体＝95／5，68／32の2つのγ－PGAの構造と性質の研究を行い，PGANa，PGAHいずれも，固体状態ではβ－sheet 構造をしており，水溶液でpHが高いとランダムコイル構造をしているが，pHが低くなると，α－helix やβ－sheet 構造とも異なる特殊なラセン構造が存在することを示唆している。

ii) γ－PGAの生分解性

γ－PGAは，ニンヒドリン反応，ビューレット反応に陰性であり，代表的なendopeptitaseで，生体内加水分解酵素のプロテアーゼであるcathpsinと似た働きをするといわれるpapainや胃液にあるpepsinに対して陰性を示す。タンパク質はアミノ酸のα位のNH_2とCOOH基がペプチド結合しており，その点，γ－PGAは通常のプロテアーゼでは分解し難いことが示唆される。

しかし，Kream ら[15)]は人の赤血球や臓器（脳，肝臓，脾臓，膵臓），Torii[16)]は犬の膵臓，Volcani ら[17)]はバクテリアの*Flavobacterium polyglutamicum* n. sp. 中の酵素により，加水分解されると報告している。

最近，筆者らは化学物質の生分解性試験法であるMTI法（いわゆる化審法分解度試験）でγ－PGAは易分解性であることを確認している。

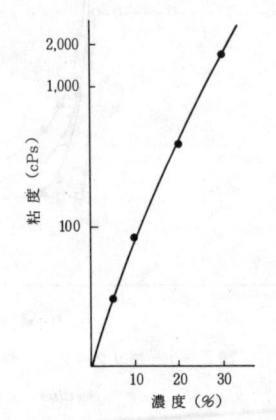

図2 γ－ポリグルタミン酸ソーダ水溶液の濃度と粘度（*Bacillus subtilis* 5E, pH 6.0～6.5）

第 4 章　分解性プラスチックスの開発技術

ⅲ)　γ−PGA の利用

γ−PGA は，市販されていないが，水溶性の高分子として，食品，医薬，化粧品，塗料，セラミックス分野で，増粘剤（図 2），バインダー，流動化剤，徐放性材料，担体，保湿剤(図 3)等に利用展開が期待される。

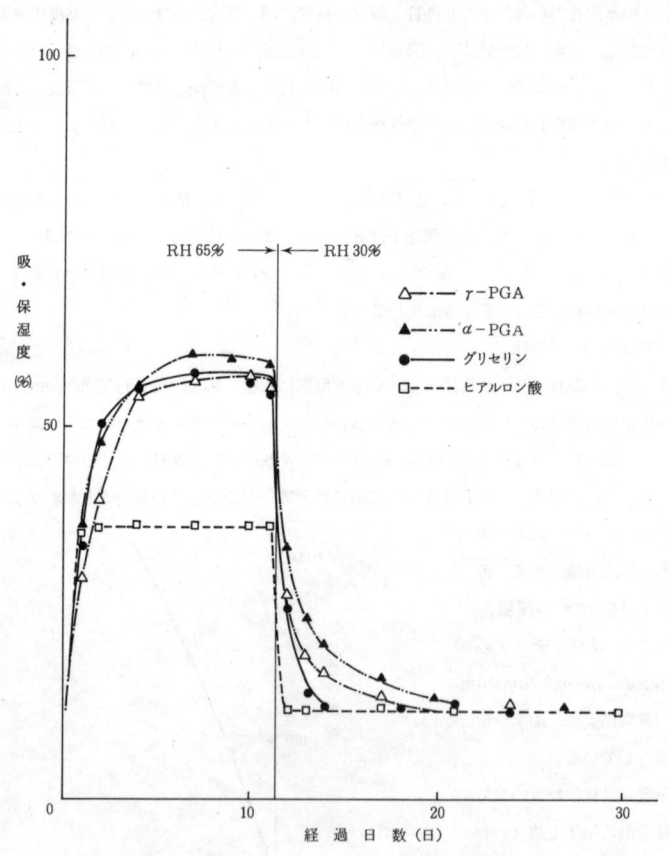

図 3　γ−ポリグルタミン酸ソーダの吸・放湿性

(*Bacillus subtilis* 5E)

2)　発酵ポリリジン

酒井ら[18]は放線菌(*Streptomyces albulus*)がリジンが 25〜30 残基結合した（図 4）ホモポ

1 生分解性プラスチックス

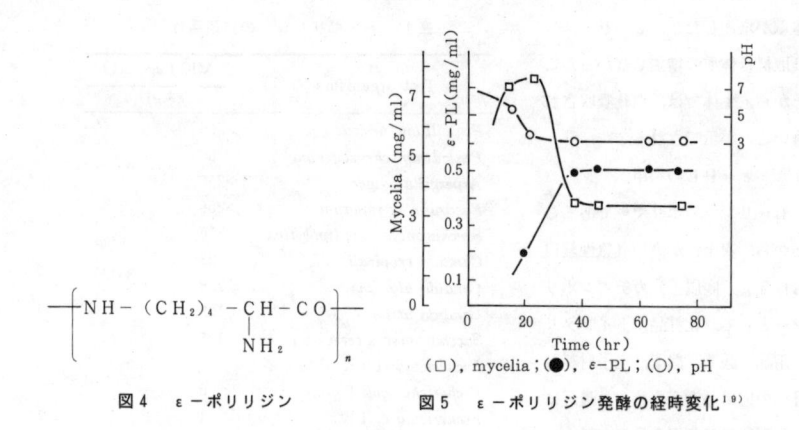

$$\left[NH-(CH_2)_4-CH-CO \right]_n$$
$$|$$
$$NH_2$$

図4　ε－ポリリジン

図5　ε－ポリリジン発酵の経時変化[19]
(□), mycelia；(●), ε-PL；(○), pH

リマーを産生することを発見した。

　グルコース等を炭素源，硫酸アンモン等を窒素源として，30℃近傍で振盪培養する。培地のpH調整がポイントになる。培養のスタート時にはpHを6～7として，菌数を増し，次いでpHを4.0～4.5に保ってポリマーを産出させる。すると，8～9日で4～5g／ℓのε－PLが産生される[19]（図5）。

　培養液より菌体を除き，pHを8.5として不溶物を除く。カチオン交換樹脂でε－PLを吸着させ，塩酸で溶出する。中和後，活性炭で脱色し，メタノール，エーテル等を沈殿剤として，白色の粉末状のε－PL^{HCl}が得られる[20]。

　工業的な方法として，カチオン交換樹脂の代りに2つの限外濾過膜（分画分子量 3,000以下と1,000以下）を使ってε－PLを分離精製することにより収率の向上とエネルギーを低減する方法が開発されている[21]。

　酒井[20]らは，ε－PL^{HCl}が250℃で軟化分解し，その一次構造はL－リジンHCl が25～30残基，リジンのε位のアミノ基によりペプチド結合した構造であると推定している（図4）。

　また立体構造については，各種の分光光学的性質（旋光性，円偏光二色性，赤外吸収）から，酸性側ではrandom構造をとるが，塩基性側ではβ－sheet 構造をとると考えている。

　最近，李ら[22]は遊離型のε－PLが172℃に融点，88℃にガラス転移点を持っていること，二次元NMR等の解析により，水溶液中での立体構造は酒井らの推定と同じであると報告している。

ⅰ）　ε－PLの生分解性

　分解性に関する文献は見あたらないが，筆者の得た情報では，土壌中では放線菌により容易に分解する。マウスによるε－PL^{HCl}とα－PL^{HCl}の比較肥厚実験で，α－PL^{HCl}摂取群は

第4章 分解性プラスチックスの開発技術

体重が増加したが, ε-PL^{HCl}摂取群は体重の増加しなかったことから, 生体では, 消化吸収され難いことが示唆される。

ii) ε-PLの利用

L-リジンのポリマーであることから, 安全性が高い(急性経口毒性5g/kg以上)カチオンポリマーとして, 化粧品, トイレタリー用品, 医薬, 農薬, 電子材料分野への応用が考えられる。最近になり天然系の新規食品保存料として市販が開始された[23]。

ε-PLの抗菌活性は, Sakaiら[24]により詳細に報告されており, 細菌類には最少阻止濃度(MIC)1~8μg/mlと強い働きをするが, カビや酵母に対するMIC値は128~156 mg/mlと効果が弱い(表1)。

そして, E. coli K-12を用いたε-PLの一次構造と抗菌性の関係を調べた結果には興味を引かれる。抗菌性を発揮するには$n \geq 9$が必要であること, E. coliの細胞表層部が著しく障害を受け, 細胞壁構造体の異常がタンパク質合成を阻害すると推定されている。

ε-PLは抗ファージ性ももっており, その活性はα-PLより若干高い[25](表2)。

ε-PLの重合度は25~30と限定されており, 目的に応じ, α-P

表1 ε-ポリリジンの抗菌活性[24]

Test organisms	MIC (μg/ml) ε-PL
Penicillium urticae	>256
Penicillium chrysogenum	256
Aspergillus niger	>256
Fusaruim oxysporum	>256
Saccharomycopsis lipolytica	256
Candida tropicalis	128
Candida albicans	128
Candida utilis	128
Saccharomyces cerevisiae	128
Escherichia coli K-12	1
Escherichia coli F-2	2
Escherichia coli B	1
Pseudomonas putida	2
Pseudomonas aeruginosa	3
Proteus vulgaris	2
Serratia marcescens	8
Aerobacter aeroge nes	8
Alcaligenes faecalis	8
Bacillus bropis	3
Bacillus subtilis	1
Bacillus cercus	16
Arthrobacter simplex	8
Arthrobacter globiformis	8
Corynebacterium xerosis	2
Micrococcus aurantiacus	8
Micrococcus roseus	3
Micrococcus lysodeikticus	2
Sarcina lutea	4
Staphylococcus aureus	4
Mycobacterium tuberculosis	32*

*; Determined at 24hr. after incubation

表2 抗ファージ活性[25]

Phage	Host bacteria	Survival (%)
J 1	Lactobacillus casei S-1	0.0
ϕ 219	Lact. plantarum P-1216	0.0
T 5	Escherichia coli	1.4
λ	Escherichia coli	0.4

1 生分解性プラスチックス

Lのように任意の重合度のものを得ることはできない。しかし，α-PLの合成は，現在のところ，プロセスが複雑[26]であるため，コストが高くなるので，現在までにα-PLで示唆された用途* が比較的安価なε-PLによって顕在化することが期待される。

さらに，今後の研究によりε-PLの生成機構が明らかにされれば，重合度をコントロールできる道が見いだされるであろう。

先にも述べたように微生物によるアミノ酸のホモポリマーの産生は，γ-PGとε-PLのみであるが，微生物産生物のスクリーニング手法の新たな開発により，さらに多くのアミノ酸ホモポリマーの発見されることも夢ではないと思う。

* アルブミン分子の細胞内透過性の向上[27]，
  赤血球，リンパ球などの細胞融合促進[28]，
  インタフェロン・インデューサー[29]，
  動物細胞培養の培地成分

③合成ポリアミノ酸

自然界に存在するアミノ酸20種にあって，L体の大部分は微生物による発酵法で生産されている。ポリアミノ酸の合成と利用については成書[30]があり，特に新素材として今後期待される最近のトピックスを紹介した筆者の拙文もある[1]。ここでは紙面の関係もあり，合成ポリアミノ酸を生分解性の視点から紹介したい。

合成によって得られるポリアミノ酸は，前述の微生物が産生するものと異なり，タンパク質と同じα-ペプチド結合をしている。そのため，大部分のものは微生物や酵素により容易に分解される。

生分解においては，酵素や微生物の種類はむろんのこと，ポリアミノ酸の種類，側鎖の違いのような一次構造や，random-helix coil，β-sheet の二次構造，配向，結晶化など高次構造，親水性，疎水性，解離性，非解離性によっても分解性に影響があらわれる。

例えば，MITI法でポリ-γ-メチル-L-グルタメート（PMLG），ポリ-L-グルタミン酸ソーダ（PSLG），ポリ-L-グルタミン酸（PHLG）を分解試験をすると，水溶性のPSLGと親水性のPHLGは易分解性であるが，PMLGは疎水性のため分解しない。

合成ポリアミノ酸の酵素（tripsin）による加水分解試験は，Katchalskiら[31]によりα-PLで行われ，最終生成物としてジリジンを確認している。それ以後，数々の報告があり，それらを紹介した成書[32]もある。

1) 酵素の基質特異性

α-PLを分解するtrypsinがD体のα-PL[33]やCH₂が一つ少ないポリ-L-オルニチン[34]を分解できないことは，酵素の基質特異性を示すものとして注目される。

2) ポリマーの高次構造と酵素の働き

Miller[35],[36]はPLHG水溶液のpapainなどによる加水分解において，pHを変化させPLHGの構造を変化させ，酵素の分解速度を調べて，酵素が攻撃しやすいのは，randomとα-helix

第4章 分解性プラスチックスの開発技術

構造の中間領域であると発表している。

3） 生体材料としての生分解性

ポリ－α－アミノ酸は，多くのものが生体内で抗原性を示さず[37]，分解生成物も毒性を持たないことが明らかにされている[38]。そのため吸収性縫合糸，再建材，癒着防止用隔膜材料，人工皮膚等の生体内分解吸収性医用材料，生体接着剤，医薬用担体としての利用を目指した研究が重ねられている。これらの中より筆者の関係したものを中心に最近の研究を紹介する。

i ） ポリアミノ酸繊維の酵素分解

林ら[39]はポリアミノ酸繊維の吸収性医用材料としての評価を行った。

ポリ－L－グルタミン酸繊維を合成し，$in\ vitro$ および $in\ vivo$ の実験を行った結果，次のような知見を得ている。

・β－構造で高配向の繊維は酵素による分解を受け難い。
・pH酸性領域では側鎖のCOOH基が非解離状態となり分解を抑制される。
・分解速度は酵素濃度に対して一次反応で進行する。

次にコポリ（N－ヒドロキシエチル－L－グルタミン（PHEG）／PMLG）繊維について，同様な実験を行い，次のような結果[40]を得た。

・親水性のPHEGの組成比が多いほど，繊維の吸水率が高まり，分解速度が速くなる。

さらに，コポリ（N－ヒドロキシアルキル－L－グルタミン／L－ロイシン）繊維[41]については，次のような結果を得た。

・ヒドロキシアルキル基のアルキル基が長いほど，繊維の膨潤度が高くなり，酵素の分解も速くなる（図6）。

ii ） ポリアミノ酸の側鎖の長さによる酵素分解性の制御

筆者ら[42]は側鎖の化学修飾によらないで，アミノ酸の種類により側鎖長を変えるべく，コポリ（L－アスパラギン酸（PLAA）／L－グルタミン酸（PLGA））を合成し，papainによる $in\ vitro$ の分解試験を行った。そして，次のような結果を得た。

・アルキル基がより短いPLAAが多いほど分解が遅い（図7）。

同じ酸性のアミノ酸ポリマーとして，モノマー組成比により，酵素分解性を制御できることがわかり，生体材料として分解性を分子設計できる可能性が示唆された。

iii）ポリアミノ酸ハイドロゲル膜の生分解性

林ら[43]はN－ヒドロキシエチル－L－グルタミン酸をA成分，L－ロイシンをB成分として，A－B－A型ブロックコポリマーの膜を合成し，papain，pronase E による $in\ vitro$ 酵素分解を調べ，次の知見を得た。

・膜の含水率により酵素分解性が大きな影響をうける。

また，林ら[44]はN－ヒドロキシエチル－L－グルタミン酸，L－アスパラギン酸，L－リジン

1 生分解性プラスチックス

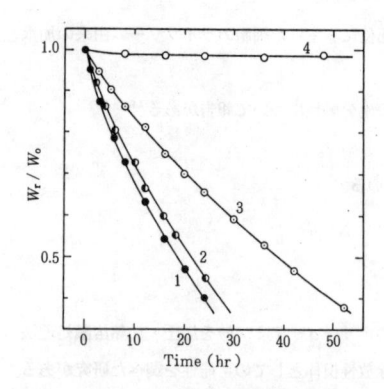

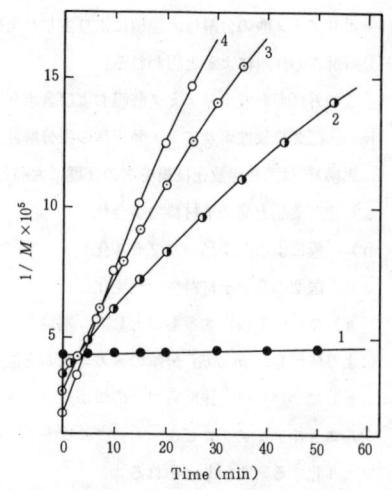

図6 コポリ（N-ヒドロキシアルキル-L-グルタミン/L-ロイシン）繊維のプロナーゼE処理による乾燥重量比（W_r/W_0）の変化[41]
37.0℃ and pH=7.4 in PBS for:
(1)PHEG-co-PLL-1（●）, (2)PHPG-co-PLL-1（◐）, (3)PHPeG-co-PLL-1（◉）, and (4)PMLG-co-PLL-1（○）,
〔E〕=2.1×10^{-5}M

図7 ポリーL-アスパラギン酸（PLAA）,ポリーL-グルタミン酸（PLGA）およびコポリ（LAA/LGA）のパパインによる分解性[42]
Papain concentration; 〔E〕=1.4×10^{-5}M at pH 4.75 and 37.0 ℃. Numerals in the figure denote
(1)PLAA-2（●）, (2)AG(A)-4（◐）, (3)AG(A)-2（◉）, and (4)PLGA-1（○）

のランダムコポリマーのハイドロゲル膜を合成し，papainによる in vitro 酵素分解を調べ，+に荷電すると分解が速い，と報告している。

さらに，林ら[45]はポリアミノ酸ハイドロゲル膜の in vitro および in viro の生分解性挙動を検討し，次の知見を得ている。

・in vivo の分解は in vitro に比して極めて緩慢である。

・分解は主に埋植後10日間で起こ

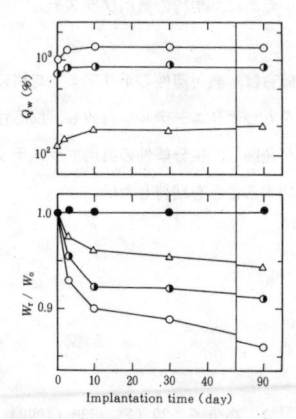

図8 ウサギ背部に埋植されたハイドロゲルの経過日数と含水率（Q_w）および乾燥重量比（W_r/W_0）[45]
（●）PBLG-1, （△）GA(E)-2, （◐）PHEG-4, （○）PHEG-2

り，その後はほとんど進行しない（図8）。

・ポリアミノ酸の分解は，埋植により生じた炎症部位に集まった細胞のライソゾーム由来の加水分解酵素の作用によると思われる。

この外にも合成ポリアミノ酸膜および含水ゲルの生分解性について報告がある[46]〜[51]。

iv) 医薬徐放性ポリアミノ酸担体の生分解性

黒柳[52]は医薬徐放化技術を次の3種に大別している。
a) 医薬品と高分子材料の複合化
b) 膜による医薬品のカプセル化
c) 医薬の高分子材料への固定化

a) について該当するものとして，嘉悦ら[53]のポリ－α－アミノ酸を加圧・加熱溶融処理法により成形し，in vivo 分解のメカニズムと医薬徐放性担体としての可能性を調べた研究がある。

b) については，妹尾ら[54]のコポリ（γ－ベンジル－L－グルタメート／N^5－ジヒドロキシルエチルアミノプロピル－L－グルタミン）を外層膜に用いてアドリアマイシン等の薬剤をカプセル化する研究があげられる。

c) については，黒柳ら[55]のポリ－L－グルタミン酸の側鎖に制癌剤ペプレオマイシンを共有結合させ，生体内徐放性医薬の可能性を示唆した研究がある。

④分解性プラスチックへ向けての新たな試み

アミノ酸は微生物の産生物であるため容易に生分解されるが，それをポリマー化して生分解性の汎用高分子として各種包材として利用するには，成形加工性において難点がある。すなわち熱可塑性でないために，現行の汎用プラスチックの成形方法である射出，押出，圧延成形が適用できない。

そこで遠藤らは，熱可塑性のポリアミド骨格にアミノ酸を部分的に導入[56]したり，側鎖にアミノ酸構造をもつポリエーテルを合成し，反応性モノマーとしてカチオン重合を試みている[57]。

この試みが発展し，生分解性の汎用プラスチックの分野で，微生物の産生物を利用したポリマー設計が成功することを期待したい。

　　　　　　　　　　　文　　献

1) 岩月　誠，高分子, **39** (7), 533 (1990)
2) M. Bovarnick, *J. Biol. Chem.*, **145**, 15 (1942)
3) 藤井久雄，農芸化学会誌, **37** (7), 407 (1963)

4) C. B. Thone and D. M. Molar, *J. Bacteriol.*, **70**, 420 (1955)
5) T. Hara, Y. Fujio, S. Ueda, *J. Appl. Biochem.*, **4**, 112 (1982)
6) 村尾沢夫, 高分子, **16**, 1204 (1969)
7) 藤井久雄, 農芸化学会誌, **37** (10), 615 (1963)
8) 沢 純彦, 村川武雄, 村尾沢夫, 大亦正次郎, 農芸化学会誌, **47** (3), 159 (1973)
9) 特開平1-174397
10) 特開昭48-85687
11) 特公昭52-24590
12) 特開平2-65791
13) 沢 純彦, 村川武雄, 渡辺武彦, 村尾沢夫, 大亦正次郎, 農芸化学会誌, **47** (3), 167 (1973)
14) 近藤慶之, 横内比斗, 池田巧一, 小駒喜郎, 藤井敏弘, 伊東 健, 岩月 誠, *Polymer Preprint Japan*, **38** (9), 2719 (1989)
15) J. Kream, B. A. Borek, C. J. DiGrado, and M. Bovarnick, *Arch. Biochem. Biophys.*, **53**, 333 (1954)
16) M. Torii, *J. Biochem.*, **46** (4), 533 (1959)
17) B. E. Volcani, P. J. Morgalith, *Bacteriol.*, **74**, 646 (1957)
18) S. Shima, H. Sakai, *Agric. Biol. Chem.*, **41**, 1807 (1977)
19) 島 昭二, 大島省一, 酒井平一, 農芸化学会誌, **57**, 221 (1983)
20) S. Shima, H. Sakai, *Agric. Biol. Chem.*, **45**, 2503 (1981)
21) 特開平1-222790
22) 大山 薫, 平木 純, 畠山昌和, 森田 裕, 李 浩喜, 日本化学会第59春季年会, 1075 (1990)
23) 藤井正弘, 進藤 徹, 月刊フードケミカル, **5**, 31 (1990)
24) S. Shima, H. Matsuoka, T. Iwamoto, H. Sakai, *J. Antibiotics*, **37**, 1449 (1984)
25) S. Shima, Y. Fukuhara, H. Sakai, *Agric. Biol. Chem.*, **46**, 1917 (1982)
26) Katchalski, Spitnick, *J. Am. Chem. Soc.*, **73**, 3992 (1951)
27) H. J. P. Ryser, R. Hancock, *Science*, **150**, 501 (1965)
28) 前田由紀, 笹川 滋, *Polymer Preprints Japan*, **32**, 591 (1983)
29) F. L. Riley, M. L. Morin, R. Lvorsky, E. E. Stephenes, H. B. Devy, Proc. Soc. Exp. Biol. Med., 175 (1982)
30) 「アミノ酸ポリマー」, (遠藤 剛編), シーエムシー (1988)
31) E. Katchalski, I. Gossteld, M. Frankel, *J. Am. Chem. Soc.*, **70**, 2094 (1948)
32) G. D. Fasman(ed.), "Poly-α-Amino Acid", Marcel Dekker Inc. (1967)
33) E. Tsuyuki, H. Tsuyuki, M. A. Stahmann, *J. Biol. Chem.*, **222**, 479 (1956)
34) M. Sela, E. Kalchalsh, *Adva. Prote in Chem.*, **14**, 391 (1959)
35) W. G. Miller, *J. Am. Chem. Soc.*, **83**, 259 (1961)
36) W. G. Miller, *J. Am. Chem. Soc.*, **86**, 3913 (1964)
37) P. H. Maurer, "Antigenicity of Polypeptides Poly(α-amino acid)s II", *J. Immunol.*, **88**, 330 (1962)
38) M. A. Stohman(ed.), "Polyaminoacids, Polypeptides and Proteins", Univ. of Wisconsin

第4章 分解性プラスチックスの開発技術

　　　Press., Madison, Wisconsin (1962)
39) 林 寿郎, 高橋重三, 中島章夫, 繊維学会誌, **43**, 462 (1987)
40) 林 寿郎, 高橋重三, 中島章夫, 繊維学会誌, **43**, 471 (1987)
41) T. Hayashi, M. Iwatsuki, *Sen-i Gakkaishi*, **44**, 59 (1988)
42) T. Hayashi, M. Iwatsuki, *Biopolymer*, **29**, 549 (1990)
43) T. Hayashi, Y. Tabata, A. Nakajima, *Polymer J.*, **17**, 1149 (1985)
44) T. Hayashi, M. Iwatsuki, M. Oya, *J. Appl. Polym. Sci.*, **39**, 1803 (1990)
45) 林 寿郎, 中村達雄, 清水慶彦, 筏 義人, 生体材料, **7**, 132 (1989)
46) T. Hayashi, K. Takeshima, T. Nakajima, *Polymer J.*, **17**, 1273 (1985)
47) 林 寿郎, 竹島和男, 小島英理, 中島章夫, 高分子論文集, **42**, 777 (1985)
48) T. Hayashi, E. Nakanishi, A. Nakajima, *Polymer J.*, **19**, 1025 (1985)
49) H. R. Dickinson, A. Hiltner, D. F. Gibbons, J. M. Anderson, *J. Biomed. Mater. Res.*, **15**, 577 (1981)
50) H. R. Dickinson, A. Hiltner, *J. Biomed. Mater. Res.*, **15**, 591 (1981)
51) T. Hayashi, T. Tabata, N. Nakajima, *Polymer J.*, **17**, 463 (1985)
52) 黒柳能光, プラスチック, **37** (5), 43 (1986)
53) 浅野雅春, 吉田 勝, 嘉悦 勲, 大屋正尚, *Polymer Preprints Japan*, **34**, 1741 (1985)
54) 妹尾 学, 黒柳能光, 日野義博, 生産研究, **37**, 38 (1985)
55) Y. Kuroyanagi, T. Kubota, M. Seno, *Int. J. Biol. Macromol.*, **8**, 52 (1986)
56) 森田 聡, 南部洋子, 遠藤 剛, *Polymer Preprints Japan*, **39** (2), 301 (1990)
57) 折笠雄一, 南部洋子, 遠藤 剛, *Polymer Preprints Japan*, **39** (3), 572 (1990)

1 生分解性プラスチックス

1.2 天然高分子（バイオマス利用）

西山昌史*

1.2.1 はじめに

最近，プラスチック廃棄物による海洋汚染や都市ごみが世界的な課題となっている。海洋浮遊物の半数以上はプラスチック廃棄物であり，海洋生物や船舶に様々な被害を与えている[1]。また，プラスチック廃棄物を含む都市ごみも焼却問題や埋め立て地不足から世界各国で大きな社会問題となっている[2]。

これらの問題を解決するために，分解しないプラスチックの使用規制[3]，プラスチックのリサイクリング[4]やソースリダクション[5]（発生源の削減）などとともに，分解性プラスチックに対する関心も高まっており，各国で積極的に開発が進められている[6],[7]。

ここでは，自然界に豊富にある再生可能なバイオマスである天然高分子を利用した生分解性プラスチックの開発の現状について述べることにする。

1.2.2 土壌中での天然高分子の分解

土壌中に存在する植物や動物の遺体は，ワラジムシやミミズなどの小動物によって破砕されたのち，微生物によって無機物にまで分解される。昆虫などの動物の遺体は比較的速やかに分解される。植物残滓の場合は分解されやすい成分とリグニンなどの分解されにくい成分とがあり，異なった微生物群によって分解されると考えられている。

最も分解が速いのはタンパク質やアミノ酸などの水溶性物質であり，その半減期は数日である。化学的に安定なセルロースでも，その半減期は10日前後であり，芳香族系の化合物であるリグニンは数十日の半減期を必要とするといわれている[8]。また，デンプンやペクチンなどの分解はセルロースよりも速く，数週間で完全に分解されるが，昆虫などに含まれるキチンの分解はセルロースよりも緩慢であることが知られている[9]。

キチンは微生物が生産するキチナーゼやリゾチームなどの酵素によって生分解され，地球上に堆積することはない。しかしながら，最近では農薬や化学肥料の大量使用により有用な昆虫や微生物が減り，その死骸に基づくキチンの土壌への供給が少なくなってきている。その結果，自然界におけるキチン質の循環が乱れて，土壌中でのキチナーゼなどの活性が低下しているといわれている。

植物や動物の遺体が土壌中の微生物や小動物の作用を受けて，分解や合成されてきた高分子物質は腐植と呼ばれており，土壌に土壌特有の黒色を与えている。この腐植は窒素やリンなどを豊富に含んでおり，微生物に分解されて植物の養分となるだけでなく，土壌の団粒形成時の接着剤として大きく寄与している[10]。また，負に帯電している腐植は各種の金属イオンを保持し，必要に応じて放出する機能なども有している。

---

* Masashi Nishiyama　通商産業省　工業技術院　四国工業技術試験所

第4章 分解性プラスチックスの開発技術

　以上のように，天然高分子を分解する微生物や小動物は土壌中に広く存在しており，その分解物の環境への影響は良好である。成形性や強度特性などを考慮して天然高分子を選択し，複合化などによって成形すれば，環境にやさしい生分解性プラスチックを製造することができる。
　次のような天然高分子が検討されている。

1.2.3 キチン，キトサン

　キチンはエビやカニなどの甲殻類の殻，かぶと虫などの昆虫の外殻成分，あるいは菌類の細胞壁成分として広く自然界に存在し，地球規模での生産量はセルロースに次いで多く，毎年1,000億トンも生産されているバイオマス資源である。
　キチンの構造はセルロースに類似しており，セルロースのC-2位の水酸基がアセチルアミノ基で置換されたものであり，分子量100万以上の直鎖状のポリマーである。キチンを濃厚なアルカリ溶液で加水分解すると，N-脱アセチル化キチンに相当するキトサンが得られる（図1）。

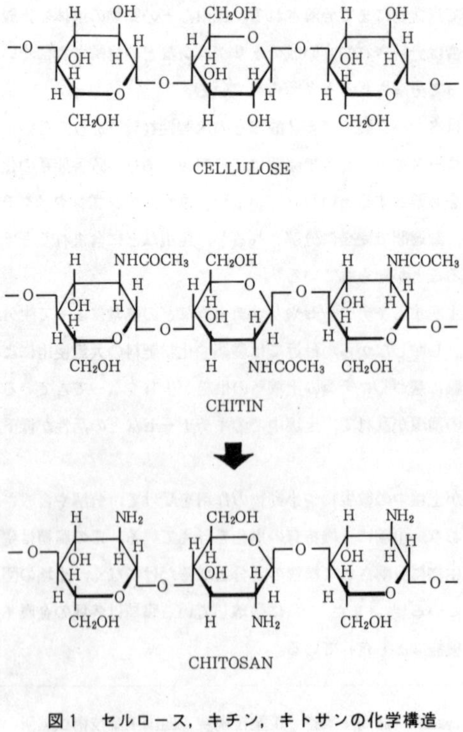

CELLULOSE

CHITIN

CHITOSAN

図1　セルロース，キチン，キトサンの化学構造

1 生分解性プラスチックス

キトサンは自然界にも存在し,ケカビなどの接合菌類の細胞壁にキチンとともに共存していることが知られている[11]。この両者がキチン質と呼ばれ,自然界に存在する唯一の塩基性の高分子であり,生体適合性,無毒性,生体内吸収性や生分解性などの機能を応用した開発研究が行われている。

キチンの生体内吸収性の利用としては,吸収性縫合糸や人工皮膚[12]などの医用材料や徐放性薬物担体がある。人工皮膚は5mmにカットしたキチン繊維をポリビニルアルコールをバインダーとして抄紙した不織布で,創傷治癒効果もあり,臨床応用が行われている。

カニ殻由来のキトサンも凝集剤として使用されている[13]。合成高分子の凝集剤よりも高価であるが,安全性や生分解性の点で利用されている。

キチンやキトサンを分解する微生物は土壌中や海底にも多数存在し,昆虫類や甲殻類などの死骸を分解している。また,エビやカニ,プランクトンなどを食する魚の胃内にもキチン質を分解する酵素がある。しかしながら,キチン質の生分解性を利用した単独の成形品の開発研究はあまりされていない。キチンを製造するためには,脱カルシウムや除タンパク,排水処理などに問題があり,他の材料に比べてコスト高となっているためである。凝集剤向けの低価格のキチンで600〜800円／kg,キトサンで1,200〜1,300円／kg程度であるが,他の用途向けのものはこの数倍から10倍近いといわれている[14]。

1.2.4 キトサン・セルロース系

セルロースは植物細胞壁の主成分で,地球上で最も豊富に存在する天然高分子である。その年間生産量は数千億トンであり,全植物の乾燥量の約50％に匹敵する。用途としては紙パルプの原料,繊維素材あるいはセルロース誘導体として広く利用されている。最近ではセルロースの生体に対する親和性や生分解性などの点から見直しが進められており,機能性や高付加価値を付与するためのリニューアブルな天然資源としての活用も期待されている[15]。また,セルロース資源には微生物由来のバイオセルロースもあり,植物由来のものとは異なった性質を示すために,機能的な応用も考えられている[16]。

水中に懸濁したセルロースはセルロース中に含まれる水酸基や微量のカルボキシル基などのために,マイナスのゼータ電位すなわちアニオン性を示す。一方,キチンのN－脱アセチル化物であるキトサンは通常の有機溶媒に溶解しないが,酢酸塩などにすれば水にも可溶となり,カチオン性を示す。また,キトサンは化学構造的にセルロースに類似していることからセルロースとの親和性は良好である。これらの特徴を利用して,キトサンによる紙パルプの改質などが検討されている[17]。

(1) 紙などにキトサンの塗布

最近,機械抄き和紙への印刷の需要が高まっている。しかしながら,和紙の表面強度は弱く,通気性が高いために,印刷時に種々のトラブルが発生している。二次加工などによる改良も試み

第4章 分解性プラスチックスの開発技術

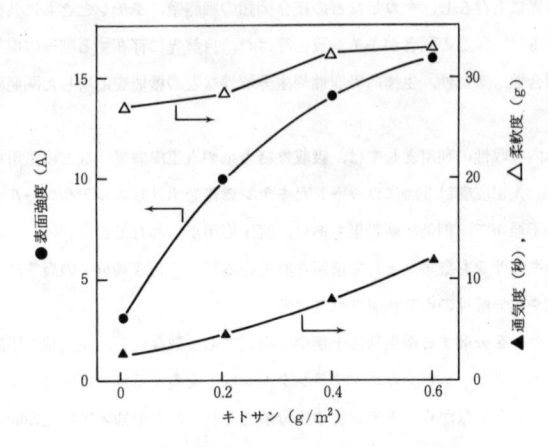

図2 機械抄き和紙へのキトサンの塗布

られているが，紙の変色や風合いなどの問題が指摘されている。

そこで，キトサン塩の水溶液を機械抄き和紙に塗布する方法を試みた[18]。図2に示すように，少量のキトサンの塗布で表面強度や通気度は改良され，柔軟度（風合い）の変化は少ないことが判明した。また，印刷適性の向上だけでなく，紙に耐水性を付与することができることを見出している。キトサンは高価であるが，$1m^2$当たり0.6gの塗布では1円以下となる。

宮地らも機械抄き和紙の印刷適性の向上を目的として，種々の加工薬品を用いて表面強度などを調べ，表面強度10A以上，通気度7秒以上で和紙の風合いを損なわないものとなるとキトサンだけであったという[19]。キトサンで改質した和紙をオフセット印刷でポスターを試作したところ，印刷時のトラブルもなく，色彩も鮮やかであった。

(2) パルプとキトサンパルプの混抄

もし，セルロースがカチオン性を示すならば，印刷用紙の製造時のサイズ剤や填料などを静電気的によく吸着するばかりでなく，抄紙の際のろ水性の向上や微細繊維の定着の増大などが考えられる。セルロースパルプからカチオンパルプを製造する方法が種々試みられているが，反応工程の複雑さや高価な試薬を必要とするために実用化までに至っていない。

そこで，キトサンからパルプ状の形態を示すカチオンパルプの製造条件を調べた[20]。高速で層状で流れている凝固浴に，キトサン塩の水溶液を滴下してパルプ状になる条件を調べた。キトサン溶液の粘度や攪拌速度などが最適のとき，パルプ状のキトサン繊維が形成された。このキトサンパルプを単独で抄紙すると，半透明なシートが得られた。セルロースパルプと混合して抄紙すると，キトサンパルプの添加量が20〜30％のとき，乾燥引張り強度は最高値を示した。湿潤時

1 生分解性プラスチックス

の引張り強度も高く,乾燥強度の30％以上の強度を示しており,耐水性シートとしても使用できる[21]。

シートの乾燥強度や湿潤強度の発現は,いくつかの要因が寄与していると考えられる。セルロースとキトサンとの親和性は良好であり,キトサン中のアミノ基とセルロースパルプの表面に存在する酸化性基との間で橋架け結合を行うこと,キトサン塩が水に不溶のアミン型になること,キトサン同士の間で自己縮合することなどが挙げられる。これらのシートについて生分解性が調べられている。

(3) 生分解性プラスチックの製造

著者らはセルロースやキトサンの生分解性を利用した生分解性プラスチックシートの開発を行っている[22)～26)]。この原料は微細化したセルロースとキトサン塩の水溶液および可塑剤などの第3成分からなっている。シートは原料を攪拌混合し,減圧下で脱泡したのち平板上に流延して乾燥などを行うことによって得られる。

微細化セルロースやキトサン単独では,シートの成形性や湿潤強度などに問題があるが,両者の混合物を乾燥または熱処理すると複合化して,良好なシートが得られることが判明した。得られたシートの引張り強度や伸びの測定値の一例を汎用プラスチックの数値とともに表1に示す[27)]。シートAは微細化セルロースとキトサンからなり,シートBには可塑剤が添加されている。両者とも汎用プラスチックシートと同等以上の強度を示しているが,伸びは小さい。

シートの引張り強度に及ぼすキトサンの影響を図3に示す。微細化セルロースに対してキトサンを5％添加すると,乾燥引張り強度は著しく増加したが,それ以上では強度の増加は少ない。

表1 シートの強度および伸び

シートの種類	引張り強さ (kg/cm^2)	伸　度 (％)
生分解性シートA	967	8.6
生分解性シートB	683	9.6
低密度ポリエチレン	90	
低密度ポリエチレン	70 － 160	90 － 690
高密度ポリエチレン	220 － 390	15 － 100
ポリプロピレン	200 － 400	300 － 600
セロファン	12 － 20	15
軟質ポリ塩化ビニル	200 － 500	150 － 500
ポリ塩化ビニリデン	700 －1,400	40 － 100
ポリスチレン	500 － 800	1 －　5
ポリエチレンテレフタレート	600 － 700	3 －　5
ナイロン6	600 － 900	350 － 500
ナイロン11	600 － 800	250 － 400
ポリビニルアルコール	400 － 600	200 － 300

上段：実測値
下段：高分子学会編,"高分子材料便覧",コロナ社(1973)より抜粋

第4章 分解性プラスチックスの開発技術

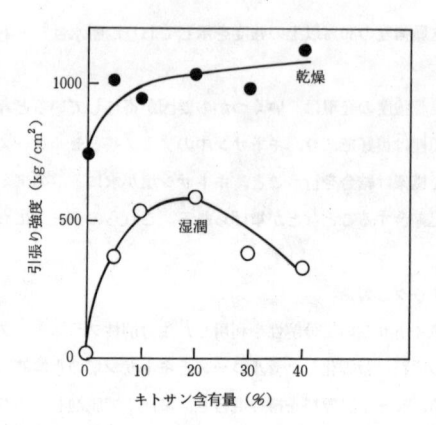

図3 複合化シートの強度に及ぼすキトサンの影響

また，キトサンを10～20％添加したとき，湿潤強度は極大値を示している。これらのことから，キトサンの添加量は10～20％でよいことが判明した。キトサンはセルロースに比べて高価であり，キトサンが少量で効果が現れることは経済性の上からも好都合である。このシートは280℃付近まで安定であり，190℃までの熱処理によっても引張り強度の低下は見られなかった。

シートの柔軟性は劣るが，可塑剤の添加によって柔軟性を付与することができる。第3成分としてグリセリンをセルロースに対して75％添加すると，強度は低下するものの，半透明な柔軟性のあるシートが得られることを見出した。

このシートの生分解性は良好であり，畑から採取した土壌中に約2カ月間埋めておくと，シートは完全に消滅していた。分解初期のシート表面の電子顕微鏡写真の観察によると，シートは土壌に接触している部分から分解されており，化学分析の結果からシート中のキトサン部分が優先的に分解されていることが判明した。

生分解性プラスチックの評価法は確定しておらず，生分解性プラスチックの定義とともに国際的な課題となっている。また，実際の土壌中に埋めて測定するのにも長時間を要する。そこで，このシートの構成成分であるセルロースやキトサンを分解する分解菌などを用いる分解促進試験方法を試みた。シート（7×7mm）および6～8meshのガラスビーズ（0.3g）と土壌中からスクリーニングしたキトサン分解菌を含む液体培地またはセルラーゼを含む緩衝液を試験管に入れ，28℃で往復攪拌して，シートが溶解または微細化する日数を測定し，シートの微生物分解性の指標とした。なお，同じ条件下で，キトサン分解菌やセルラーゼを含まない場合では，シートの変化は見られなかった。

生分解性はキトサンや可塑剤の添加量，シートの熱処理温度およびセルロース中の酸化性基の

1 生分解性プラスチックス

量などによって影響され，キトサンの量は少ないほど，可塑剤の量は多いほど生分解される時期が早くなっている。これらの性質を利用して，シートの分解時期を制御することができると考えられる。

この生分解性プラスチックは熱可塑性でないため，通常の加工機では成形することは困難で，新しい成形法や装置を開発する必要がある。現在，民間企業との間で共同研究が進められており[28]，幅約20cmのロール状のシートが試作品として得られている。シート以外の成形体としては，分解性乾式不織布のバインダーとしての利用[29]がある。繊維部分に綿，麻，レーヨンなどの天然素材を使用すると，生分解性の不織布が得られる。植木用袋，フィルター，種ひも，ポットなどが試作されている。そのほか発泡体や農業用資材としての応用が試みられている。

この生分解性プラスチックの問題点としては，熱可塑性でないこと，引裂き強さや伸びが小さいことなどがあるが，原料として農産廃棄物，非木材や古紙なども利用できるなどの利点もある。また，微生物からのキトサン生産や最適な第3成分の探索並びに製造コストの低減なども今後の課題である。

1.2.5 プルランおよびプルラン・キトサン系

プルランは黒酵母の一種である *Aureobasidium pullulans* が菌体外に生産する微生物多糖類であり，デンプンの部分分解物などを培地にして工業的に生産されている。プルランの分子構造は，図4に示すように，マルトトリオース(グルコースの3量体)が$\alpha(1\rightarrow6)$結合で繰り返し結合した直鎖状のグルカンである。プルランの水溶液を平滑な面で乾燥させるとセロハン様の透明なフィルムが得られる。プルランフィルムの引張り強度などは比較的高く，高温や低温にも安定であるが，易水溶性のため湿度には弱い[30]。適度に調湿したプルランの粉末を加圧成形するとポリスチレンに似た成形物が得られるが，コストの面から実用化されていないという[30]。

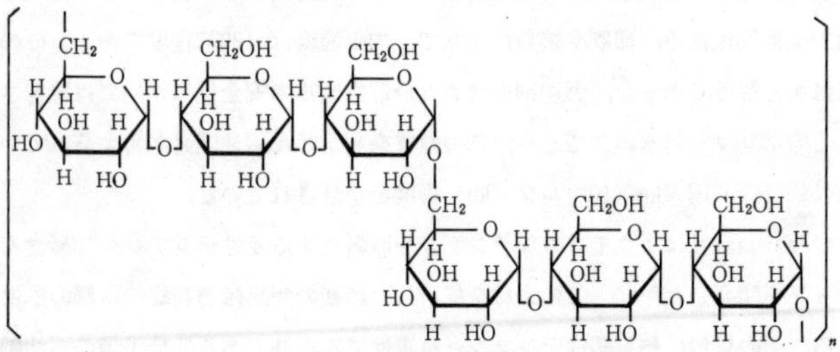

図4 プルランの化学構造

第4章 分解性プラスチックスの開発技術

プルランは特定の微生物（かび）によって分解されて完全に資化されるが，消化酵素による分解は非常に緩慢であることが知られている[30]。

プルランフィルムの水溶性や可食性の機能を利用したフィルム食品が注目されており[31]，耐水性のあるフィルムも開発されている[32]。これはプルランをベースとして，ゼラチン，カラギーナン，キサンタンガムなどの天然高分子を配合したものであり，配合比によって耐水温度やヒートシール性が異なっている。

アメリカ陸軍省のNatick研究所では，微生物が生産したキトサンとプルランを組み合わせた生分解性プラスチックの開発を行っている。得られたシートの強度を改良するために，エピクロロヒドリン等の橋架け剤の検討も行っている[33]。

1.2.6 デンプン誘導体

デンプンは植物の種子，根，茎などに含まれる貯蔵物質であり，高等動物にとっては食料や飼料として重要な役割を占める物質である。デンプンはセルロースと同様にグルカンであり，α ($1\rightarrow 4$) 結合でグルコースが直鎖状に連なったアミロースと短いアミロースがα ($1\rightarrow 6$) 結合で多数枝状に結合した高分子量のアミロペクチンからなっている[34]。植物の選択育種によって，アミロース含有の多いデンプン（約70％）からアミロペクチンが100％に近いモチトウモロコシデンプンまで得ることができる[35]。

デンプンをポリエチレンなどに混入した崩壊性プラスチックが実用化されているが，ここでは述べない。詳細については文献を参照されたい[36]。

Battelle Europe研究所では，変性デンプン90％，残りの10％もバイオ物質からなる生分解性プラスチックを開発している[37),38)]。アミロースはプラスチックの原料として有用であることはよく知られているが，通常のデンプン中のアミロース含有量は約20％で，プラスチックの原料としては利用されていなかった。同研究所では，グリンピースの品種改良によって75％程度のアミロースを含むデンプンの取得に成功しており，これを化学修飾して熱可塑性樹脂を合成した。この樹脂に10％程度の添加剤を加えた組成物はフィルムに加工することができる。得られたフィルムは透明で柔軟性に富み，印刷や接着が可能で，加工温度は120℃程度である。このポリマーは本質的には生分解性であるが，添加剤を含めた分解生成物の安全性については確認されていないという。このポリマーは水溶性であり，この性質を利用した用途開発が考えられている。価格は将来的には約 1,000円／kg（10マルク／kg）程度と予想されている。

イタリアのFerruzzi社はトウモロコシデンプンを原料とする変性デンプンを70％含んだ生分解性プラスチックを開発した[38]。この素材を使用した最初の商品は週刊誌の付録の子供用時計のケースである。この材料は熱可塑性デンプンと無毒性で親水性のある低分子量の石油製品からなっており，デンプン含有の崩壊性プラスチックのような物理的な混合でなく，ポリマーアロイに近いと報告されている。現在使用している一般的な加工方法がすべて使え，加工装置を改造する

1 生分解性プラスチックス

必要はないとされている。この材料の物理的,機械的な特性はポリエチレンと同等であり,溶融挙動はポリエチレンに似ているという。生分解速度はコンピュータ用紙が2週間で分解する環境では3週間必要といわれている。用途はフィルムや飼料用袋などであり,使用後の袋は粉砕して動物の飼料とすることもできるとされている。

　Ferruzzi社の生分解性プラスチックについては不明な部分が多い。Perrone がその謎解きを行っている[39]。石油は炭化水素からなり,しかも分子量が約500までの炭化水素は微生物分解性であることから,炭化水素鎖にデンプンを挿入したブロック共重合体と推測している。炭化水素の部分とデンプンの部分をいかにして結合したかが問題であり,アメリカの農務省のOtey教授の特許[40]のメカニズムと類似したものであろうとしている。Otey教授の特許では,エチレンとアクリル酸の共重合体に結合剤としてアンモニアを用いてデンプンを固定している(Ferruzzi社の製品を火で加熱するとアンモニアの匂いがするという)。もう一つの考えられるメカニズムは炭化水素のセグメントに導入した酸性基とデンプン中に存在する水酸基との間での縮合反応である。いずれにしても,炭化水素とデンプンを結合するところがプロセスの最も重要な鍵である。また,完成に要した時間(10人のチームで10カ月の作業)から既存の特許を利用したのではないかとも考えている。

　アメリカのWarnert-Lambert社もデンプンを原料とする生分解性プラスチックを開発し,Novonという商品名で上市の予定という[41]。 この樹脂はほとんど完全にデンプンを原料としており,生分解性と称するポリエチレンに5〜15%のデンプンを添加したものとは本質的に異なる点を強調している。

1.2.7 その他の天然高分子

　アルギン酸は褐藻類の細胞壁成分の一つであり,その含有量は乾燥重量の60%にも達する。構成成分はマンヌロン酸とグルロン酸であるが,起源や組織の相違によって構成比は著しく異なる。大量生産も可能であることから化学工業用原料としての利用も種々検討されており,アルギン酸の繊維から紙なども製造されている[42]。その他の天然高分子としては,デキストラン[43],ザンタンガム[44],カードラン,カラギーナン,ペクチン, 多糖ガムなどが考えられるが,生分解性プラスチックの原料としての検討はあまりされていない。

　アメリカのArgonne 国立研究所はじゃがいもやチーズのくずから生分解性プラスチックを開発している[45]。これらのくずに含まれる糖類を分解してグルコースを経て乳酸にする。 この乳酸を重合させて分解性プラスチックを得ている。このプラスチックの分解速度は製造時に自由に設定することができ,生分解性と光分解性を兼ね備えたものも製造できるという。この方法の経済的長所は工場からクリーンな原料を安く大量に得られる点であるとしている。

1.2.8 おわりに

　1990年代のうちに実用化されると考えられている生分解性プラスチックも環境的に全く無害な

第4章　分解性プラスチックスの開発技術

ものから環境への影響が比較的少ない高分子化合物まで種々の生分解性プラスチックが検討されている。

　生物によってつくられた物質は生物によって分解されるという考え方に基づけば，自然界に豊富にある再生可能な天然高分子は素晴らしい生分解性プラスチックの原料である。天然高分子を原料とするプラスチックは土壌中の微生物によって分解され，その分解物も土壌の生態系に悪影響を及ぼすことは少ない。さらに天然高分子の組み合わせや化学的な修飾によって，生分解性や物性の異なる生分解性プラスチックも開発できると思われる。

　世界的に地球環境保全問題が大きくクローズアップされている。プラスチック廃棄物がもたらす環境汚染の早期解決のために，環境にやさしい生分解性プラスチックが開発され，地球環境の保護に役立てたいものである。

文　献

1) 諸貫秀樹，工業材料，**38**(1), 26 (1990)
2) 科学朝日，**49**(10), 104 (1989)
3) 松本満男，生分解性プラスチック要旨集，バイオインダストリー協会編，24 (1989)
4) C. H. Kline, *Chem. Ind.*, **15**, 483 (1989)
5) NIKKEI NEW MATERIALS, 7月30日号, 77 (1990)
6) 生分解性プラスチックス ― 海外動向調査報告書，バイオインダストリー協会編 (1989)
7) 生分解性プラスチック海外調査報告書，生分解性プラスチック研究会編 (1990)
8) 服部勉，「大地の微生物世界」，岩波書店, p.157 (1987)
9) 山口益郎，「総合多糖類（下）」，（原田篤也，三崎旭 編），講談社，p.640 (1974)
10) 岩田進牛，「土のはなし」，大月書店，p.38 (1989)
11) 島原健三，四国工研会報，**41**, 14 (1990)
12) 木船紘爾，機能紙研究会誌，**27**, 43 (1989)
13) 佐藤道惇，「キチン，キトサンの応用」，（キチン，キトサン研究会編），技報堂，p.211 (1990)
14) 機能材料，**9**(5), 33 (1989)
15) 宮本武明，福田猛，馬永大，「表面」，**27**(9), 764 (1989)
16) 井口正俊，山中茂，渡辺乙比古，西美緒，瓜生勝，機能紙研究会誌，**28**, 19 (1990)
17) 西山昌史，紙パルプ技術タイムス，3, 6 (1988)
18) Y. Kobayashi, M. Nishiyama, R. Matsuo, S. Tokura, N. Nishi, 2nd Int. Conf. on Chitin and Chitosan, p.239 (1982)
19) 宮地亀好，四国工業技術試験所研究発表会と技術セミナー，p.17 (1989)
20) 西山昌史，細川純，吉原一年，第34回高分子研究発表会（神戸），A-24 (1988)

21) 西山昌史, 細川純, 久保隆昌, 吉原一年, 池典泰, 繊維学会平成元年度秋季研究発表会, F-100 (1989)
22) 西山昌史, 細川純, 工業材料, **38**(1), 47 (1990)
23) 細川純, 西山昌史, 高分子, **39**(4), 276 (1990)
24) 西山昌史, 平成元年度高分子研究成果発表会, 日本産業技術振興協会編, 99 (1990)
25) J. Hosokawa, M. Nishiyama, K. Yoshihara, T. Kubo, *Ind. Eng. Chem. Res.*, **29**(5), 800 (1990)
26) M. Nishiyama, J. Hosokawa, K. Yoshihara, T. Kubo, 33rd IUPAC Int. Symp. Macro., Sec. 2.6.3. (1990)
27) 四工試ニュース, No.59 (1989)
28) NIKKEI NEW MATERIALS, 3月26日号, 33 (1990)
29) 包装タイムス, 平成元年12月15日
30) 中村敏, フレグランスジャーナル, No.78, 69 (1986)
31) 奥村善次, MOL, **26**(10), 49 (1988)
32) 中村敏, 食品工業, **30**(10), 33 (1987)
33) D. L. Kaplan, J. Mayer, S. Lombardi, B. Wiley, S. Arcidiacono, *ACS Polym. Preprints*, **30**(1), 509 (1989)
34) 浅岡久俊, 「糖質」, 丸善, p.47 (1986)
35) R. D. ガスリー著, 山本和彦訳, 「糖質化学」, 共立出版, p.106 (1977)
36) 西山昌史, 「高分子材料の劣化と安定化」, (大澤善次郎監修), シーエムシー, p.309 (1990)
37) 文献7), p.233 (1990)
38) *Mod. Plast. Intl.*, Sep., 7 (1989)
39) C. Perrone, *Poliplasti Plast. Rinf.*, **37**(380/381), 38 (1989)
40) F. H. Otey *et al.*, U.S. Pat. 4337181 (1982)
41) *Chem. Market. Rep.*, Jan. 29, 5 (1990)
42) Y. Kobayashi, R. Matsuo, H. Kawakatsu, *J. Appl. polym. Sci.*, **31**, 1735 (1986)
43) 北国秀三郎, フレグランスジャーナル, No.78, 79 (1986)
44) 近藤和雄, フレグランスジャーナル, No.78, 75 (1986)
45) 日経産業新聞, 平成元年11月27日

第4章　分解性プラスチックスの開発技術

1.3　合成高分子
1.3.1　合成高分子一般

冨田耕右*

(1) はじめに

　生分解性プラスチックスの開発には大きく分けて二つの流れがある。一つは環境問題に関連したものであり，もうひとつは医用材料に関連したものである。前者はコモディティ分野を狙うものであり，後者はファイン分野を指向するものであり，そのコンセプトには大きな違いがあるだけでなく，その分解態様にも大きな違いがある。すなわち，前者の分解はほとんど微生物によると見なしてよいが，後者の分解は体液内の酵素によるところが大きい。生分解性プラスチックスを目指した合成高分子の研究開発例はむしろ後者のほうが多いが，本書の趣旨に鑑み，ここでは前者の立場から，別項のポリエステル系高分子を除き，汎用高分子を分解する微生物の探索の研究からどのような高分子が生分解性プラスチックスとなるかという観点に立ち，広く言って生分解性合成高分子の例について述べる。

(2) ポリエチレン

　ポリエチレンは，エチレンの重合によって合成され，重合方法により低密度のもの，高密度のものなど種々のものが得られる。代表的な汎用プラスチックスであることはいうまでもなく，特に生分解が望まれているものである。

　一方，これと同族体である n －パラフィンを資化分解する微生物が発見されたことから，ポリエチレンを分解する微生物の存在に期待がもたれるようになり，かなり以前から研究が行われている。

　たとえば，1961年に，Jen-haoら[1]は，各種の分子量のポリエチレンについて，n －パラフィンを対照サンプルとして微生物の増殖を比較している。しかし，その結果は，n －パラフィンに比して微生物の増殖は少なく，とくに，分子量5,000程度以上のものでは，微生物の増殖は極めて少ないというものであった（後にも出てくるが，分解対象物だけを炭素源として培養を行っており，微生物が増殖または生育したということは，対象物が資化分解されたということを意味する）。

　この報告以後も，一部の研究者によって根強い研究が続けられており，高分子量のポリエチレンの微生物分解は困難であるが，分子量1,000程度のオリゴマーのポリエチレンは微生物分解が可能なことがわかっている。1980年代の研究を例にとると，高密度ポリエチレンフィルムを土壌やカビで処理したときの効果を2年間にわたってみているもの[2]があるが，図1に示すように，分解したものはオリゴマー（シクロヘキサン抽出物）であって，その分子量は1,000～1,300であったという。その後も同様な報告[3]があり，高密度ポリエチレンフィルムのテトラヒドロフラン抽出物や，同じポリエチレンサンプルを光照射したもののジクロロメタン抽出物にはカビがよく

---

*　Kosuke Tomita　関東学院大学　工学部　工業化学科

生育したという。

参考のために付け加えると、このような結果は被分解物質の分子量と微生物分解の関係の特殊性を物語るものである。すなわち、炭化水素類の分解に関与する酵素群は酸化還元酵素群であるが、これらは一般に菌体内(細胞内)酵素群であるので、高分子量物質になると、酵素の作用が及びにくくなる(分子量数100以下でないと、細胞内に透過しない)。また、これら酵素は、一般に、exogeneousに末端基から作用する。したがって、分子量の増大にともない作用点である末端基の濃度が低下し、反応速度的に不利になる。以下にも触れるが、これらの問題点は、C－C主鎖、およびこれと類似の主鎖からなる合成高分子の生分解性を予測するための手掛かりを与えるものでもある。

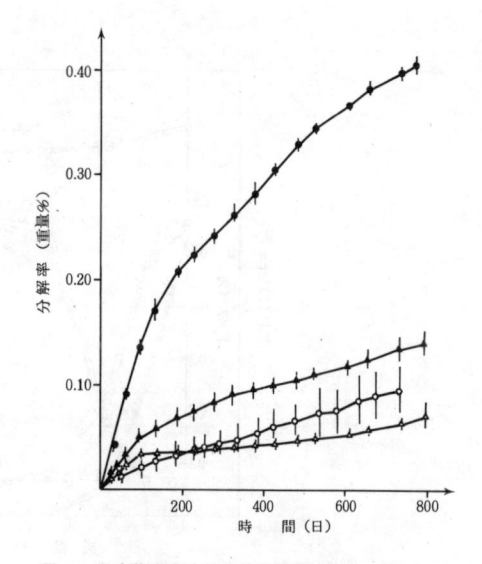

図1 微生物含有土壌による高密度ポリエチレンフィルムの分解

そのまま●，シクロヘキサンでオリゴマーを除いたもの▲，蒸留水による対照実験○，△
(●は○，▲は△にそれぞれ対応)

(3) ビニルポリマー

通常のビニルポリマーは微生物分解を受けにくい。ポリエチレンと同様、C－C主鎖の微生物分解の困難さを反映しており、スチレンのダイマー[4]、アクリロニトリルのトリマー[5]などが微生物分解を受けると報告されている程度である。

しかし、ビニルポリマーでもポリビニルアルコールは微生物分解を受ける。ポリビニルアルコールは水溶性という特徴を有する合成高分子であり、ポリ酢酸ビニルの加水分解によって得られる。合成繊維ビニロンの原料として有名であるが、それ自体、糊剤、塗料、接着剤、乳化剤、洗剤など広い用途をもっている。

1973年、Suzukiら[6]は、ポリビニルアルコールを含む無機塩培地の集積培養で*Pseudomonas*属に属するポリビニルアルコール分解性細菌を分離した。図2に示すように、この菌は1週間の培養で培地中の分子量20,000～90,000のポリビニルアルコールをほぼ完全に分解することができる。さらに鈴木ら[7]は、この菌や、新たに見出した菌などを用いるポリビニルアルコール含有廃水の活性汚泥処理技術を開発している。

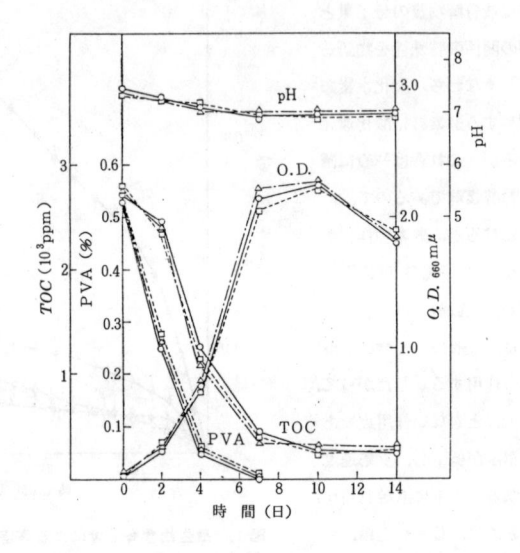

第4章　分解性プラスチックスの開発技術

図2　*Pseudomonas* O-3菌によるポリビニルアルコール（PVA）
　　　の分解
　　　PVA 500○，PVA 1500 △，　PVA 2000 □（数字は重合度を表わす）

　その後，Sakazawaら[8]はポリビニルアルコール分解菌として分離した菌が少なくとも2種類の細菌の混合系であることを発見した。この混合系では，1種類の細菌がポリビニルアルコールの分解活性を有し，片方の細菌は前者の増殖に必要な物質を生産し，その増殖を助ける役割を果たしていることがわかった。すなわち，これはいわゆる共生系にある分解である。図3[9]は後者の菌から得られた crude growth factor の効果を示す。
　ポリビニルアルコールの微生物分解の機構については，酵素レベルで詳細な研究が行われており，2種類の酵素が関与するといわれている。すなわち，ポリビニルアルコールの第2級アルコールの酸化反応を触媒する酵素と，酸化されたポリビニルアルコールの主鎖を切断する加水分解酵素の2種類であり，次頁に示す2つの式の組み合わせでendogeneous に分解反応が進むものと考えられている[10]。いずれも，当初は菌体外（細胞外）に分泌される酵素として研究されたが，

1 生分解性プラスチックス

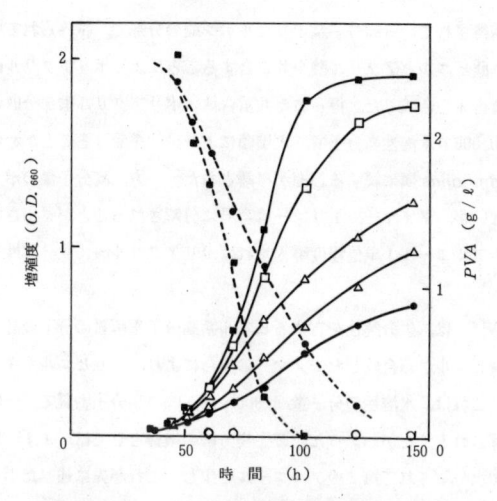

図3 ポリビニルアルコール(PVA)の分解における *Pseudomonas* sp. VM15C菌へのcrude growth factor の効果

実線は増殖曲線,破線はPVAの残存量,crude growth factor の添加量(mg/ℓ):200 ■,100 □,50 ▲,33 △,25 ●,0 ○

最近,前者には菌体内(細胞内)に局在するものも発見されている[11]。このように,ポリビニルアルコールの特徴は,C-C主鎖でありながら構造単位ごとに側鎖に水酸基を有しており,これが生物分解を受けやすいことによる。

$$-CH_2-CH-CH_2-CH-CH_2- + 2O_2$$
$$OHOH$$

$$=-CH_2-\underset{\underset{O}{\|}}{C}-CH_2-\underset{\underset{O}{\|}}{C}-CH_2- + 2H_2O_2$$

$$-CH_2-\underset{\underset{O}{\|}}{C}-CH_2-\underset{\underset{O}{\|}}{C}-CH_2- + H_2O$$

$$=-CH_2-\underset{\underset{O}{\|}}{C}-CH_3 + HO-\underset{\underset{O}{\|}}{C}-CH_2-$$

なお,先ほどの分解活性を有する菌の増殖に必要な物質はピロロキノリンキノンという物質であることも明らかになっており[12],菌の増殖というより上述の菌体内局在酵素に必須の役割を演じていると考えられるに至っている。

最近,ポリビニルアルコールの微生物分解性に着目した生分解性高分子の合成が,合成洗剤用

121

第4章 分解性プラスチックスの開発技術

ビルダーとして期待されている高分子量ポリカルボン酸の分野で、試みられている。すなわち、松村ら[13]は、酢酸ビニルとアクリル酸を共重合することによりポリアクリル酸とポリビニルアルコールとの共重合体を合成した。得られた共重合体はポリアクリル酸部分61および90mol％，分子量 8,000～30,000の水溶性高分子で、土壌菌により分解を受けることがわかった。また、分解菌として*Pseudomonas*属に属する細菌が単離された。一方、高分子量のポリアクリル酸は微生物で分解されないが、ダイマー、トリマーは容易に分解されることが見出され、アクリル酸5量体程度にビニルアルコール1単位程度導入すればポリアクリル酸に生分解性を付与できようと推定している。

さらに、松村ら[14]は、生分解性を有するビニル系高分子電解質の分子設計として、グリコール酸メチルと酢酸ビニルから合成したモノマーの重合により、ポリビニルオキシ酢酸ナトリウムを合成している。これは、水溶性の分子量 4,800～16,000の高分子物質で、一般的な活性汚泥や土壌菌により分解されることがわかった。微生物分解の機構としては、まず、側鎖のカルボキシメトキシル基が加水分解されて第2級アルコールを生じ、これが先に述べたポリビニルアルコールと同様にして分解するものと考えられている。本分解菌は細菌から酵母まで幅広く自然界に存在するという。また、共重合で本ポリマー部分を導入することにより、ポリアクリル酸などの合成高分子に生分解性を付与できることも認めている。

(4) ポリエーテル

天然高分子の多糖類にはもちろん生分解性があり、その際、主鎖のエーテル結合が切断される。多糖類とはかなり構造を異にするが、この事実はポリエーテルの生分解を期待させるものである。このような観点から種々研究が行われ、ポリエチレングリコールが微生物で分解されることがわかっている。

ポリエチレングリコールはエチレンオキシドの開環重合によって合成される。重合の条件によって、分子量 200ぐらいのものから10,000以上のものまで種々の重合体が得られるが、いずれも水溶性がある。親水性と親油性を兼ね備えているために、非イオン性界面活性剤、中性洗剤として使われ、また、医薬品、化粧品などの基剤、さらに、可塑剤としても使われている。

さて、ポリエチレングリコールは微生物で分解されると述べたが、当初からそのような結論が得られていたわけではない。すなわち、1962年にFincherら[15]が土壌細菌による分解を試みているが、その結果は、分子量 400を超えるものでは菌が増殖しない、というものであった。なお彼らは、低分子量ポリエチレングリコールであっても、末端水酸基がエーテル化されると菌が増殖しなくなることを認めており、これは、ポリエチレングリコールの微生物分解の機構の一端を示唆するものであった。

さて、1975年、Ogataら[16]は、分子量 300～20,000のポリエチレングリコールを分解する細菌を多数見出し、末端水酸基の酸化から始まる炭化水素と類似のexogeneousな分解機構を提案した。

1 生分解性プラスチックス

これは,上述の分子量 400という知見からいって画期的なものであったが,菌によってその分解能力は異なり,分子量 6,000以上のものを分解する菌は2種の細菌の共生系であった。図4[17]に示すように,この共生細菌は,分子量6,000のポリエチレングリコールを,28℃,1週間でほぼ完全に分解することができる。

最近,Kawaiら[18]は,この共生細菌の作用を明らかにしている。すなわち,図5[19]に示すように,分解に働く細菌の増殖および分解酵素活性が分解代謝産物であるグリオキシル酸により阻害されるが,他方の細菌がこのグリオキシル酸を代謝して,前者の細菌への阻害作用を解毒するというものである。

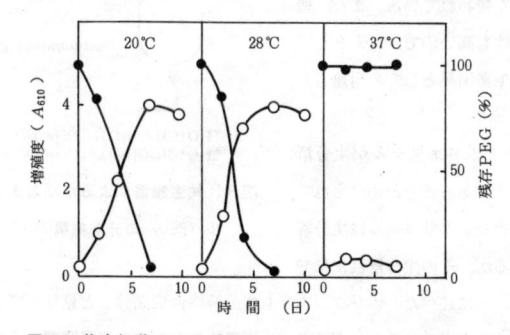

図4 共生細菌によるポリエチレングリコール(PEG)の分解
PEG ●,増殖度 ○

もっとも,この共生細菌も,分子量20,000のポリエチレングリコールには 6,000のものほどには有効ではないが,最近,嫌気性細菌により,分子量20,000程度のポリエチレングリコールが分解されるという報告が続いている。

たとえば,Schinkら[20]によると,分子量20,000のポリエチレングリコールが,嫌気性細菌により,酢酸とエタノールにまでほぼ完全に分解してしまうという。図6にその1例を示す。彼らによると,この分解酵素は菌体外に分泌されず,高分子量物質にとってなぜそのようなことが可能になるのかは不明であるが,細胞内で,末端基の関与した分解反応が起こるとしている。

その後,Dwyerら[21]も,嫌気性細菌により分子量20,000のポリエチレングリコールが分解すると報告しているが,細胞外で分解すると考えており,しかも,末端基の関与した分解反応以外に,endogeneousにエーテル結合が切断される可能性も否定できないという。

以上のように,ポリエチレングリコールは生分解性の合成高分子ではあるが,その生分解性は微生物の種類に依存するところが大きいようであり,末端基に関係するとなると,その生分解性も,ある程度制約を受けざるを得ないであろう。

第4章 分解性プラスチックスの開発技術

(5) ポリウレタン

ポリウレタンは，一般に，ジイソシアナートとジオール（芳香族ジイソシアナートと末端に活性水素を有するポリエーテルまたは脂肪族ポリエステルが使用されることが多い）の重付加によって合成される高分子物質である。発泡させるとポリウレタンフォームとなり，マットレス，自動車などの部品，包装材料，断熱材，吸音材，などとして広く使われている。また，機械的性質に優れ，弾性も高いので，ゴムとして自動車用品や種々の工業用品としての用途もある。

さて，別に，脂肪族ポリエステルが生分解性に優れた合成高分子であることが述べられている。また，ポリエチレングリコールは生分解性合成高分子ではあるが，その生分解性にはやや問題があることを，上に述べた。ポリウレタンも生分解性合成高分子と見なしてよいが，これは，脂肪族ポリエステルとポリエチレングリコール両者の生分解性の応用問題と考えると理解し

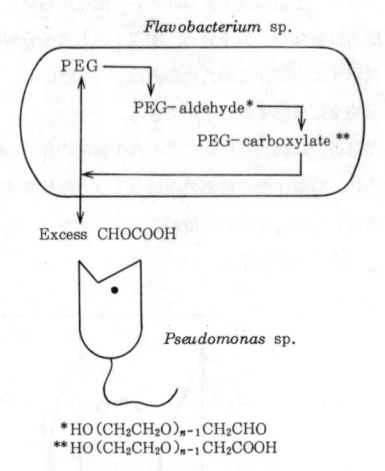

図5 共生細菌によるポリエチレングリコール（PEG）の分解機構

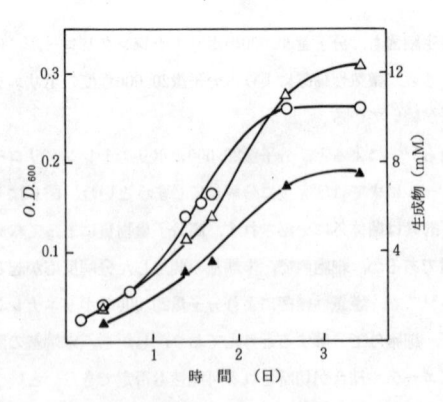

*$HO(CH_2CH_2O)_{n-1}CH_2CHO$
**$HO(CH_2CH_2O)_{n-1}CH_2COOH$

図6 嫌気性細菌 Gra PEG1によるポリエチレングリコール（PEG）の分解
増殖度○，酢酸▲，エタノール△
PEG（分子量20,000）の初発濃度：0.1%

やすい。すなわち，ポリウレタンは，ソフトセグメントとして脂肪族ポリエステルあるいはポリエーテル基を有しているからである。

1968年，Darbyら[22]は，各種のジイソシアナートと各種のジオールの組み合わせによるポリウレタンにつき，6種類のカビの生育試験を行い，その生育性は，ジイソシアナートの種類にはあまり依存しないがジオールの種類には大きく依存し，一般に，ポリエステルをソフトセグメントとするポリウレタンには，ポリエーテルをソフトセグメントとするポリウレタンよりもカビがよく生育することを認めた。

すなわち，ポリウレタンの生分解はソフトセグメントの分解によって進行すると思われ，したがって，脂肪族ポリエステルをソフトセグメントとするほうが生分解性合成高分子としては有利になるのであろう。なお，最近，Tokiwaら[23]はリパーゼ（脂肪のエステル結合を加水分解する酵素）により，ポリウレタン中の脂肪族ポリエステルが分解することを報告している。これは，上述のポリウレタンの微生物による分解で，ポリエステルセグメントのエステル結合が微生物の攻撃（おそらく，リパーゼ様酵素による）を受け加水分解するという可能性を裏付けるものである。

(6) ポリアミド

ポリ－α－アミノ酸は，一般に，生分解性合成高分子である。α－アミノ酸のアミノ基あるいはカルボキシル基を活性化して重縮合することによって得られ，一般に，N－カルボキシ無水物を使用すると，簡単に高分子量のポリ－α－アミノ酸とすることができる。ただし，側鎖の官能基を保護することが必要である。ポリ－γ－メチル－L－グルタミン酸がよく知られており，合成皮革の表面処理剤，あるいは繊維処理剤，などとして利用されている。

ポリ－α－アミノ酸の生分解性は，生体高分子であるタンパク質と基本的に同じ構造（ポリペプチド構造）を有していることによる。

1979年に，Drobníkら[24]は，N－置換ポリアスパラギン酸アミドについて，各種タンパク質加水分解酵素や細菌による分解を検討し，細菌のほうが分解性が高かったと報告しているが，研究例としては微生物レベルよりも酵素レベルのほうが多く，たとえば，1972年に，Singhら[25]は，カビ由来のプロテアーゼ（タンパク質加水分解酵素）により，高分子量のポリ－L－リジンやポリ－L－グルタミン酸がよく分解したと報告している。

しかし，いわゆるナイロンは微生物分解を受けにくい。ナイロンが，ジアミンとジカルボン酸の重縮合，あるいはラクタムの開環重合によって得られる合成高分子であり，ナイロン66やナイロン6として，合成繊維やプラスチックスに広く使われていることはいうまでもないが，アミド結合間のアルキレン基の長さが長くなるなど，ペプチド結合からの乖離が大きくなると，タンパク質加水分解酵素の攻撃が困難になるようである。

しかし，Watanabeら[26]は，*Aspergillus*属のカビなどが，培地によってはナイロン繊維に形

第4章 廃・排出物処理対策技術の現状

態変化を与えると報告しており，ナイロンに全く生分解性がないということもないようである。

また，ナイロン6のモノマーであるε-カプロラクタムおよびそのオリゴマー(重合度2〜6)を分解する細菌が知られており[27)〜29)]，筆者ら[29)]による15年以上の長期にわたる活性汚泥処理の実績もある。図7にその一例を示すが，これは，ε-カプロラクタムおよびそのオリゴマーを含有するナイロン6工場廃水に，筆者らが発見した分解性菌，*Bacillus*属および*Achromobacter*属の細菌を配合した活性汚泥を適用したものであり，ε-カプロラクタムおよびそのオリゴマーがほぼ100%分解除去できることがわかる。

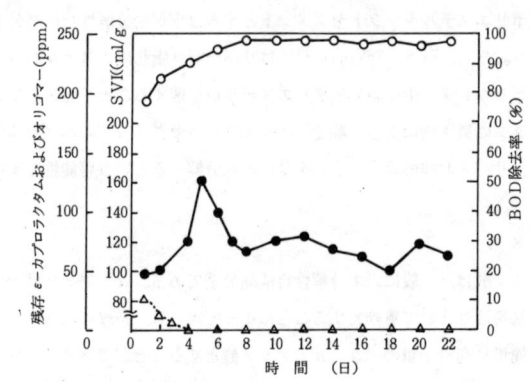

図7 ε-カプロラクタムおよびそのオリゴマーを含有するナイロン6
工場廃水の微生物処理

BOD除去率○，残存ε-カプロラクタムおよびそのオリゴマー△，SVI●，ε-カプロラクタムとそのオリゴマーの比率は約3：1である

(7) 天然高分子をベースとした合成高分子共重合体

合成高分子に生分解性が乏しいのであれば，本来生分解性を有する天然高分子をベースとして，合成，天然両高分子の共重合体を合成しようという試みがある。これは，天然高分子のプラスチックス化でもある。

たとえば，低分子化したセルロースやアミロースなどをセグメントとするポリウレタンを合成し，これらがセルロースやアミロースの加水分解酵素で分解するという報告[30),31)]や，セルロースとジイソシアナートの反応物と他のポリマーとの共重合[32)]，デンプンやセルロースへのスチレンのグラフト重合[33)]，などによる生分解性プラスチックスの合成などが報告されている。

しかし，真にこれらが生分解性プラスチックスといえるかどうかには疑問がある。たとえば，比較的最近の例[34)]で，ゼラチンにアクリル酸エチルをグラフト重合した共重合体が熱成型可能

1 生分解性プラスチックス

であり，各種の細菌で分解するということが報告されている。図8はその一例で，3種のグラフト率のサンプルについて細菌 Bacillus subtilis で処理したのちの重量減少を見たものである。明らかに重量減少していることが認められ，一見，ポリアクリル酸エチルから見れば，生分解性が付与されたことになるが，グラフト率が高いほど重量減少は少なく，結局，ゼラチンだけが分解していることが推察される。

すなわち，この種のプラスチックスでは，分解するのは天然高分子セグメントだけであり，かりにそれが完全に分解しても，合成高分子セグメントの分解に問題を残すことになり，根本的な解決にはならないと思われるが，天然高分子と合成高分子とのブレンド成型物も含め，アメリカやヨーロッパなどでは熱心に検討されている。

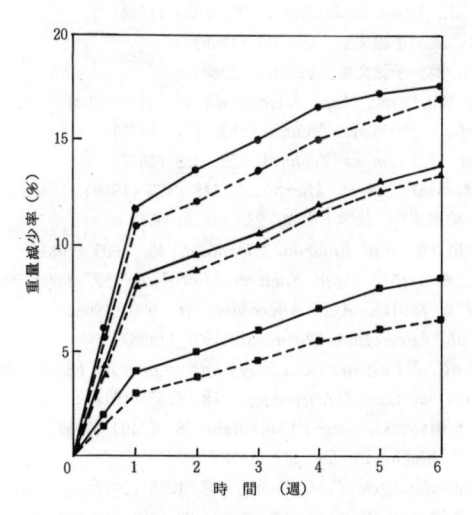

図8 *Bacillus subtilis* 菌によるアクリル酸エチルグラフトゼラチン共重合体の分解
実線は窒素源を含まない培地，破線は窒素源を含む培地
グラフト率（％）：33.3●，60.9▲，84.0■

第4章 分解性プラスチックスの開発技術

文　献

1) L. Jen-hao, A. Schwartz, *Kunststoffe*, **51**, 317 (1961)
2) A.-C. Albertsson, Z. G. Bánhidi, *J. Appl. Polymer Sci.*, **25**, 1655 (1980)
3) J. H. Cornell *et al.*, *J. Appl. Polymer Sci.*, **29**, 2581 (1984)
4) A. Tsuchii *et al.*, *Agric. Biol. Chem.*, **41**, 2417 (1977)
5) H. Yamada *et al.*, *J. Ferment. Technol.*, **57**, 8 (1979)
6) T. Suzuki *et al.*, *Agric. Biol. Chem.*, **37**, 747 (1973)
7) 鈴木智雄ほか, 農芸化学会誌, **51**, R 53 (1977)
8) C. Sakazawa *et al.*, *Appl. Environ. Microbiol.*, **41**, 261 (1981)
9) M. Shimao *et al.*, *Appl. Environ. Microbiol.*, **48**, 751 (1984)
10) K. Sakai *et al.*, *Agric. Biol. Chem.*, **50**, 989 (1986)
11) M. Shimao *et al.*, *Appl. Environ. Microbiol.*, **51**, 268 (1986)
12) M. Shimao *et al.*, *Agric. Biol. Chem.*, **48**, 2873 (1984)
13) 松村秀一ほか, 高分子論文集, **45**, 317 (1988)
14) 松村秀一ほか, 高分子論文集, **45**, 325 (1988)
15) E. L. Fincher, W. J. Payne, *Appl. Microbiol.*, **10**, 542 (1962)
16) K. Ogata *et al.*, *J. Ferment. Technol.*, **53**, 757 (1975)
17) F. Kawai *et al.*, *J. Ferment. Technol.*, **55**, 429 (1977)
18) F. Kawai, H. Yamanaka, *Arch. Microbiol.*, **146**, 125 (1986)
19) 河合富佐子, 嶋尾正行, 化学と生物, **23**, 148 (1985)
20) B. Schink, M. Stieb, *Appl. Environ. Microbiol.*, **45**, 1905 (1983)
21) D. F. Dwyer, J. M. Tiedje, *Appl. Environ. Microbiol.*, **52**, 852 (1986)
22) R. T. Darby, A. M. Kaplan, *Appl. Microbiol.*, **16**, 900 (1968)
23) Y. Tokiwa *et al.*, *Agric. Biol. Chem.*, **52**, 1937 (1988)
24) J. Drobník *et al.*, *J. Polymer Sci., Polymer Symposium*, **66**, 65 (1979)
25) K. Singh, C. Vézina, *Can. J. Microbiol.*, **18**, 1165 (1972)
26) T. Watanabe, K. Miyazaki, *Sen-i Gakkaishi*, **36**, T-409 (1980)
27) T. Fukumura, *J. Biochem.*, **59**, 537 (1966)
28) S. Kinoshita *et al.*, *Agric. Biol. Chem.*, **39**, 1219 (1975)
29) M. Kageyama, K. Tomita, *Water Sci. Technol.*, 20 [10], 49 (1988)
30) S. Kim *et al.*, *J. Macromol. Sci.-Chem.*, **A10**, 671 (1976)
31) M. M. Lynn *et al.*, *J. Polymer Sci., Polymer Chem. Ed.*, **18**, 1967 (1980)
32) B. G. Penn *et al.*, *J. Macromol. Chem.*, **A 16**, 473 (1981)
33) G. F. Fanta *et al.*, *J. Appl. Polymer Sci.*, **28**, 2455 (1983)
34) G. Sudesh Kumar *et al.*, *J. Appl. Polymer Sci.*, **29**, 3075 (1984)

1.3.2 脂肪族ポリエステル・脂肪族ポリエステル共重合体

常盤 豊[*]

(1) 脂肪族ポリエステル
①微生物による脂肪族ポリエステルの分解と資化

ポリエステルは水に不溶の固体状態の高分子である。Darbyら[1]は，低分子量の脂肪族ポリエステルにある種の糸状菌が生育することを最初に報告した。Fieldsら[2]は，*Pullularia pullulans* によるポリカプロラクトン（PCL）の分解について検討し，低分子量のPCLが分解されることを報告した。高分子量の脂肪族ポリエステルについては分子量約30,000のPCL試験片を土壌中に埋めておくと，1年間でほとんどの部分が消失したというPottsら[3]の報告がある。また，Diamondら[4]も，PCLのフィルムが*Aspergillus*や土壌中で分解されることを報告している。

Tokiwaらは，土壌から分離した *Penicillium* sp. 14-3[5] および *Penicillium* sp. 26-1[6] が，それぞれ分子量3,000のポリエチレンアジペート（PEA，$[-OCH_2CH_2OOC(CH_2)_4CO-]_n$）および分子量25,000のポリカプロラクトン（PCL，$[-O(CH_2)_5CO-]_n$）をほぼ完全に分解することを明らかにした。26-1によるポリエステルの化学構造と資化性の関係が詳細に調べられ，エステル結合間の炭素が多いポリエステルほどよく資化される，側鎖の導入はその資化性を低下させる，不飽和脂肪族ポリエステルもよく資化される，脂環および芳香族ポリエステルはほとんど資化されない，ことが明らかにされた。

②酵素による脂肪族ポリエステルの加水分解

Bellら[7]はPCLに *Rhizopus chinensis* の酸性プロテアーゼ標品を6～10日間作用させると，その数平均分子量が13,000から10,000に減少したことを報告している。田伏ら[8]はフェニル乳酸と乳酸からなるポリエステルを合成し，それがアセトニトリル溶液中でキモトリプシンにより分解されることを見出している。

また，PHBは，PHBデポリメラーゼにより分解される。*Alcaligenes faecalis* T_1 のPHBデポリメラーゼは，PHB以外にポリ-β-プロピオラクトンのみを分解し，PEA，PCLなどの脂肪族ポリエステルには作用しないことが報告されている[9]。

PEAおよびPCLを分解する酵素は，それぞれ *Penicillium* sp. 14-3株，26-1株の菌体内外に生産された。Tokiwaら[10]は，*Penicillium* sp. 14-3株のPEA分解酵素を培養上澄液から電気泳動的に単一なタンパク質にまで精製して基質特異性を調べた。精製酵素は種々の合成ポリエステルを分解した。ポリラクトンについてはポリプロピオラクトンやPCLが分解されたが，PHBのセラミ体（ポリ-DL-β-ヒドロキシ酪酸）は分解されなかった。二塩基酸とジオールからなるポリエステルについては，PEAとポリエチレンアゼレートは特によく分解された。

---

[*] Yutaka Tokiwa 通商産業省 工業技術院 微生物工業技術研究所

第4章 分解性プラスチックスの開発技術

不飽和ポリエステルも分解された。脂環ポリエステルの中では,ポリシクロヘキシレンジメチルアジペートが比較的よく分解された。しかし,芳香族ポリエステルは全く分解されなかった。ポリエステルの末端基の違いは,分解性にあまり影響しなかった。

これらのことから,*Penicillium* sp. 14-3株が種々のポリエステルを資化するのは,PEA分解酵素の広い基質特異性に基づくものと考えられた。さらに,PEA分解酵素は種々の植物油,トリグリセリド,脂肪酸メチルエステルをも加水分解し,リパーゼの一種と考えられた。

一方,生体吸収性の手術用縫合糸として用いられているポリグリコール酸やグリコリドーラクチド（9：1）共重合体も脂肪族ポリエステルの一種であるが,これらは非生物的な加水分解を受けた後,生体内で代謝・吸収される[11]。

③各種リパーゼによるポリエステルの加水分解

種々のリパーゼおよびブタ肝臓エステラーゼについて,合成ポリエステルの加水分解能が調べられた。脂肪族ポリエステルのPEAとPCLは,細菌,酵母,糸状菌,ブタ膵臓起源のリパーゼおよびブタ肝臓エステラーゼにより加水分解された。また,脂環ポリエステルも *Achromobacter* sp. や *Rhizopus arrhizus*, *R. delemar* のリパーゼおよびブタ肝臓エステラーゼにより加水分解された。しかし,芳香族ポリエステルは加水分解されなかった[12]。

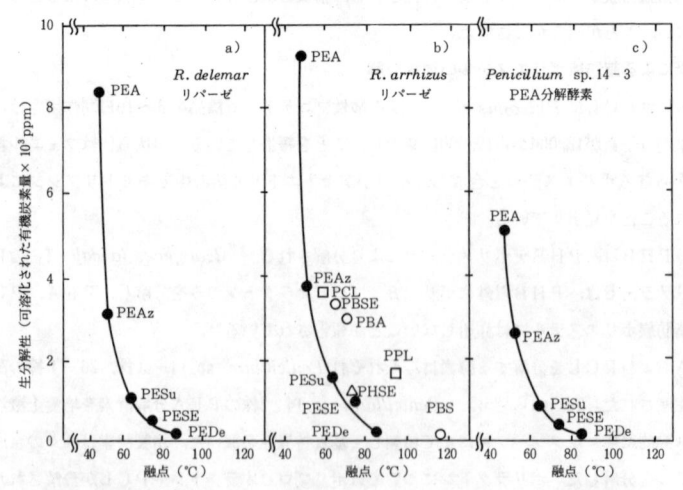

図1 脂肪族ポリエステルの融点（T_m）とリパーゼによる分解の関係

PEA：ポリエチレンアジペート, PESu：ポリエチレンスベレート, PEAz：ポリエチレンアゼレート, PESE：ポリエチレンセバケート, PEDe：ポリエチレンデカメチレート, PBS：ポリテトラメチレンサクシネート, PBA：ポリテトラメチレンアジペート, PBSE：ポリテトラメチレンセバケート, PHSE：ポリヘキサメチレンセバケート, PPL：ポリプロピオラクトン, PCL：ポリカプロラクトン, 30℃, 16時間反応

1 生分解性プラスチックス

以上のことから,脂肪族ポリエステルは生物界に広く分布しているリパーゼにより分解される生分解性の合成高分子の一つであることが明らかにされた。

$R.\ delemar$[13]と$R.\ arrhizus$[14]の各リパーゼ,および$Penicillium$ sp.14-3株のPEA分解酵素[12]を用いて,飽和脂肪族ポリエステルの融点(T_m)と酵素による分解性(水溶性の有機炭素TOCの生成)との関係が調べられ,一般に,ポリエステルの融点が高くなるに従い加水分解されにくくなることが明らかにされた(図1)。

また,図2は,2種類のホモポリエステルとそれらの共重合体の$Rhizopus$リパーゼによる分解性を,種々の分子量範囲で調べたものである[15]。化学構造から考えると共重合体は,両ホモポリマーの中間あるいはそれらに近い生分解性を示すことが期待される。しかし,融点の低い共重合体は,分子量にかかわらず両ホモポリマーより生分解速度は際立って大きい。このことから,固体状態の脂肪族ポリエステルの$Rhizopus$リパーゼによる分解性には,その融点が著しく影響することがわかる。

高分子の融点は,高分子集合体の性質を表わす一つの指標であり,その結晶部分の溶ける温度で表わされる。結晶部分は非結晶(アモルファス)部分よりも規則的に分子が配列しているので

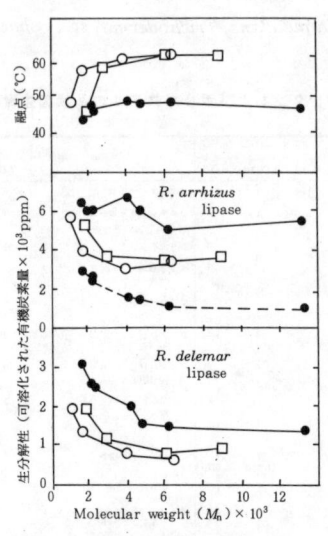

図2 $Rhizopus\ arrhizus$ および $R.\ delemar$ のリパーゼによる脂肪族ポリエステルの生分解性と分子量($\bar{M}_n$),融点(T_m)の関係

○:ポリヘキサメチレンアジペート, □:ポリカプロラクトンジオール,
●:両者の両ホモポリマーの共重合体(ε-カプロラクトンとアジピン酸のモル比7:3)

第4章 分解性プラスチックスの開発技術

分子間相互作用が強く働き，その生分解の速度が非結晶部分よりも遅いと考えられる。

固体状態の高分子物質においては，融点に関係する分子間凝集力や分子鎖の剛直性が大きな力を発揮し，機械的，化学的性質などを特徴づけるとともに生分解性をも決定する重要な因子であると考えられる。すなわち，融点の高い高分子においては，分子鎖間の相互作用が大となり，分子と分子を酵素が引き離せないために，分解を受け難くなると考えられた。6-ナイロンを例に考えると，オリゴマーが酵素分解されるのに対し高分子量のナイロンが分解されないのは，分子が大きくなるに従って水に不溶となったナイロンに，水素結合に基づく分子間凝集力が強く作用するためと考えられる。

(2) エステル型ポリウレタン

ポリウレタンは次のような構造を有している。〔-CO-O-R-O-CO-NH-R′-NH-〕$_n$ なお，Rはジオール成分で -(CH$_2$)$_n$-, -(CH$_2$CH$_2$-O-CH$_2$CH$_2$)$_n$-, -(CH$_2$)$_5$COO(CH$_2$)$_6$O〔OC(CH$_2$)$_5$〕$_n$- 等で表わされ，R′はジイソシアネート成分で -(CH$_2$)$_6$-, ―〈〉―CH$_2$―〈〉―, ―〈〉―CH$_2$―〈〉― が代表的である。

上記の3種のジイソシアネートと種々のジオールまたは脂肪族ポリエステルからなる100種類のポリウレタンに対する7種類のカビ(*Aspergillus niger, A. flavus, A. versicolor, Penicillium fumiculosum, Pullularia pullulans, Trichoderma* sp., *Chaetomium globosum*)

表1 ポリウレタンおよびポリエステルの糸状菌生育試験

ジオール	モノマー	ポリマー				ジオール	モノマー	ポリマー			
		TDI	MDI	TODI	HDI			TDI	MDI	TODI	HDI
エチレングリコール	2	0	1	1	0	<ポリエーテル類>					
1,3-プロパンジオール	2	1	2	1	1	ジエチレングリコール	2	1	1	1	0 (7,740)
1,4-ブタンジオール	4	2	2	3	2	トリエチレングリコール	2	1	1	2	0
1,5-ペンタンジオール	3 (1,180)	3	3	2	1	ペンタエチレングリコール	2	2 (3,500)	2	1	0 (3,740)
1,6-ヘキサンジオール	2	2	3	2	1	ジプロピレングリコール	0	0	0	0	0 (6,740)
2,3-ブタンジオール	4	2	0	1	1						
2,5-ヘキサンジオール	2	2	1	1	1	ポリプロピレングリコール-400	2	2 (3,990)	2	2	2
2-メチル-1,4-ブタンジオール	4	2	1	1	1	ポリプロピレングリコール-1020	3	3	3 (2,540)	3 (3,300)
2,2-ジメチル-1,3-プロパンジオール	3	2	0	1	1	ポリプロピレングリコール-1320	2	3	2	3	2 (2,370)
3-メチル-2,4-ペンタンジオール	1	2	1	1 (2,740)	1						
2-メチル-2,4-ペンタンジオール	2	2	1	1 (1,620)	1 (2,570)	<ポリエステル類>					
						ポリエチレングリコールアジペート	4	4	4	4	3 (1,640)
2-エチル-2-メチル-1,3-プロパンジオール	3	2	1	1	1	ポリ-1,3-プロパンジオールアジペート	4	4	4	4	3 (2,410)
2,3-ジメチル-2,3-ブタンジオール	2	0	0	1	1	ポリ-1,4-ブタンジオールアジペート	4	4	4	4	3
2,2-ビス(4-ヒドロキシフェニル)プロパン	2	0	0	0 (1,130)	—						
ビス(4-ヒドロキシフェニル)ジメチルシラン	1	0	0	0 (1,180)	—						

TDI：トリレン-2,4-ジイソシアネート；MDI：ジフェニルメタン-4,4′-ジイソシアネート；TODI：3,3′-ジトリレン-4,4′-ジイソシアネート；HDI：ヘキサメチレン-1,6-ジイソシアネート．
0：生育せず，1：わずかに生育；2：やや生育；3：普通に生育；4：激しく生育 (30℃, 3週間)
( )内の数字は分子量．

1 生分解性プラスチックス

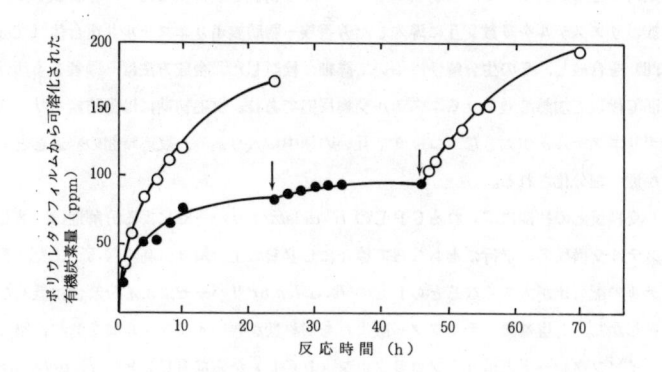

図3 *R. delemar* およびブタ膵臓リパーゼによるエステル型ポリウレタンの分解

使用した基質は、ジフェニルメタン-4,4′-ジイソシアネート、1,4-テトラメチレンジオールおよびポリエステルジオール（分子量2000）のモル比がそれぞれ2：1：1からなるポリウレタンのベンゼン可溶画分である。なお、ポリウレタン中のポリエステルジオールは、ε-カプロラクトンとアジピン酸（モル比7：3）およびエチレングリコールから構成される。
○：*R. delemar* のリパーゼ、●：ブタ膵臓のリパーゼ、……：リパーゼを含まないコントロール、↓：2回目および3回目のリパーゼ添加

の生育試験を行ったDarbyら[1]の結果を表1に示す。一般に、エステル型ポリウレタンにはエーテル型ポリウレタンに比べてカビがよく生育している。その後、Hedrickら[16]、Awaoら[17]、Filip[18]およびPathiranaら[19]も、市販のポリウレタン製品の微生物分解を報告しているが、用いたポリウレタンの組成や添加剤の有無が明らかでないため、高分子量のポリウレタン自体が微生物によってどの程度分解されているのか判定が難しい。

ポリウレタンの酵素による分解については、図3に示すように、エステル型のポリウレタンが *R. delemar* およびブタ膵臓のリパーゼにより加水分解されることが知られている[15]。*R. delemar* のリパーゼの方がブタ膵臓のリパーゼよりもエステル型ポリウレタンをよく分解する。しかし、両リパーゼによるポリウレタンの分解性はポリエステルの分解性に比べると弱い。

さらに、*R. delemar* リパーゼによるエステル型ポリウレタンの加水分解について検討された[20]。ポリウレタンは、ウレタン結合由来の分子間水素結合のため、脂肪族ポリエステルより融点が高い。*R. delemar* リパーゼの場合、ポリウレタン中のポリエステル部分の分子量の大きい方が、またジイソシアネートについては芳香環を含まない方が分解性は高い。

(3) 芳香族ポリエステルと脂肪族ポリエステルからなる共重合体[21]

脂肪族ポリエステルは生分解性であるが、融点が低く耐熱性や機械的強度などの物性が劣り、広

第4章 分解性プラスチックスの開発技術

い用途は期待できない。そこで，脂肪族ポリエステルの物性を改善するため，脂肪族ポリエステルに芳香族ポリエステルを多数交互に導入した芳香族－脂肪族ポリエステル共重合体（Copolyester, CPE）を合成し，その生分解性について詳細に検討した。合成方法は，両者を不活性ガス気流中 260℃付近で加熱溶融させるエステル交換反応であり，反応初期には脂肪族ポリエステルと芳香族ポリエステルとが大きなブロックで互いの鎖中に入り込み，反応時間の経過とともに各ブロックが短く細分化される。

エステル交換反応の初期に得られるCPEの *R. delemar* リパーゼによる分解性は，著しく低いが，エステル交換反応の進行にともなって徐々にCPEの生分解性は高くなる。また，芳香族ポリエステルの配合比が大きくなるとCPEの *R. delemar* リパーゼによる分解性は低くなった（図4）。しかし，二塩基酸にテレフタル酸よりも対称性が悪いイソフタル酸を含む低融点のポリエチレンイソフタレートとポリカプロラクトン（PCL）からなるCPEの *R. delemar* リパーゼによる分解性は，PCLとPETG（ポリエチレンテレフタレートとポリシクロヘキシレン

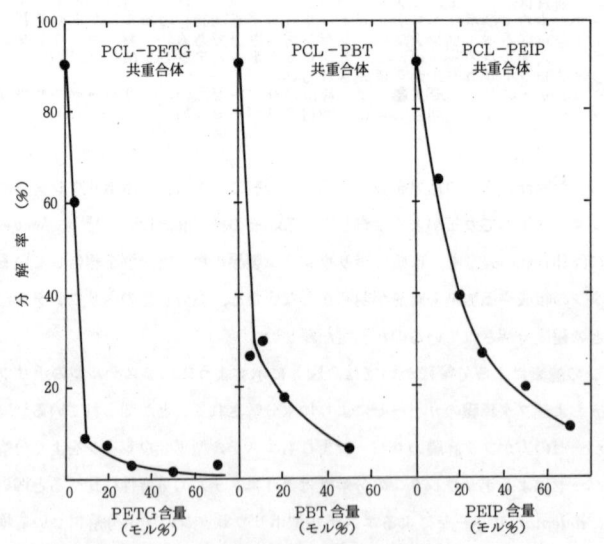

図4 *Rhizopus delemar* のリパーゼによる芳香族－脂肪族ポリエステル
共重合体の分解性と芳香族ポリエステル含量との関係

PCL：ポリカプロラクトン（融点60℃）
PETG：ポリシクロヘキシレンジメチルサクシネートとポリエチレンテレフタレートの共重合体
PBT：ポリテトラメチレンテレフタレート（融点235℃）
PEIT：ポリエチレンイソフタレート（融点103℃）

ジメチルサクシネートの共重合体）あるいはPCLとポリテトラメチレンテレフタレートからなるCPEよりも，かなり高い分解性を示した。

(4) ポリアミドと脂肪族ポリエステルからなる共重合体[22]

脂肪族ポリエステルの物性改善とともにポリアミドに生分解を付与するため，脂肪族ポリエステルにポリアミドをアミドーエステル交換反応により，多数交互に導入したポリアミドーエステル共重合体（Copolyamide-ester, CPAE）が合成された。合成反応中におけるCPAEの分子量の低下はほとんどなく，CPAE中のポリアミドブロックの重合度は，合成時間およびポリカプロラクトン含量の増大にともなって小さくなった。

CPAEの Rhizopus リパーゼによる分解性は，ポリアミドブロックの重合度が小さくなるに従い，また，ポリアミド含量が増大するに従って低下した（図5）。このことから，アミド結合に基づくCPAEの分子鎖間の水素結合の数およびその分布の仕方が，CPAEの Rhizopus リパーゼによる分解性に著しく影響することが明らかである。

このCPAEは，難分解性のポリアミドの部分も低分子量のブロックになっているため生分解が可能であり，かつ脂肪族ポリエステルに比べて融点が高く，物性的にすぐれた新規の生分解性の高分子化合物と言える。

(5) その他のポリエステル結合を含む合成高分子の生分解性

①ポリエステルオレフィン

Baileyら[23]は，エチレンと2－メチレン－1,3－ジオキシパン（MDP）からなる共重合体を合成し，MDPが2～10モル％含まれるポリエステルオレフィンを得ている。MDPを10モル％

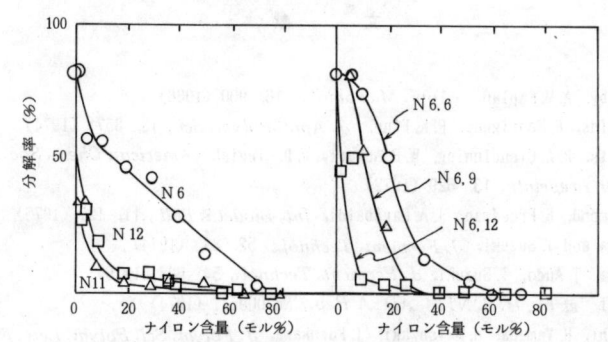

図5 Rhizopus delemar のリパーゼによるポリアミドーエステル
共重合体の分解性とナイロン含量との関係

脂肪族ポリエステルはポリカプロラクトンを使用。
N6：6－ナイロン；N11：11－ナイロン；N12：12－ナイロン，N6,6：6,6－ナイロン；
N6,9：6,9－ナイロン；N6,12：6,12－ナイロン

含有するポリエステルオレフィンの融点は84～88℃,固有粘度は0.144 dl/g (75℃のキシレン中)であった。MDPを6.7モル％以上含むポリエステルオレフィンについては,土壌微生物により分解され,有意差の炭酸ガスの発生が認められた。

②ポリエステルエーテル

大阪工業技術試験所の山本らは,ラクチド,γ－ブチロラクトンあるいはピバロラクトンとプロピレンオキシドから,それぞれ対応するコポリ(プロピレンオキシド－ラクチド),コポリ(プロピレンオキシド－γ－ブチロラクトン),コポリ(プロピレンオキシド－ピバロラクトン)を合成し,それらがリパーゼにより加水分解されることを報告している。

③ポリエステルウレア

Huangら[24]は,エチレングリコールフェニルアラニンエステルから融点194～198℃の低分子量($\bar{M}_n$:1930～2640)のポリエステルウレア,コポリ(L－フェニルアラニン／エチレングリコール／1,6－ジイソシアネートヘキサン)を合成し,タンパク分解酵素キモトリプシンにより加水分解されることを見出している。

今後は,プラスチックなど水不溶の固体である多くの合成高分子の生分解性については,単に一本の高分子鎖の化学構造だけから論ずるのではなく,高分子鎖が集まった高分子集合体としての取り扱いが必要と思われる。

文　献

1) R. T. Darby, A. M. Kaplan, *Appl. Microbiol.*, **16**, 900 (1968)
2) R. D. Fields, F. Rodriguez, R. K. Finn, *J. Appl. Polym. Sci.*, **18**, 3571 (1974)
3) J. E. Potts, R. A. Clendinning, W. B. Ackart, W. D. Niegish, *American Chem. Soc. Polymer Preprints*, **13**, 629 (1972)
4) M. J. Diamond, B. Freedman, J. A. Garibaldi, *Int. Biodetn. Bull.*, **11**, 127 (1975)
5) Y. Tokiwa and T. Suzuki, *J. Ferment. Technol.*, **52**, 393 (1974)
6) Y. Tokiwa, T. Ando, T. Suzuki, *J. Ferment. Technol.*, **54**, 603 (1976)
7) J. P. Bell et al., *U. S. NTIS. AD-A Rep.*, No. 009577 (1974)
8) I. Tabushi, H. Yamada, H. Matsuzaki, J. Furukawa, *J. Polym. Sci. Polym. Lett. Ed.*, **13**, 447 (1975)
9) T. Tanio, T. Fukui, Y. Shirakura, T. Saito, K. Tomita, T. Kaiho, S. Masamune, *Eur. J. Biochem.*, **124**, 71 (1982)
10) Y. Tokiwa, T. Suzuki, *Agric Biol. Chem.*, **41**, 265 (1977)

11) T. N. Salthouse, B. F. Matlaga, *Surg. Gynecol. Obstet.*, **141**, 1 (1975)
12) Y. Tokiwa, T. Suzuki, *Nature*, **270**, 76 (1977)
13) Y. Tokiwa, T. Suzuki, *Agric. Biol. Chem.*, **42**, 1071 (1978)
14) Y. Tokiwa, T. Suzuki, K. Takeda, *Agric. Biol. Chem.*, **50**, 1323 (1986)
15) Y. Tokiwa, T. Suzuki, K. Takeda, *Agric. Biol. Chem.*, **52**, 1937 (1988)
16) H. G. Hedrick, M. G. Grum, *Appl. Microbiol.*, **16**, 1826 (1968)
17) T. Awao, K. Komagata, I. Yoshimura, K. Mitsugi, *J. Ferment. Technol.*, **49**, 188 (1971)
18) Z. Filip, European *J. Appl. Microbiol. Biotechnol.*, **5**, 225 (1978)
19) R. A. Pathirana, K. J. Seal, International Biodeterioration, **21**, 123 (1985)
20) Y. Tokiwa, T. Ando, T. Suzuki, K. Takeda, "Agricultural and Synthetic Polymers, Biodegradability and Utilization", (ed. by J. E. Glass and G. Swift), ACS Symposium Series, No. 433, p. 136 (1990)
21) Y. Tokiwa and T. Suzuki, *J. Appl. Polym. Sci.*, **26**, 441 (1981)
22) Y. Tokiwa, T. Suzuki, T. Ando, *J. Appl. Polym. Sci.*, **24**, 1701 (1979)
23) W. J. Bailey et al., *Makromol. Chem., Macromol. Symp.*, **6**, 81 (1986)
24) S. J. Huang et al., *Proc. Int. Biodegradation Symp.*, 3rd, (J. M. Sharpley, A. M. Kaplan, Ed.), *Appl. Sci.*, Barking, Engl., p. 731 (1976)

第4章 分解性プラスチックスの開発技術

2 光分解性プラスチック

大澤善次郎[*]

2.1 はじめに

近年の科学技術の進歩によって人類は高度の文明社会を築き上げ，かつて経験したことのない繁栄と福祉を享受しうるようになった。しかし，その反面，地球が誕生以来40億年余という気の遠くなるような歳月をかけて造り出した調和のとれた生態系が破壊されようとしており，世界的規模で地球環境保護の問題がとりあげられるようになった。

この地球環境破壊の要因として，周知の通りCO_2の増加，フロンガス，酸性雨，熱帯雨林の急速な伐採，海洋汚染などがあげられており，廃プラスチックもその対象になりつつある。

廃プラスチック問題は，実は1970年初期において，一度とりあげられ，当時その解決策が産学官の研究者によって真剣に検討され，再生利用，熱分解利用，燃焼熱の回収，埋立処理などにより技術的に解決できることが示された。

また，このような対処的な解決策とは別に，使用済み後，自然環境下で分解し，景観を損なわないように設計された，いわゆる「光分解性プラスチック」が開発された。当時，まさに救世主のごとく脚光を浴びて迎えられた，この光分解性プラスチックも，その後石油価額の高騰により省資源・資源の有効利用の思想が定着するにしたがい，話題にのぼる機会も少なくなっていた（表1参照）。

表1 社会的動向と研究の流れ

西暦	社会的動向	研究の流れ	
1945 (S20)	経済復興	天然高分子	・天然ゴムの劣化・安定化 　自動酸化機構確立（英国ゴム協会）
1950 (S25)		合成高分子登場	・合成高分子の劣化・安定化（PE, PP銅害防止） ・現象論 ┬ 酸素吸収量と劣化度 　　　　├ 物性変化（強度・電気特性 etc.） 　　　　├ 構造変化（機器分析：IR etc.） 　　　　└ ポリマー構造の影響 ・安定化（安定剤の開発） 　　┬ ラジカル捕捉剤 　　├ 紫外線吸収剤 　　├ ROOH分解剤 　　└ 金属不活性剤
	所得倍増	新高分子材料の開発	
1960 (S35)			
1965		大量生産 ↓	崩壊利用委員会設立（高分子学会） 45.4 ・廃プラ有効利用（熱分解・再利用 etc.）

（つづく）

[*] Zenjiro Osawa　群馬大学　工学部　材料工学科

2 光分解性プラスチック

西 暦	社会的動向		研 究 の 流 れ
(S40)	高度成長	消　費 ↓ 廃　棄 （公害）	・崩壊性高分子 ・劣化機構（特に開始反応と不純物，異種構造の関係） ・安定剤の作用・機構の見直し ・活性酸素（$^1O_2, O_2^-$）
1970 (S45)	列島改造 石油暴騰		
1975 (S50)	安定成長 資源有限 省エネルギー 石油再暴騰	分子設計 （高性能・高機能） 技術革新・新素材 （機能性高分子） ↓ 高機能系高分子)	・劣化・安定化の基礎研究 ・新安定剤の開発，安定化技術の向上 　（より厳しい環境下・複合機能） ・エンプラの劣化機構・安定化 ・複合材料および機能性材料の機能劣化・安定化 ・劣化試験・評価法進歩 　（高精度化・早期評価） ・自然曝露と促進曝露の対応 ・生体材料の劣化・安定性
1980 (S55)			
1985 (S60)	石油下落 円高・ドル安		
1990 (H2)	国際化 （ペレストロイカ） （ソ連・東欧民主化） 地球環境保護 フロン・O_3層破壊，CO_2・温暖化，酸性雨，砂漠化，熱帯雨林減少，海洋汚染，廃プラ		・環境問題（廃プラ・流れ網 etc.） 　光・生分解性高分子 マテリアルライフ学会設立 63.11

しかし，1980年代後半以来，石油価格の下落と共に産業・経済活動が活発になり，わが国のプラスチック生産量はすでに年間 1,000万トンを超え，廃プラスチックによる環境汚染が再び問題になろうとしている。一方，国外では非分解性のプラスチックの使用が禁止されはじめており，再び光分解性プラスチックに熱い眼差が注がれている。

そこで，本節では光分解性プラスチックを理解する上で必要な光化学の原理とプラスチックの光分解機構について簡単に触れた後，光分解性プラスチックの分子設計の基本的な考え方および具体的な例を紹介する。

2.2　光化学の原理[1]

電磁波の一つである光のエネルギーは次式で示され，その波長に依存する。

$$E = h\nu = hc/\lambda$$

ここで，　E：　エネルギー（erg）

　　　　　h：　プランク定数　（6.624×10^{-27} erg・sec）

　　　　　ν：　光の振動数（sec^{-1}）

　　　　　λ：　光の波長（Åまたはnm）

　　　　　c：　光の速度（2.998×10^{10} cm sec^{-1}）

種々の波長光の名称，励起のタイプおよびエネルギーを図1に示す。

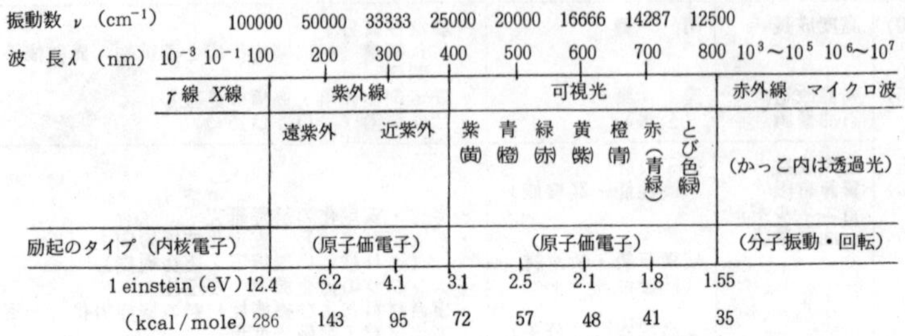

第4章 分解性プラスチックスの開発技術

振動数 ν (cm^{-1})		100000	50000	33333	25000	20000	16666	14287	12500		
波長 λ (nm)	10^{-3} 10^{-1} 100	200	300	400	500	600	700	800	$10^3 \sim 10^5$	$10^6 \sim 10^7$
	γ線 X線	紫外線		可視光					赤外線	マイクロ波
		遠紫外	近紫外	紫 青 緑 黄 橙 赤 と び 色 縞				(青緑)	(かっこ内は透過光)	
励起のタイプ	(内核電子)	(原子価電子)		(原子価電子)					(分子振動・回転)	
1 einstein (eV)	12.4	6.2	4.1	3.1	2.5	2.1	1.8	1.55		
(kcal/mole)	286	143	95	72	57	48	41	35		

図1 光の波長とエネルギー[1]

　光化学については，1818年にGrotthusとDraperによって，「ある物質の光化学反応はその物質に吸収された光によってのみ起こる」，という光化学活性の原理が提出された。次いで，1912年にEinsteinによって，「1個の吸収光量子は光化学過程の初期段階において1個の吸光分子を活性化する」，という光化学当量則が提出された。

　また，Lambert-Beerの法則にしたがい，入射光が媒質によって吸収される割合は光の通過する媒質層の厚さに比例し，次式で示される。

$$I = I_0\, e^{-\varepsilon l c} \quad \text{または，} \quad \log I_0 / I = A = \varepsilon l c$$

　ここで，　I_0 ： 入射光の強度
　　　　　　I ： 透過光の強度
　　　　　　ε ： モル吸光係数
　　　　　　l ： 媒質の厚さ
　　　　　　c ： 濃度
　　　　　　A ： 吸光度

　分子が電子の遷移を起こし，光化学反応を起こす光は，主として可視（800〜400nm），近紫外（400〜200nm），遠紫外（200〜100nm）の領域で，そのエネルギーは約35〜285kcal/moleである。このエネルギー範囲は有機化合物のいろいろの結合の解離エネルギーとほぼ同じ範囲である。したがって，有機化合物はこれらの領域の光を吸収することによって，しばしば結合の開裂を伴う化学変化を起こす。

　光エネルギーを吸収した励起状態の分子は，
　① 励起一重項状態（S^*_1）あるいは系間交差により励起三重項状態（T^*_1）から化学反応を起こし，基底状態（S_0）の生成物を与える。
　②熱エネルギーを放出したり，または，けい光放射（$S^*_1 \to S_0 + h\nu$）およびりん光放射

2 光分解性プラスチック

($T^*_1 \to S_0 + h\nu'$) して失活する。

③励起エネルギーを他の分子に移動して新しい励起状態の分子を作り，自身はもとの状態に戻る過程を経る（図2参照）。この励起分子が同種の分子と励起二量体（excimer, エキサイマー），あるいは異種の分子と励起複合体（exciplex, エキサイプレックス）を作ったり，電子供与性の化合物と電子受容性の化合物で電荷移動錯体（CT錯体, charge transfer complex）を生成してから光反応を起こすこともよく知られている。

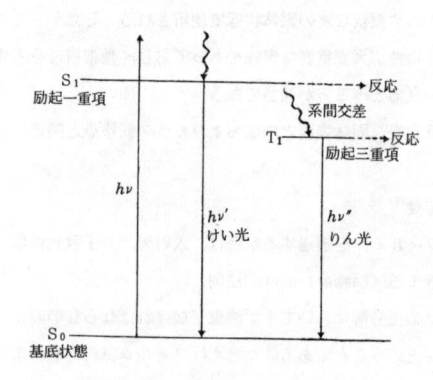

図2　エネルギー図[1]

2.3 プラスチックの光分解機構
2.3.1 プラスチックの光分解性と化学構造[1]

光化学の原理はプラスチックに対しても当然あてはまり，プラスチックの光分解は光エネルギーの吸収により始まる。したがって，プラスチックが光分解を起こすためには，光エネルギーを吸収しうる官能基，すなわち発色団（chromophores）が存在しなければならない。ところが，一般に多くのプラスチックは無色で可視部（約380nmより長波長領域）に吸収がないため，増感剤や着色した不純物がない限り，可視光は重要ではなく，紫外線領域の光のみが問題になる。

実用上問題になる太陽光の場合には，地球上に到達する光の波長は，約290nmより長いため，この領域の光を吸収しうる発色団をもつプラスチックのみが光分解を受けることになる。そこで，約290nmより長波長領域の光に基準をおくと，プラスチックは二つに大別できる。

一つは純粋な化学構造から推して290nmより長波長光の吸収は考えられないが，異種構造や不純物が発色団となり，光分解が開始されるもので，ポリオレフィン，ポリスチレン，ポリビニルハライドなどがある。なお，異種構造や不純物は重合・造粒工程や成型加工工程・保存時に生成，残留あるいは混入するといわれており，次のようなものが指摘されている[2]。

第4章 分解性プラスチックスの開発技術

触媒残渣（Ti^{4+}）≃ヒドロペルオキシド（ROOH）＞多環芳香族化合物（PNA）＞カルボニル（＞C＝O）＞ペルオキシド（RO－OR）＞電荷移動錯体（PP⋯O$_2$）（相対的影響度を示す）。

もう一つはプラスチックの構成単位自身によって290nm以上の光を吸収し、光分解が開始されるもので、芳香族系のポリアミド、ポリエステル、ポリスルホン、ポリカーボネート、ポリフェニレンオキシドなどがある。

2.3.2 プラスチックの光分解と固体物性

プラスチックは通常フィルムや板状などの固体状態で使用される。したがってプラスチックの光分解においては、その固体物性が大変重要な意味をもっており、微細構造を考慮するとむしろミクロ（微視）的には不均一反応とみる方が適当である。

そこでプラスチックの光反応を、固体表面と内部およびガラス転移点と関連づけて考えることにする。

(1) 試料表面と内部の反応性

一定の波長の光が試料（フィルム）を透過する割合は、入射光、分子吸光係数、官能基の濃度および試料の厚さによってきまる（Lambert-Beerの法則）。

したがって、プラスチックの光分解においてまず注意しなければならないのは、試料全体が均一に光照射を受けたかどうかということである。たとえばフィルム試料の場合には、光がフィルム内部まで均一に当てられたのか、あるいは表面近くに限られていたのかが問題になる。

シート状あるいは板状試料の場合には、光は試料内部まで達しないために、表面と内部の劣化度は非常に違うことはよく知られている。しかし、透明なフィルムであっても、光劣化は、ごく表面近くと内部ではたいへん違う。

たとえば、ポリプロピレンフィルムは一定時間光照射を受けると、伸びは急激に低下しやがて零になり、これと対照的に密度は急激に増加する（図3（A）参照）[2]。この光照射を受けたフィルムの3,400cm^{-1}の吸収強度は経時的に増加しているが、フィルム表面に近いところほど大きい（図3（B）参照）。また、図4から、カルボニル基はフィルム表面から2μm以内で生成され、表面ほど多いことがわかる。

また、3mm厚の低密度ポリエチレンシートの自然曝露および促進曝露時のカルボニル基の生成は両曝露系とも曝露面および裏面から約0.8mmの深さまでほぼ一定であり、それより深くなると中心部まで急激に低下し、鏡像のようになる（図5参照）[3]。そして、この現象は試料中を通過する紫外線の強度や成型加工時に生成した酸化物では説明できず、試料シートの厚さ方向の光酸化劣化は、酸素の拡散によって支配的な影響を受けることを示している。

(2) 光分解とガラス転移点

プラスチックの固体物性は、ガラス転移点（T_g, glass transition point）や融点（T_m,

2 光分解性プラスチック

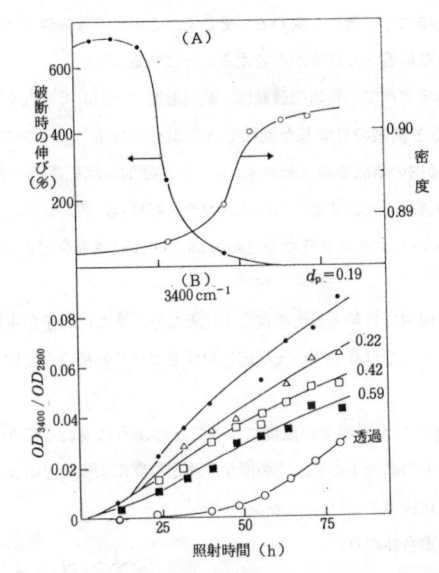

図3 ポリプロピレンの光照射時の密度,伸びおよびIRの変化[2]
フィルム厚:22μm, λ>320nm
d_P:反射IRビーム(3400cm^{-1})の侵入した深さ(μm)

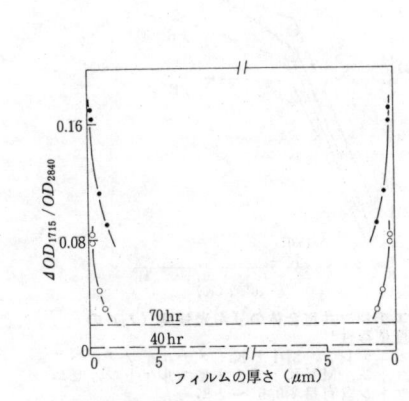

図4 光酸化ポリプロピレンフィルムの
カルボニル基の生成量と深さの関係[2]
光照射時間(h)
○:40, ●:70, ---:透過

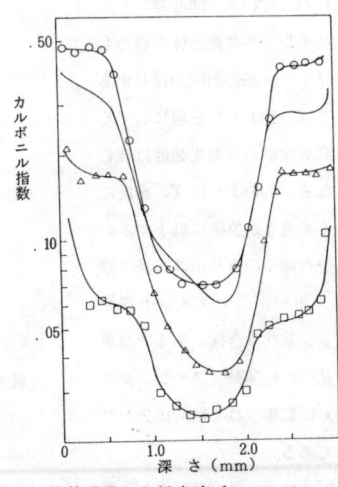

図5 屋外曝露した低密度ポリエチレン
のカルボニル基の生成量と深さの関係[3]
□:67日(200kWh),×:188日(670kWh)
〔Innisfail〕,△:83日(410kWh),
○:173(1054kWh)〔Cloncurry〕

第4章 分解性プラスチックスの開発技術

melting point)などを境にして著しく変わる。そこで，このような物性変化がプラスチックの光反応に対してどのような影響を及ぼすかを考えることにする。

プラスチックに限らずすべての物質の運動は，絶対温度（-273 ℃）近くで完全に停止しているが，徐々に昇温すると側鎖の官能基が回転できるようになる（クランクシャフト運動温度，T_r）。ついで高分子鎖内の構成要素（セグメント）の局部的な回転運動，すなわちミクロブラウン（microbrownian)運動を起こすようになる（ガラス転移点，T_g）。さらに昇温すると高分子鎖全体の運動，すなわちマクロブラウン（macrobrownian)運動を起こすようになる（融点，T_m）。

融点より高温での光照射では熱と光との複合劣化となり，また高分子が実際に利用されるのは固体状態であるので，ここでは高分子の光反応に対するガラス転移点の影響を主に考えることにする。

まず，カルボニル基のりん光強度が温度によってどのように変わるのかをみよう。Guilletら[4]はカルボニル基をもつ高分子のりん光強度が，測定温度によってどのように変わるのかを調べた。エチレンと一酸化炭素あるいはビニルケトンとの共重合体のりん光強度は，側鎖などの回転のはじまる温度，T_r(-110 ℃)を境にして急激に変わっている（図6参照）。また，スチレン系共重合体の場合も，側鎖のフェニル基の回転のはじまる温度，T_r(-100 ℃)を境にしてそれより高温領域のりん光強度は著しく弱くなる。このようにT_rを境にしてりん光強度が急激に低下するのは，共重合体中のカルボニル基の励起エネルギーが，セグメント運動（エチレン系共重合体）あるいはフェニル基の回転運動（スチレン系共重合体）に影響されて熱的に失われるためである。

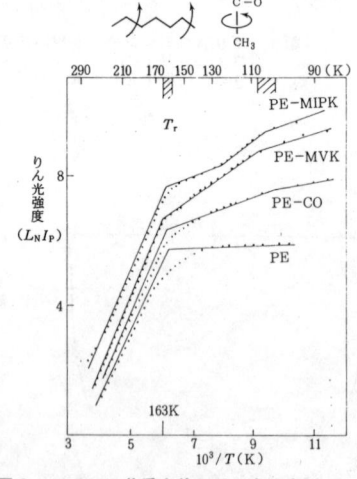

図6 エチレン共重合体のりん光強度（I_p）の温度依存性[4]
E：エチレン，MIPK：メチルイソプロペニルケトン，MVK：メチルビニルケトン，ビニルケトン含有量：0.5～2％

次にプラスチックの光反応が，温度によってどのように影響されるかを，カルボニル基をもつプラスチックのNorrish II反応を例にとり考えてみよう。

2 光分解性プラスチック

表2 エチレン－CO（1%）共重合体の固相光崩壊[5]
（Type Ⅱ反応における温度効果）

温度（℃）	ビニル基生成の量子収率
90	0.025
24	0.025
－25	0.025
－50	0.015
－68	0.013
－95	0.005
－150	0.000

　Guillet ら[5]は，エチレンと一酸化炭素の共重合体のNorrish Ⅱ反応の量子収率と温度の関係を調べ，表2の結果を得た。このようにNorrish Ⅱ反応の量子収率は，－25～－50℃および－95～－150 ℃の間で変化している。炭素数約20～40からなるセグメントのミクロブラウン運動の始まる温度（T_g）は－30℃であり，これより高温になると量子収率は大きくなり，一定（0.025）になっている。しかし，側鎖が回転する温度（T_r，－110 ℃）以下では，Norrish Ⅱ反応は起こらない。これらの結果は，Norrish Ⅱ反応が起こるためには局部的な主鎖の運動が許され，スキ

$$R-\overset{O}{\underset{\|}{C}}-CH_2-CH_2-CH_2R' \xrightarrow{h\nu} R-\overset{*O}{\underset{\|}{C}}\cdots\overset{H}{\underset{CH_2}{\cdots}}\overset{CHR'}{} \longrightarrow R-\overset{OH}{\underset{\|}{C}}\cdots\overset{CHR'}{\underset{CH_2}{\cdots}} \longrightarrow R-\overset{O}{\underset{\|}{C}}-CH_3 + CH_2=CHR'$$

スキーム1

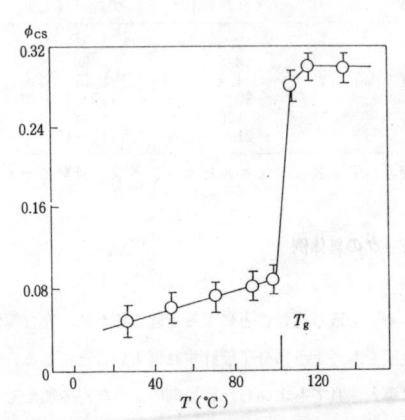

図7　スチレン－フェニルビニルケトン共重合体の固相光崩壊における温度の効果[6]
　　フィルム厚：0.5mm
　　ϕ_{cs}：主鎖切断の量子収率
　　照射光：313nm

第4章 分解性プラスチックスの開発技術

ーム1のように6員環励起状態をとらなければならないことから，よく理解できる。

また，同様に光分解性のスチレン－フェニルビニルケトン共重合体の場合も，主鎖切断の量子収率はT_gを境にして急激に変化し，T_gより高温になると著しく大きくなり，その値は液相の場合と等しくなる（図7参照）[6]。これは6員環励起状態を経てNorrish II 反応が起こるためには，セグメントの運動が許されるT_g以上の温度が必要であることを示している。

以上のようにケトン基を含む共重合体の光分解の量子収率は，T_gによって著しく影響され，エチレン－一酸化炭素共重合体のようにT_gの低い（$-110 \sim -80$℃）場合には，室温付近と90℃ではほとんどかわらない。しかし，T_gが100℃に近いスチレン－ビニルケトン系共重合体の場合には，室温付近と110℃以上では量子収率は一桁近く違っている（表3参照）[6]。これらの結果は，T_gより低温度では，Norrish I型反応で生成したラジカルがかご（cage）内で再結合を起こし，またγ-炭素上の水素が励起カルボニル基に接近できずNorrish II反応が起こらないために，主鎖切断の量子収率が低いことを示している。

表3 固相共重合体の主鎖切断の量子収率[6]

（$\lambda = 313$nm，真空下）

共重合体*	$\phi(S) \times 10^2$	T_{irr}（℃）	T_g（℃）
エチレン－CO	2.5	25	-100
	3.5	90	to -80
スチレン－PVK（9%）	4.4	27	ca. 90
	30	119〜138	
メタクリル酸メチル－MVK（7%）	1.9	27	105
	21	110〜121	

＊CO：一酸化炭素，PVK：フェニルビニルケトン，MVK：メチルビニルケトン

2.4 光分解性プラスチックの具体例
2.4.1 分子設計[1]

光化学反応は光エネルギーを取り込むことによって起こるため，光分解性プラスチックはそのような官能基または発色団をもつように分子設計すればよいことになる。そのような官能基はプラスチックの分子鎖中に導入されてもよいし，添加剤のような形で加えてもよい（感光性試薬添加型）。

感光性官能基として，$-N=N-$，$-CH=N-$，$-CH=CH-$，$-C=C-NH-NH-$，$-S-$，$-NH-$，$-O-$，$>C=O$などがあげられる。また，感光性試薬として，光増感剤，

2 光分解性プラスチック

金属化合物,ラジカル発生剤などが考えられる。

後で述べる一酸化炭素やビニルケトン共重合体は,このような考えのもとに感光性の>C=O基を主鎖および側鎖中に導入したものである。

このようにしてプラスチックに光分解性を付与することが可能である。しかし光分解性プラスチックは,プラスチック本来の特性を保持し,一定期間十分実用に耐え,しかも使用済み後すみやかに崩壊されるように寿命が規制されており,自然の景観を損なわないように設計されていなければならない。以下,主な例を紹介する。

2.4.2 感光性官能基導入型

(1) エチレン－一酸化炭素共重合体

①概要と反応機構

$\text{-}(\text{CH}_2\text{-CH}_2)_n\text{-CO-}$ で表されるエチレン－一酸化炭素共重合体は,1940年にDu Pont社によって開発されていたものである[7]。それが,注目されるようになったのは,Eastman Kodak社がタイミングよく1968年に「分解性プラスチック製品」という日本特許を公表して以来である。

表4 エチレンと一酸化炭素共重合体の光脆化時間[8]

CO含有率（％）	0	0.1	0.5	1.0	12.0
3 mm厚試料の脆化時間(hr)	655	528	316	198	40

スキーム2[14]

第4章 分解性プラスチックスの開発技術

その特許によると，表4のように共重合体中のCO量によってその寿命が規制できる[8]。

E／CO共重合体の光分解反応として，スキーム2のようなNorrish I型（α結合が切断し，COを脱離）とNorrish II型（末端二重結合と末端アセチル基を生成し，さらに反応）の反応が考えられるが，Guilletら[5),6),9)~13)]の詳しい研究によって，Norrish II型が主反応であることが明らかにされた。

これはガラス転移温度（T_g）以上では，励起カルボニルがγ－炭素上の水素と6員環構造の遷移状態を作りやすいためである（スキーム1参照）。なお，T_gよりより低温ではこの反応は著しく抑制される。

この反応機構の正しいことは，Goodenら[14)]の官能基の変化や量子収率などについての詳しい研究によって確認された。すなわち，Noriish II型反応によって生じる末端ビニル基，CO損失，および主鎖切断の量子収率は他の生成物に比べて高くなっている（表5参照）。

表5 光分解時の量子収率[14)]

実験 No.	吸光量 einsteins $\times 10^3$	発生ガス			
		ϕCO	ϕC_2H_4	ϕCH_4	$\phi acetone$
1	0.864	0.013	0.0016	0.00028	
2	1.34	0.012			0.0039
3	3.16	0.010	0.0012	0.00050	
平均		0.012	0.0014	0.00039	0.0039

実験No.	ϕ loss CO	ϕ vinyl	ϕ cs
1	0.054	0.096	0.047
2	0.047	0.090	
3	0.024	0.068	0.019
平均	0.042	0.084	0.033

ϕ cs：切断　ϕ lossCO：UV吸収(300nm)　ϕ vinyl：IR吸収(908cm^{-1})

②化学構造および分子量の変化

E／CO共重合体の光分解が主としてNorrish II型で進むと，カルボニル基の減少，末端ビニル基の増加などと共に分子量が低下し，化学構造が著しく変化する。

以下，それらの事例を示す。

IRスペクトルから各官能基の変化が検出できる。E／CO共重合体の光分解前後の1,718cm^{-1}（>C=O基）と908cm^{-1}（－CH=CH$_2$）領域を拡大したスペクトルを図8に示す[15)]。図にみられるように光分解が進むと，酸化反応による含酸素基が生成するため，1,718cm^{-1}付近の吸収はブロードになる。また，3,400cm^{-1}付近に水酸基による新しい吸収が現れる。

これらの官能基の経時変化を示した図9をみると，ある程度反応が進むと飽和するようにな

2 光分解性プラスチック

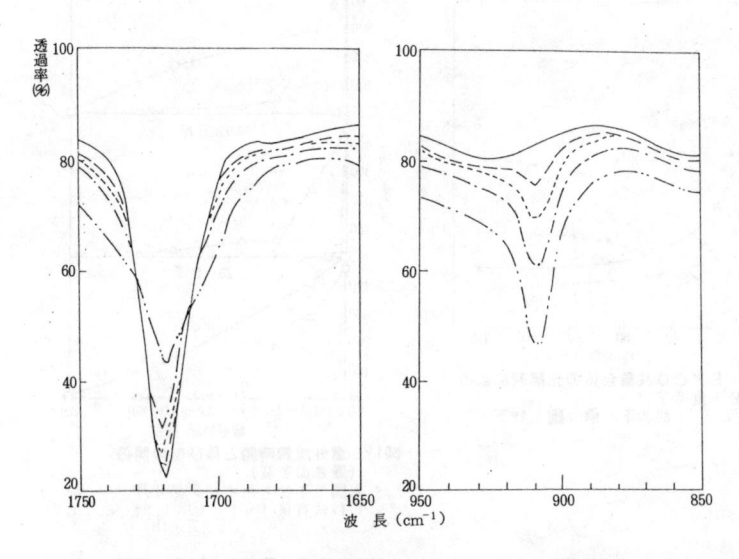

図8 E／CO共重合体の光照射によるIRスペクトル変化[15]
CO含有量（モル％）：1.0　光照射時間（hr）：― 0, --- 6, ⋯ 12, -・- 24, -・・- 48

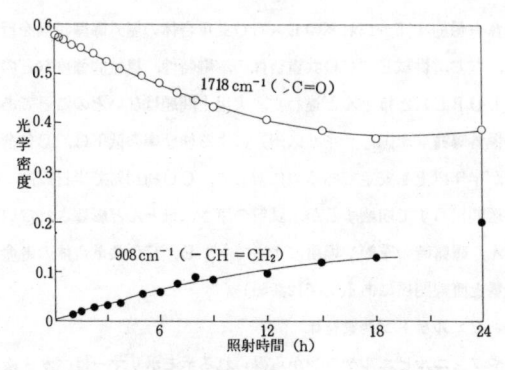

図9 E／CO共重合体の光照射による官能基の変化[15]
CO含有量（モル％）：1.0　厚さ：50μm

る[15]。これは結晶領域と非結晶領域に均一分布している＞C＝O基の光分解反応が非晶領域で優先的に起こり，同時に酸化反応により種々のカルボニル基（カルボン酸，エステル，アルデヒ

第4章 分解性プラスチックスの開発技術

図10 E／CO共重合体の光照射による
　　　分子量低下[14]
　○, □：酸素下, ●, ■：Ar下

図11 屋外曝露時間と伸び率の関係
　　　（厚さの影響）[2]
　米国テキサス州オレンジ6月
　CO含有量（％）：○：0.5； △：1.0；
　　　　　　　　　□：13

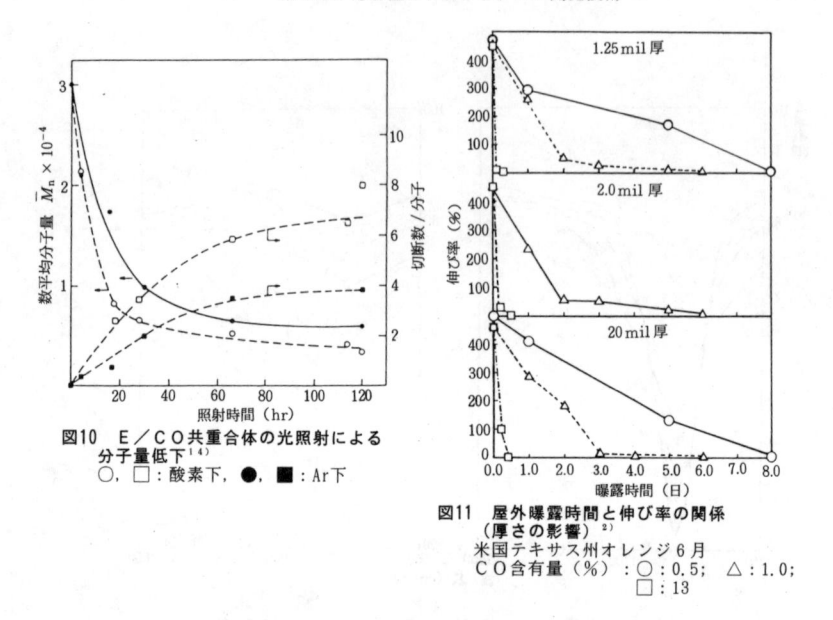

ドなど）が生成されるためである。

分子量変化は図10にみられるように初期段階で急激に低下している[14]。

③屋外曝露試験[7]

Du Pont 社ではCO含有量約 0.5～13wt％のE／CO共重合体の屋外曝露試験を行い，その光分解性を検討している。なお，供試E／CO共重合体の溶融特性，機械的強度などの諸特性は，低密度ポリエチレン（LDPE）とほとんど違わず，実用上問題はないとのことである。

E／CO共重合体の屋外曝露（米国，テキサス州）による伸び率の低下は，CO含有量にきわめて鋭敏で，LDPEが半年以上も安定であるのに対して，CO約13％で半日以内，約 1.0％で 2～3日，0.5％で1週間足らずで崩壊するが，試料の厚さにほとんど影響されないようである（図11参照）。もちろん，曝露時の季節や場所によっても，E／CO共重合体の寿命は違うが，伸び率の低下は積算光量と直線関係にある（図12参照）。

(2) ビニルモノマー・ビニルケトン共重合体

メチルビニルケトンやフェニルビニルケトンから得られるホモポリマーは，γ-炭素上に水素をもつために，主にNorrish II型の分解機構で容易に分解する。したがって，これらのモノマーと種々のビニルモノマーを共重合することによって光分解性のプラスチックが得られる。

$$m\text{VM} + n\text{CH}_2=\text{CH} \longrightarrow -(\text{VM})_m-(\text{CH}_2-\text{CH})_n-$$
$$\qquad\qquad\quad | \qquad\qquad\qquad\qquad\qquad |$$
$$\qquad\qquad\quad \text{C}=\text{O} \qquad\qquad\qquad\qquad\quad \text{C}=\text{O}$$
$$\qquad\qquad\quad | \qquad\qquad\qquad\qquad\qquad |$$
$$\qquad\qquad\quad \text{R} \qquad\qquad\qquad\qquad\qquad\quad \text{R}$$

2 光分解性プラスチック

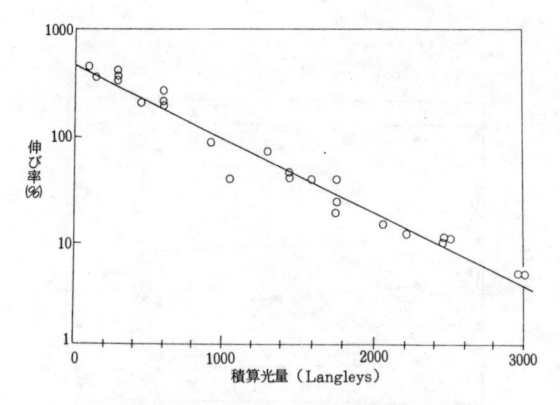

図12 積算太陽光量と伸び率の関係[7]
CO含有量：1.2%　厚さ：1.25mil

表6 エチレンとケトン類の共重合体の光酸化崩壊[16]

ポリマー	ケトン成分 %	脆化時間 紫外線	脆化時間 自然曝露
ポリエチレン	0	168(hr)	6カ月
エチレン—一酸化炭素	1	144	3カ月
エチレン—メチルビニルケトン	0.9	24	2〜8週間
エチレン—メチルイソプロピルケトン	1.6	30	〃

紫外線ランプ：3130Å，自然曝露：トロント市

Guilletは特許の中で表6のような実例を示している[6]。

スチレン・フェニルケトン（ST-PVK）共重合体は，図13にみられるように少量のビニルケトンの導入によって光分解が著しく促進される[17]。また，スチレンとの共重合体では，フェニルビニルケトン系の方が，メチルビニルケトン系より光分解を受けやすい[17]。

α-メチルスチレン—フェニルビニルケトン共重合体はγ-炭素上に水素がないため，光分解速度は著しく遅い。

この他，メタクリル酸メチル—ビニルケトン共重合体についても詳しく研究されている[17]。

なお，ビニルケトン系共重合体はカナダのEcoplastic社で製造されており，図14，図15のようなテクニカルデータが示されている[18]。

(3) 熱可塑性1,2-ポリブタジエン[19]

日本合成ゴムで開発した熱可塑性1,2-ポリブタジエンは，ブタジエンを90%以上1,2結合

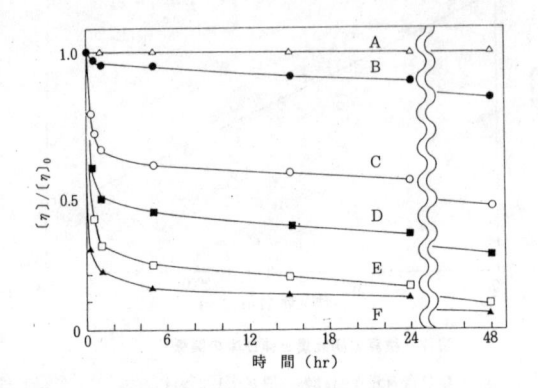

第4章 分解性プラスチックスの開発技術

図13 フェニルビニルケトン−スチレン共重合体フィルムの光分解[17]
フェニルビニルケトン含有量(モル%)
A:0, B:0.5, C:3, D:10, E:30, F:50

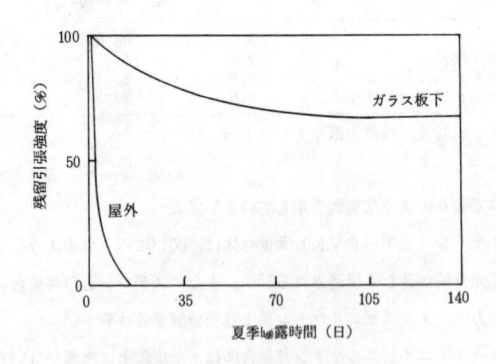

図14 Ecolyte の屋外曝露時の寿命[18]

させたもので,しかも側鎖のビニル基は規則正しくシンジオタクチック構造をもっている。この樹脂はプラスチックとして優れた特長をもつとともに光により容易に崩壊するため,農業用マルチフィルムなどとして利用された(図16 参照)。

なお,この樹脂の光分解機構はスキーム3のように説明されている。

2　光分解性プラスチック

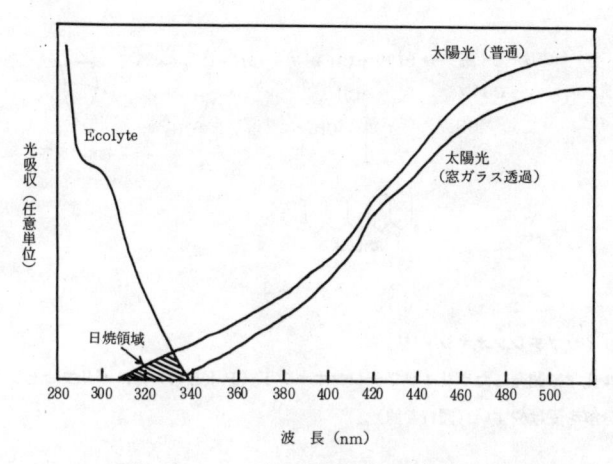

図15　Ecolyte の光吸収領域と太陽光の波長分布[18]

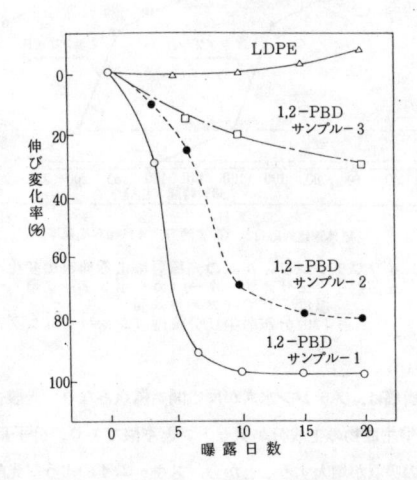

図16　1,2-ポリブタジエンの屋外曝露時の伸びの変化[19]
　　　試　料：50μm
　　　曝露場所：四日市（昭和46年10〜11月）

第4章　分解性プラスチックスの開発技術

$$\{CH_2-CH\}_n \xrightarrow{h\nu} \{CH_2-CH\}_n + \{CH_2-\dot{C}\}_n \longrightarrow \text{橋かけ反応}$$

環化反応

スキーム3

(4) ポリイソブチレンオキシド[20]

ダイセル化学で開発したポリイソブチレンオキシド（PIBO）は，ポリプロピレンよりもはるかに光分解を受けやすい（図17参照）。

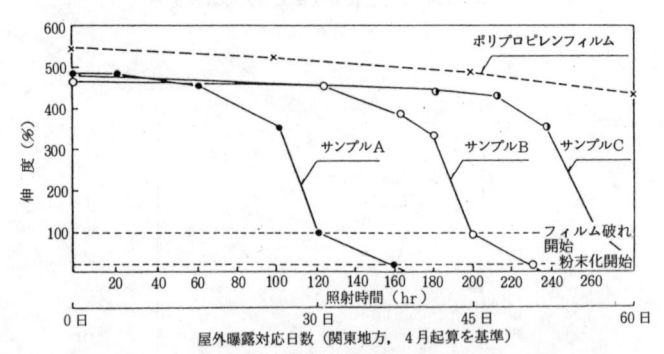

図17　ポリイソブチレンフィルムの光照射による伸びの変化[20]
　　　光照射：ウェザオメーター（カーボンアーク燈）
　　　温度：45℃（フィルム面）
　　　120分照射中15分降雨（シャワーリング）

このPIBOの光崩壊は，メチレン水素が反応開始拠点となり，光酸化分解的に進むと推定されている。また，分解生成物の主成分がアセトンとギ酸であり，分子量の低下とともに 1,725 cm^{-1} のカルボニル基の吸収が増大することから，スキーム4のような光酸化機構が示されている。

なお，このPIBOフィルムは，次のような特性をもっているために，農園芸用に適しているといわれている。

1) 光線透過率が高く，使用中はその低下が少ない。
2) 水蒸気透過率は，通常のPE，PPフィルムなどとほぼ同等のガス（CO_2 および O_2）透過性がある。

2 光分解性プラスチック

$$\sim\underset{\underset{CH_3}{|}}{\overset{\overset{CH_3}{|}}{C}}-CH_2-O-\underset{\underset{CH_3}{|}}{\overset{\overset{CH_3}{|}}{C}}-CH_2O\sim \xrightarrow{h\nu} \sim\underset{\underset{CH_3}{|}}{\overset{\overset{CH_3}{|}}{C}}-CH_2^*-O-\underset{\underset{CH_3}{|}}{\overset{\overset{CH_3}{|}}{C}}-CH_2O\sim \xrightarrow{O_2} \sim\underset{\underset{CH_3}{|}}{\overset{\overset{CH_3}{|}}{C}}-CH-O-\underset{\underset{OOH}{|}}{\overset{\overset{CH_3}{|}}{C}}-CH_2O\sim$$

$$\xrightarrow{h\nu} \sim\underset{\underset{O\cdot}{|}}{\overset{\overset{CH_3}{|}}{C}}-CH-O-\underset{\underset{CH_3}{|}}{\overset{\overset{CH_3}{|}}{C}}-CH_2O\sim + \cdot OH \longrightarrow \sim\underset{\underset{CH_3}{|}}{\overset{\overset{CH_3}{|}}{C}}-CH=O + \cdot\underset{\underset{CH_3}{|}}{\overset{\overset{CH_3}{|}}{C}}-CH_2O\sim$$

$$\cdot O-\underset{\underset{CH_3}{|}}{\overset{\overset{CH_3}{|}}{C}}-CH_2O\sim \longrightarrow O=\underset{\underset{CH_3}{|}}{\overset{\overset{CH_3}{|}}{C}} + \cdot CH_2O\sim \longrightarrow HCHO + \cdot\underset{\underset{CH_3}{|}}{\overset{\overset{CH_3}{|}}{C}}-CH_2O\sim$$

$$\downarrow O_2$$

$$HCOOH$$

ポリイソブチレンオキシドの光分解スキーム

3) PE, PPフィルムなどとほぼ同等のガス(CO_2 および O_2 透過性がある)。

以上の他に,塩化ビニル――酸化炭素共重合体についても,その光崩壊性が研究された[21]。

2.4.3 感光性試薬添加型

光増感剤や金属化合物などをプラスチック中に添加すると,エネルギー移動,ラジカル発生,接触作用などが起こりプラスチックの光劣化が促進されることがよく知られている。そこで,このような添加剤を添加した光分解性プラスチックの研究が盛んに試みられ,これに関連する特許が沢山提出された[22]。

(1) 光増感剤添加型

ベンゾフェノン,アセトフェノン,アンソラキノンのような芳香族ケトンは,高分子の光分解に対して効果的な増加剤である。

これは次のように光励起したベンゾフェノン類が,ポリマーから水素を引抜き光酸化を開始するためである。

$$\underset{}{Ph_2C=O} \xrightarrow{h\nu} Ph_2C=O^*$$
(励起三重項状態)

$$Ph_2C=O^* + PH \longrightarrow P\cdot + Ph_2\overset{}{C}-OH$$
$$\downarrow O_2$$
$$POO\cdot$$
(酸化反応)

なお,次のように生成した一重項酸素による酸化反応も考えられる。

第4章 分解性プラスチックスの開発技術

$$BP^* + {}^3O_2 \longrightarrow BP + {}^1O_2$$
$$PH + {}^1O_2 \longrightarrow POOH$$

(2) 金属化合物添加系

金属のプラスチックに対する影響はきわめて大きく,その効果はポリマーの基質や劣化環境によって著しく異なり,劣化を促進あるいは抑制したりする(詳細は文献を参照されたい)[1],[23]。

金属化合物(錯体)は次のように光反応し,ラジカルを生成するため,ポリオレフィンの光分解を促進する[24]。

$$Fe(III)Cl_3 \xrightarrow{h\nu} Fe(II)Cl_2 + Cl\cdot$$

$$Fe(III)(OCR)_3 \xrightarrow{h\nu} Fe(II)(OCR)_2 + \cdot OCR$$
$$\|\phantom{\xrightarrow{h\nu}}\|\|$$
$$O\phantom{\xrightarrow{h\nu}}OO$$

$$Fe(III)(SCNR_2)_3 \xrightarrow{h\nu} Fe(II)(S-CNR_2)_2 + \cdot SCNR_2$$

また,サリチルアルデヒド金属錯体もポリエチレンの光劣化を促進することが認められている(表7,特許実施例参照)[25]。

表7 光酸化促進剤添加(0.05%)ポリエチレンの光酸化速度[25]

金 属 錯 体	所定カルボニル指数まで酸化するのに要する時間(hr)		
	10	20	30
サルチルアルデヒド Co (II)	420	>450	>450
Cu (II)	155	420	>450
Mn (II)	130	200	235
Co (III)	98	163	205
Fe (III)	95	150	185

カルボニル指数 $\alpha_{1710}/\alpha_{1890}$　　UV装置:黒燈/太陽燈

この他,プラスチックの光劣化を促進する金属化合物は沢山ある。また,TiやZr錯体と置換ベンゾフェノンを併用すると光劣化を著しく促進することが報告されている。

(3) ハロゲン化物添加型

ハロゲン化物は光によって容易にラジカルを生成する。ヘキサブロム(またはクロロ)アセトンの溶液をポリ塩化ビニル廃棄物に散布するだけで,光分解は急速に起こる[26]。

ハロゲン化物の中でも,窒素ラジカルを生成するものは,プラスチックの光分解に著しい効果がある[27]。表8はこのようなハロゲン化物のポリスチレンの光分解に対する効果を示したものであるが,ポリオレフィンでも同様な効果がある。ハロゲン原子の多いものほど,その効果は大

表8 ポリスチレンの光分解におけるハロゲン化物の添加効果[27]

添加剤	添加剤(%)	UVランプ(66hr)		太陽光(1カ月)	
		AER*	AER/添加剤(%)	AER	AER/添加剤(%)
(N-ブロモスクシンイミド)	1	5.42	5.42	7.74	7.74
(CH₃基置換体)	1	8.26	8.26	7.52	7.52
BrCH₂CH=CHCH₂Br	5	3.82	0.764	10.2	2.04
(テトラクロロシクロペンタジエン)	5	5.37	1.07	23.5	4.70
C₆H₅CH₂Br	2	4.05	2.03	12.7	6.35
(o-ジブロモメチルベンゼン)	2	3.71	1.86	18.3	9.15

* AER：Additive Effective Ratio (添加剤効率)
　AERは，添加剤なしのときのカルボニル基生成量（IRスペクトル）に対する添加剤を加えた時の生成量の比。

きく，ハロゲン原子の中でも，I＞Br＞Clの順である。

2.5 光分解性高分子の現状[28]〜[32]

　近年，廃棄プラスチックによる環境汚染問題に対する関心はますます高まっており，その早期解決策が緊急の課題となっている。ことに欧米では政府・地方自治体において，非生分解性プラスチックの使用規制，課税等が行われ始めている。
　例えば，米国ではショッピングバッグや清涼飲料用の容器などに分解性高分子の使用を義務づけ，ポリスチレンやポリ塩化ビニルなどの使用を禁止する州が増えている。
　イタリアでは，すでに非生分解性のショッピングバックに課税（1枚につき 100リラ：約10円）したり，ポリ塩化ビニル製のショッピングバックの使用を禁止するなどの法的規制が実施されている。
　その他の欧州諸国（西ドイツ，デンマーク，スイス，オーストラリア）でも同様な規制が検討されている。わが国では特に法的規制は現段階ではないが，一部の大手スーパーでショッピング

バックに分解性プラスチックを使い始めた。

このように非分解性プラスチックに対する規制が強まる中で，民間企業および大学等の研究機関における「分解性高分子」の開発研究も進み，一部は商品化されているものもある。表9に主な光分解性および生分解性高分子を示す[32]。

表9 分解性高分子の現状[32]

	技　　術	企業および研究者
光分解性	エチレン／一酸化炭素共重合体 ビニルケトン共重合体（Ecolyte） 光活性グラフト基導入ポリマー（Ecolyte Ⅱ） 芳香族ケトン添加 金属錯体増感剤添加（Fe） Ti／Zr錯体・置換ベンゾフェノン添加 金属錯体添加（安定－増感；Ni－Fe） 光増感剤添加（Polygrade） 金属・抗酸化剤添加→金属イオン遊離 （Plastigone）	Dow Chemical, Du Pont, Union Carbide, Bayer各社 Guillet, Ecoplastic 社 Guillet, Ecoplastic 社 Bio-Degradable Plastic社 G. Scott Princeton Polymer Lab.社 Ampact社 Ideamasters 社
生分解性	PE・デンプン（Polyclean） PE・シランデンプン（Ecostar） PE・デンプン・不飽和の脂肪酸またはエステル PE・エステル／エステル化デンプン エチレン／アクリル酸共重合体・デンプン エチレン／アクリル酸共重合体・ゼラチン化デンプン その他デンプン添加系 ポリカプロラクトン（PCL）：Tone R ポリ酪酸 BIOPOL PHBV*（バテリアエステル） 多糖類	Archer Daniels Midland社 St-Lawlence Starch社 Coloroll社（Griffin） Coloroll社（Griffin） 米国農務省 米国農務省 Iowa州立大，スイスBattelle研究所 Union Carbide 社 Purdue大 ICI社，東工大（土肥），MIT 四国工試（西山ら），米国陸軍省 Natich研究所

＊：ポリ（3－ヒドロキシブチレート－co－3－ヒドロキシバリレート）共重合体

2.6 光分解性高分子の課題

光分解性高分子を考える際に，まず次の点を留意しておく必要があろう。

(a) 光分解性（photodegradability）と生分解性（biodegradability）は，同じように理解されがちであるが，決して同意語ではない。

(b) 光分解によって生じた物質の流れと化学変化を把握し，その生態系に及ぼす影響を予測する必要がある。

(c) 生分解性はどのような期間で考えるべきか。

このような観点から，前述した光分解性高分子の問題を考えてみようと思う。

(1) 光分解で何が起こるか

光分解性高分子が自然環境下で太陽光に曝されると，分子量が低下し，その結果プラスチック製品は脆くなり崩壊する。そして，野山に散乱する廃棄プラスチックは，われわれの視界から消

2 光分解性プラスチック

え失せ，自然の美観は確かに損なわれなくなるであろう。

しかし，分子レベルでこの光分解を考えた場合どうだろうか。今，ポリエチレンフィルムの熱酸化の例をみると[31]，表10に示したように，1分子当り1個の切断で伸びは完全に失われ，脆くなることが分かる。このように主鎖分子の切断が少なく，化学変化のあまり進んでいない段階において，製品の形状は崩れその特性が失われることになる。

表10 HDPEの特性と酸素吸収（100℃）関係[31]

残留伸度 (％)	分子量 $\bar{M}_n$	$\bar{M}_w$	平均切断数/分子*	吸光度 C=O	ROOH	O_2 吸収 m mole O_2 / m mole HDPE
100	8,270	151,000	0	0	0	0
93	6,460	137,000	0.28	0.01	0.0001	0.04
50	4,900	23,000	0.63	0.24	0.0049	1.0
0	4,100	14,000	1.1	0.48	0.0100	2.1

＊：$\bar{M}_n$ より計算

(2) 光分解物に生分解性があるか

まず，生分解機構について簡単に述べる。

生分解性の脂肪酸は，次のスキームのように酵素がβ-位の炭素原子を酸化し，2個の炭素セグメントがacetyl coenzyme A として除かれ，このような反応が繰り返されて，生分解が完了する。そして，生じたacetyl coenzyme A はクエン酸サイクルに入り，微生物のエネルギー源になる。

$$R-CH_2-CH_2-CH_2-\overset{O}{\overset{\|}{C}}-OH$$
（脂肪酸）

$$R-CH_2-\overset{O}{\overset{\|}{C}}-CH_2-\overset{O}{\overset{\|}{C}}-S-CoA$$
（ケトアセチル coenzyme A）

$$RCH_3-\overset{O}{\overset{\|}{C}}-S-CoA + CH_3-\overset{O}{\overset{\|}{C}}-S-CoA$$
アシル coenzyme A　　アセチル coenzyme A

脂肪の生分解スキーム

この生分解は適度な湿度，温度，および酸素の条件下では迅速に進む。例えば，生分解性プラスチックは1～3年で生分解する。ところが，市販の合成高分子では，生分解性があるのはポリウレタン（ポリエステル系），ポリカプロラクトンなどで，ごく限られている。

一般に非生分解性の直鎖状の高分子でも，分子量が約500まで下ると生分解されるようになるといわれている。しかし，分岐構造は微生物の攻撃を著しく阻害するため，分岐構造をもつ，ポリプロピレンやポリスチレンはたとえ低分子量化しても，生分解性は乏しいようである。

第4章 分解性プラスチックスの開発技術

それではこのように生分解し難い高分子が,光(熱)分解後に生分解性を示すだろうか?
表11は,分解後のポリプロピレン(PP),低密度ポリエチレン(LDPE),およびスチレン・ビニルケトン共重合体(Ecolyte)の下水汚泥と土壌中での生分解試験結果の一例である[31]。PPとLDPEはわずかに生分解性があるが,Ecolyte は全く生分解性を受けないようである。

さらに,AlbertssonとCarlssonの10年間の研究によると,あらかじめ光分解(42日)したPEは,未分解PEより多くのCO_2を生成する(表12参照)[33]。

表11 光・熱分解高分子の土壌および下水汚泥中の生分解性[31]

高 分 子	分解方法	分子量	生 分 解 性	
			下水汚泥 (150h)	土 壌 (70h)
PP	UV	2,200	1 %	4.2%
LPE	熱酸化	2,300	2 %	9 %
Ecolyte PS	UV	15,000	無	無

表12 ^{14}Cで標式した低密度LDPEの土壌中での生分解[33]

試 料	光分解(日)	10年間で発生した $^{14}CO_2$ (%)
LDPE	0	0.2
LDPE+UV増感剤	0	1.0
LDPE	42	5.7
LDPE+UV増感剤	42	8.4

これらの研究結果は,光分解物が生分解し生態系に完全に還元されるには50年以上要することを示している。

(3) 今後の課題

光分解性高分子は,社会的に緊急を要する分野では既に一部実用化され始めている。しかし,光分解後の挙動や自然環境に及ぼす影響についての情報は必ずしも十分ではないようである[31],[35]。したがって,これらの点について検証しておく必要があろう。そして,地球環境保護という大極的見地から,廃棄プラスチック問題の解決に英智を傾ける必要があるように思われる。

また,廃棄プラスチックの処理技術として確立している,①再生利用,②熱分解によるリサイクルシステムなどの技術を活用すると共に,我々一人ひとりが大量消費という生活様式を反省すべき時に来ているように思われる。

注:Guillet は,Ecolyte は約5%の炭素が植物によって取り込まれると報告を行っている[34]。

文　献

1) 大澤善次郎,「高分子の光劣化と安定化」, シーエムシー (1986) ;「高分子材料の劣化と安定化」, シーエムシー (1990)
2) D. J. Carlsson, D. M. Wiles, *J. Macromol. Sci. Rev. Chem.*, **C14** (1), 65(1976)
3) G. C. Furneaux, K. J. Ladbury, A. Davis, *Polym. Degrad. and Stab.*, **3**, 431(1980-81)
4) A. C. Somersall, E. Dan, J. E. Guillet, *Macromolecules*, **7**, 233(1974)
5) G. H. Hartley, J. E. Guillet, *Macromolecules*, **1**, 165(1968)
6) E. Dan, J. E. Guillet, *Macromolecules*, **7**, 230(1974)
7) R. J. Statz, M. C. Dorris, Proceedings of Symp. on Degradable Plastics, Soc. Plastics Ind. Inc., Washington D. C., p. 51, June 10 (1987)
8) Eastman Kodak 社, 日特公, 昭和42-18812
9) M. Heskins, J. E. Guillet, *Macromolecules*, **3**, 224(1970)
10) V. Amerik, J. E. Guillet, *Macromolecules*, **4**, 375(1971)
11) F. J. Golemba, J. E. Guillet, *Macromolecules*, **5**, 212(1972)
12) P. I. Plooard, J. E. Guillet, *Macromolecules*, **5**, 405(1972)
13) A. C. Somersall, J. E. Guillet, *Macromolecules*, **5**, 415(1972)
14) R. Gooden, M. Y. Hellman, R. S. Hutton, F. H. Winslow, *Macromolecules*, **17**(12), 2830 (1984)
15) 斉藤利春, 群馬大学工学部修士論文 (平成元年)
16) J. E. Guillet, 特開昭47-1396
17) 加藤政夫ら, 第5回繊高研研究成果報告書, 9月, 東京 (1971)
    (加藤, 岡, 化学と工業, **25**, 110(1972))
18) Ecoplastic社 (カナダ), カタログ
19) 竹内安正, *Plastics Age*, May, 81 (1972)
20) 山岸和夫ら, *Chemistry Letters*, **1973**, 629
21) 河合和三郎, ref. 17
22) 飯田栄一, 山崎正宏, 塩ビとポリマー, **14** (6), 14 (1974)
23) 大澤善次郎, 色材, **59** (5), 278 (1986)
24) G. Scott, 高分子, **23**, 323 (1974)
25) G. Scott, 特開昭47-3338
26) 鍵谷 勤, 高分子, **21**, 508 (1972)
27) B. Freedman, *J. Appl. Polym. Sci.*, **20**, 463, 911, 921 (1976)
28) D. E. Hudgin, T. Zawadashiu, "Ultraviolet Light-Induced Reactions in Polymers", (S. S. Labana. ed.), ACS Symposium Series, Vol. 25, p. 290 (1976)
29) 松本満男, プラスチックの使用規制・廃棄物規制への対応, 流通システム研究センター講演要旨, p. 1, 11月(1989)
30) バイオインダストリー協会, 生分解性プラスチック海外動向調査報告書, 6月 (1989)
31) P. P. Klemchuk, *Modern Plastics*, Aug. (1989)
32) R. Leaversuch, *Modern Plastics*, Oct., 94 (1987)

第4章 分解性プラスチックスの開発技術

33) A.C.Albertsson, S.Carlsson, *J. Appl. Polym. Sci.*, **35**, 1289 (1988)
34) J.E.Guillet, N.Heskins, L.R.Spencer, Div. of Polymeric Materials Sci. and Eng., ACS. Preprints, June, p.80 (1988)
35) 志村幸雄, 松宮弘幸, 高分子, **24** (6), 372 (1975)

第5章 分解性の評価技術

1 生分解性の評価

酒井清文*

1.1 はじめに

　合成高分子と微生物との関係は良すぎても困るし，また悪すぎても困る。合成高分子は，我々の生活環境を良くするために開発されたものであり，使用時には微生物の被害を受けることなく安定に存在しなければならない。そのため，JIS，MIL，ASTMなどでは工業製品に対するかび抵抗性試験を設けている。一方，これらの化合物を廃棄した時には，環境汚染防止の観点から適切な処理または自然界の浄化作用によって分解される必要がある。

　合成高分子に対する微生物の影響を調べた研究はたくさんある。初期のもの[1,2]は微生物被害，特にかびの被害に関するもので合成高分子化合物の劣化防止を目的として行われた。かびは合成高分子自身を栄養源として生育しているのではなく，そこに含まれている可塑剤などの添加物を栄養源として生育していたのである。多くの合成高分子は天然に存在しない構造をしておりさらに水に溶けないため，一般的には微生物の作用を受けにくいと考えられる。しかしその後，合成高分子の種類や生産量が増加するにつれて環境汚染という新たな問題が生じ，1960年頃から合成高分子自身を微生物で積極的に分解しようという研究が行われ始めた[3〜6]。その後，別の章で述べられているように，いくつかの合成高分子については微生物による分解が酵素レベルで研究されている。

　現在のところ，生分解性プラスチックの定義そのものについて世界的な統一見解がだされておらず，またその試験評価方法に関してもまだ確立されていない。これらの点について，アメリカのASTM（米国材料試験協会）や日本の生分解性プラスチック研究会などで検討中である。本節では，既存の微生物試験法について述べ，それらを基に筆者の考えも交じえて今後の生分解性プラスチックの試験評価方法について解説する。

1.2 既存の試験法

　現在行われている工業製品に対する微生物試験法としてかび抵抗性試験がある。日本ではJIS Z 2911，アメリカではASTM G21-70やMIL-STD-810B（ま

＊ Kiyofumi Sakai　大阪市立工業研究所　生物化学課

第5章 分解性の評価技術

たはD) METHOD 508などが試験法として定められている。これらは合成高分子を含む各種工業製品のかびに対する抵抗性を調べるための試験である。また，難分解性でしかも人の健康を損なうおそれがある化学物質に対し，環境汚染を防止することを目的として，「化学物質の審査及び製造等の規制に関する法律」が1974年に施行され，それに従って各種化学物質について微生物分解性試験（通称MITI法）が行われている。それぞれ試験の目的や方法は異なるが，これからの生分解性プラスチックの試験評価法の参考になると思われる。ここではこれらの試験法について説明する。

1.2.1 かび抵抗性試験

(1) JIS Z 2911

この規格は，特にかび抵抗性を必要とする工業製品または工業材料のかびに対する抵抗性の試験方法について規定されている。1957年に制定されて改訂を何度か行った後，現在では1981年の改訂を用いて試験が行われている。試験の対象となる試料は広範囲に及び，その種類を表1に列

表1 JIS Z 2911の適用範囲

一般工業製品	電気機器	……ラジオ，通信機器，電動機 など
	計測機器	……圧力計，測量機器，ら針盤 など
	光学機器	……顕微鏡，双眼鏡，写真機 など
	木竹製品	……計算尺，包装材料，すだれ など
	合成樹脂製品	……成型品，シート，管 など
繊維製品		……織物，メリヤス，糸，綱
かびよけ用透明塗料		
航空機用電線		
皮革および皮革製品		……薄物革，厚物革，くつ，カバン

表2 JIS Z 2911で用いるかび

群		菌　名	FERM
第1群	1.	*Aspergillus niger*	S-1
	2.	*Aspergillus niger*	S-2
	3.	*Aspergillus terreus*	S-3
	4.	*Eurotium tonophilum*	S-4
第2群	1.	*Penicillium citrinum*	S-5
	2.	*Penicillium funiculosum*	S-6
第3群	1.	*Rhizopus stolonifer*	S-7
第4群	1.	*Cladosporium cladosporioides*	S-8
	2.	*Aureobasidium pullulans*	S-9
	3.	*Gliocladium virens*	S-10
第5群	1.	*Chaetomium globosum*	S-11
	2.	*Fusarium proliferatum*	S-12
	3.	*Myrothecium verrucaria*	S-13

FERM：工業技術院微生物工業技術研究所

1 生分解性の評価

記した。この試験で用いられるかびの種類は多く、その性質により5群に分けられている（表2）。実際の試験には試料の種類により各群より規格に定められたかびを選択して用いる。例えば工業製品の場合は5項（一般工業製品の試験）で試験方法等が決められており、それに従って試験を行う（表3）。

一般的な試験法は以下の通りである。滅菌シャーレに適切な大きさの試料を入れ、あらかじめ調製しておいた各種かびの胞子懸濁混液を一定量噴霧し、蓋をした後、温度28±2℃、湿度95〜99％に保った場所で所定の期間培養する。ただし、このような試験法では明瞭な結果が出にくい場合が多い。シャーレにあらかじめ培地（無機塩寒天培地または栄養寒天培地）を調製しておき、それに接着するように試料を置いて試験するほうが明瞭な結果が得られる。

試験が終わった後の評価は表4に従って行う。肉眼の観察だけで結果が明らかな場合もあるが、肉眼での判断が困難なときはルーペや実体顕微鏡で観察する必要がある。

表3　一般工業製品の試験かびおよび期間

試料の種類	かびの種類	FERM	培養試験の期間
電気製品 計測機器 光学機器 合成樹脂製品	Aspergillus niger Penicillium citrinum Rhizopus stolonifer Cladosporium cladosporioides Chaetomium globosum	S−1 S−5 S−7 S−8 S−11	4週間
木竹製品	同　　　上		4週間
ガラス製部品	Aspergillus niger Eurotium tonophilum Penicillium citrinum Rhizopus stolonifer Cladosporium cladosporioides Chaetomium globosum	S−1 S−4 S−5 S−7 S−8 S−11	4週間

表4　JIS Z 2911の評価

菌糸の発育	かび抵抗性の表示
試料または試験片の接種した部分に菌糸の発育が認められない。	3
試料または試験片の接種した部分に認められる菌糸の発育部分の面積は、全面積の1／3を超えない。	2
試料または試験片の接種した部分に認められる菌糸の発育部分の面積は、全面積の1／3を超える。	1

第5章 分解性の評価技術

(2) ASTM G21-70

この試験法は合成高分子化合物に対するかびの影響を調べるために定められたものである。使用するかびの種類を表5に列記した。試験方法はJISの場合とほとんど同じであるが、シャーレに無機塩寒天培地を作製しその上に試料を置く。温度29±1℃, 湿度85%以上で21日間培養する。試験後の評価は表6に示したように5段階である。

表5 ASTM G21-70で用いるかび

かび	ATCC
Aspergillus niger	9642
Penicillium funiculosum	9644
Chaetomium globosum	6205
Gliocladium virens	9645
Aureobasidium pullulans	9348

ATCC：American Type Culture Collection

表6 ASTM G21-70の評価

かびの生育	表示
生育が認められない	0
わずかに生育（10%以下）	1
少し生育（10〜30%）	2
中程度の生育（30〜60%）	3
非常に良く生育（60〜100%）	4

かびの生育の度合は試料の表面上での割合

(3) MIL-STD-810B

この試験法は工業製品, 特に電子機器に適用される。使用するかびの種類を表7に列記した。試験方法はJISの場合とほとんど同じである。温度29℃, 湿度95%で28日間培養する。その評価はかびの生育が認められるか認められないかで判断する。810Dでは5段階評価を用いており, その内容はASTMの評価とほとんど同じである。

表7 MIL-STD-810Bで用いるかび

かび	ATCC
Aspergillus niger	9642
Aspergillus flavus	9643
Aspergillus versicolor	11730
Penicillium funiculosum	9644
Chaetomium globosum	6205

ATCC：American Type Culture Collection.

1.2.2 MITI法

MITI法とは, 「化学物質の審査及び製造等の規制に関する法律」（昭和49年施行）に基づいて規格化された各種化学物質の生分解性試験である。以下に試験方法を述べる。

(1) 適用範囲

微生物等による化学物質の分解度試験の標準となるべき方法について規定する。

(2) 活性汚泥の調製

汚泥採集場所：全国的な地域分布を考慮の上, 多種類の化学物質が消費, 廃棄されるとみられる場所を中心に, 原則として全国10カ所以上とする。

汚泥採集回数：年間4回, 原則として3月, 6月, 9月, 12月とする。

1 生分解性の評価

汚泥採集方法：i）都市下水（下水処理場の返送汚泥1ℓ）。ii）河川，湖沼または海（表層水1ℓおよび大気と接触している波打際の表土1ℓ）。

調製：各所から集めた汚泥を1つの容器内で混合撹拌して静置したのち浮かんだ異物を除去し，上澄液をNo.2濾紙を用いて濾過する。濾液のpHを水酸化ナトリウムまたはリン酸で7.0±1.0に調製し，培養槽に移してばっ気する。

培養：上記の調製によって得られた液のばっ気を約30分間止めた後，全量の約1／3量の上澄液を除去し，これと等量の0.1％合成下水* を加えて再びばっ気する。この操作を毎日1回繰り返す。培養温度は，25±2℃とする。

* 0.1％合成下水：グルコース，ペプトン，リン酸1カリウム各々1gを水1ℓに溶解し，水酸化ナトリウムでpH 7.0±1.0に調整したもの。

管理：培養段階での管理は，次の項目を点検し，所要の調整を行う。

  i）上澄液の外観：活性汚泥の上澄液は透明であること。
  ii）活性汚泥の沈澱性：フロックが大きく，沈澱性がすぐれていること。
  iii）活性汚泥の生成状態：フロックの増加が認められない場合には0.1％合成下水の添加量または添加回数を増やすこと。
  iv）pH：上澄液のpHは7.0±1.0であること。
  v）温度：活性汚泥の培養温度は25±2℃であること。
  vi）通気量：上澄液と合成下水を交換する時点において，培養槽内の液中溶存酸素濃度が少なくとも5ppm以上となるように十分通気すること。
  vii）活性汚泥の生物相：活性汚泥を顕微鏡（100～400倍）で観察したとき，雲状のフロックとともに種々の原生動物が多数見られること。

・新旧活性汚泥の混合：新旧活性汚泥の均一性を保つため，現に試験に供している活性汚泥の上澄液の濾液と新たに採集してきた汚泥の上澄液の濾液との等量を混合し，培養する。

・活性汚泥の活性度の点検：標準物質を用いて少なくとも3カ月に1回定期的に活性度を点検する。試験法は(3)に準ずる。特に，新旧活性汚泥を混合したときは，旧活性汚泥との関連性に留意する。

(3) 試験方法

分解度試験装置：閉鎖系酸素消費量測定装置。

基礎培養基：JIS K 0102（工場排水試験方法）の21で定められたA液，B液，C液およびD液それぞれ3mlに水を加え1ℓとする。

供試物質の添加および試験の準備：次の試験容器を準備し，これらを試験温度に調整する。なお，供試物質が水に試験濃度まで溶解しない場合は，可能な限り微粉砕したものを用いる。

  i）基礎培養基に供試物質が100ppm（W/V）となるように添加したものを入れた試験容器。

第5章 分解性の評価技術

　　ⅱ）基礎培養基のみを入れた対照空試験用の試験容器。
　　ⅲ）水に供試物質が100ppm（W/V）となるように添加したものを入れた試験容器。
　　ⅳ）基礎培養基にアニリンが，100ppm（W/V）となるように添加したものを入れた試験容器。

　活性汚泥の接種：上記のⅰ），ⅱ）およびⅳ）の試験容器にＪＩＳ　Ｋ　０１０２の14（2，3）で定められた懸濁物質濃度が 30ppm（W/V）になるように活性汚泥を接種する。
　分解度試験の実施：25±1℃で十分かき混ぜながら一定期間* 培養し，酸素消費量の変化を経時的に測定する。
　　* 原則として14日間とする。
　試験結果の算出方法：
　　ⅰ）試験条件の確認：酸素消費量から求めたアニリンの分解度が7日後に40％を越えない場合は，この試験は無効とする。
　　ⅱ）酸素消費量から分解度（％）を算出する方法。

$$分解度（％）＝\frac{BOD-B}{TOD}×100$$

　　BOD：供試物質の生物学的酸素要求量（測定値）（mg）
　　B：基礎培養基に活性汚泥を接種したものの酸素消費量（測定値）（mg）
　　TOD：供試物質が完全に酸化された場合に必要とされる理論的酸素要求量（計算値）(mg)
　　ⅲ）直接定量* から分解度（％）を算出する方法

$$分解度（％）＝\frac{S_B-S_A}{S_B}×100$$

　　S_A：分解度試験終了後の供試物質の残留量（測定値）（mg）
　　S_B：水に供試物質のみを添加した空試験における供試物質の残留量（測定値）（mg）
　　　* 直接定量による化学分析法
　1. 全有機炭素分析計を用いる場合
　　試験容器から反応液を10ml採取し，これを 3,000ｇで5分間遠心分離し，その上澄液から適当量を採取して全有機炭素分析計により残留する全有機炭素を定量する。
　2. その他の分析計を用いる場合
　　試験容器内のすべての内容物を供試化学物質に適した溶剤により抽出，濃縮等適切な前処理を行った後，分析機器等による定量分析を行う。この場合，ＪＩＳに規定された分析法通則（ガスクロマトグラフ分析法，吸光光度分析法，質量分析法，原子吸光分析法等）に従い分析を行う。

1 生分解性の評価

1.3 今後の試験評価法

既存の試験法として，かび抵抗性試験とMITI法を紹介したがそれぞれ一長一短がある。かび抵抗性試験のほうは，目的はかびの被害防止のために制定されているが，反対に考えれば分解性の評価につながる。しかし，この試験法はあくまでかびのみを用いた試験法であって一般的な自然界での生分解性を反映しにくい。ただ試料の形態として固形状態（成形加工品として）で試験ができるという利点がある。また，MITI法は自然界での浄化作用に関与している活性汚泥を用いているという点では，かび抵抗性試験とは違い確かに自然界での生分解性を反映しているといえる。ただこの試験法においても，あくまで水溶性の化合物が対象であって，水に溶けない物質については試験期間も長くかかるであろうし微妙な生分解の度合を判定しにくいと思われる。これらのことを考慮にいれながら，筆者の考えを交じえて試案した試験評価法について説明する。

1.3.1 生分解を担う土壌，微生物，酵素とは

生分解とは何か。我々が今問題としている生分解とは自然界の営みの中でどのレベルに位置するのか。生分解試験を考えるためには，これらの事を充分理解しておく必要がある。ここで問題視されている生分解とは，動物や植物によるものではなく主に微生物によるものと考えられる。

はたして微生物とは何か。自然界における微生物の分類学上の位置を図1に示す。微生物とは単細胞か菌糸形で組織分化をしていないもの，あるいは多細胞であってもごく初歩的な組織分化しか示していない原生生物のことである。このような単純な生物であるが故に自然界の種々の環境下で生育することができ，形態的にも生理的にも多種多様であり自然界のほとんどあらゆる物質を基質として生育することができる。図2に微生物による分解作用を簡単に示した。異化作用により基質は微生物が利用できる物質にまで変化させられ，同化作用によってその分解産物は菌体成分へと代謝されて行く。

土壌はそれらの微生物が生存している住処のひとつであり（土壌に限らず空気中，淡水，海水にも生息する），そこには多種多様の微生物が生息している。その数は種々の因子（温度，水分，

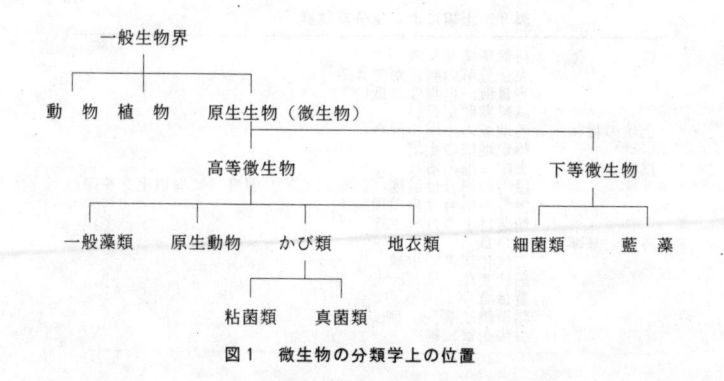

図1 微生物の分類学上の位置

第5章 分解性の評価技術

```
                        ┌────── 代謝産物
基質(栄養分) ────  分解産物 ──── 菌体成分
  異化作用              同化作用
```

図2 微生物による分解作用

酸素,栄養など)によって異なるが,土壌1g中に10^6〜10^7程度である。

　酵素とは生物によって生産される生体触媒であり,生物の営むほとんど全ての反応に関与し,生命の維持に役だっている。微生物の細胞には数千種類の酵素が存在し,生育環境の変化に関わらず定常的に生産されるものと,生育環境の変化に応じて生産性が変化するものとがある。前者は生命維持に必須のものであり,後者は環境に適応するために必要となるものである。後者の例として栄養源の変化が挙げられるが,栄養源として一般的でない芳香族化合物(ベンゼン,トルエンなど)や塩素化合物(PCB,農薬類など)さらには合成高分子化合物に作用するような酵素が種々の微生物で生産されている。

　酵素は生分解を行う直接の触媒であり,微生物は酵素を生産する工場である。そして土壌はその工場の敷地である。よって,土壌,微生物,酵素の順にしたがって,生分解の本質に迫っていくわけである。しかし逆に,本質に迫れば迫るほど付随する因子が除かれ,自然の状態からは遠くなる。

1.3.2　土壌による生分解試験

　土壌を用いて生分解の試験を行う場合の一番の特徴は,自然環境に近い条件で試料が処理されることである。この試験において分解が認められる試料は,自然界でも間違いなく分解されると考えられる。ただ,自然の状態に近いが故にその条件設定が困難である。この土壌による試験とMITI法はどちらも自然環境に近い条件で試験が行われるという点で似ており,これらの試験を,生分解性プラスチックの生分解性を調べるための1次スクリーニングとして用いるのがよい

表8　土壌による生分解試験

特　　徴	自然環境を反映 完全分解の判定ができる 定量性,再現性が低い 試験期間が長い
土壌の種類	各地域の土壌の混合 特定地域の土壌
試験　条件	土中に埋める 屋内の場合は温度(25〜30℃),湿度(95%以上)を保つ 屋外の場合は自然環境下 期間は1カ月〜1年
評価　基準	BOD 二酸化炭素の生成 形状変化 重量減少 顕微鏡観察 引張衝撃試験

1　生分解性の評価

と思われる。土壌を用いた生分解試験の特徴を表8に示す。

(1) 試験条件

　まず第1に、どこの土壌を使用するのかが問題になる。微生物は田、畑、野原、山等、場所によって菌層が異なり、また季節によっても菌層が変化する。土壌の使用を一般化させるには、このような自然環境の変化を理解した上で、試験結果に再現性をもたせる工夫が必要である。そのためには標準となる土壌を調製しなければならない。第2に、試験を屋外でするのか屋内でするのか。微生物の生育には適度な温度と湿度が必要である。そのため試験をどこで行うかが問題となる。再現性を重視すれば屋内で行う方が良いし、自然ということを重視すれば屋外が良い。第3に、試験の対照としてどのような高分子化合物を用いるのか。試料が天然物か非天然物かによって分解速度にかなりの差があるので、対照物質も適切なものを選ぶ必要がある。

　土壌を用いた試験の場合に参考になるのがMITI法である。MITI法の場合、自然に近い状態で再現性を重視して行われているからである。土壌の選択や管理などある程度はMITI法に準拠して決めて行えばよい。また、屋外の適切な場所を選んで、そこの土壌を生分解試験用に調製しておくのもよいであろう。天然物を原料とした高分子の場合は、対照物質としてデンプン、セルロース、PHBなどを使用すればよい。非天然物を原料とした場合にも、対照物質として天然高分子を使うのがよいが、その分解性の遅さを考慮して選ぶべきであろう。試験を行うときの温度、湿度、期間はこれまでの微生物試験を参考にして決めるのがよい。温度は25～30℃、湿度は95％以上、そして期間は1カ月ないし1年。一般に合成高分子の場合は水との親和性が低く微生物の作用も受けにくいので試験に時間がかかる。試料の形状は板状またはフィルム状がよい。

(2) 評価基準および評価

　土壌を用いた試験では、化学的、物理的な分析法を用いて定量性のある結果を示すのは困難である。できるとすればBOD（生物的酸素要求量）の測定や二酸化炭素の測定であるが、対照との差が大きくないと微量の値では判定が困難である。一番確かなのが形状変化、重量減少、顕微鏡観察による判断である。

　最後に試験結果の評価法であるが、表9に示すようにおおまかに3段階に分けられると思う。分解度の一番低い段階として劣化という評価が考えられる。この評価は、外見上の形態的変化は認められないが、顕微鏡観察で試料の表面に被害が認められるものや、引張衝撃試験で対照より強度が低下しているものに適応される。この場合の分解は主に微生物の異化作用によるものであ

表9　評価法

劣　化	：高分子化合物の低分子化（異化作用）
崩　壊	：高分子化合物の低分子化（異化作用）
資　化	：高分子化合物の低分子化（異化作用） 分解産物の代謝（同化作用）

り，試料の部分的な低分子化が生じていると考えられる。また，この段階の分解ではBODや二酸化炭素の測定をしても明確な結果は得られず，同化作用が働いているかどうかは判定困難である。第2の分解度として崩壊ということが考えられる。この評価は，外見上の形態的変化が認められ試料が破壊されているが，破壊によって生じた断片が残存している場合に適応される。この場合の分解は劣化の場合と同じで微生物の異化作用が主たる原因と考えられ同化作用の判定は困難である。分解が一番進んだ段階として資化という判定を与える。この評価は，試料が微生物の作用によって低分子化され，さらにその低分子化合物が，微生物の体内で代謝されて二酸化炭素と水にまで変換された場合に適応される。この場合の分解は，微生物の異化作用と同化作用が連動して働いた場合である。

1.3.3 微生物による生分解試験

この試験法の特徴は，性質のわかった微生物を特定して用いるということである。よって試料の化学構造などがわかっていれば，それに応じて特定の微生物を選択し試験することができる。この場合の条件設定は容易に規格化することができ，再現性のある結果が得られる。この試験法の参考になるのがかび抵抗性試験であり，この試験に用いられているかび類に種々の細菌類を新たに加えれば，かなり広い範囲の試料について試験を行うことができるであろう。表10にこの試験法についてのまとめを示した。

表10 微生物による生分解試験

特　　徴	完全分解が明確に判定できる 定量性，再現性がある 自然環境を反映しにくい 試料中の低分子化合物にも作用するので誤差を生じる
微生物の種類	かび抵抗性試験のかびおよび新たに選択した細菌類 分解性がわかっている特定の微生物
試　験　条　件	液体培養 固体培養 人工土壌，人工淡水，人工海水 温度（28〜30℃），湿度（95%以上），酸素 期間は1カ月以内
評　価　基　準	微生物の生育 BOD 二酸化炭素の生成 形状変化 重量減少 顕微鏡観察 引張衝撃試験

(1) 試験条件

まず決めなければならない試験条件は，どのような種類の微生物を使用するかである。使用する微生物の種類によって"一般"と"特殊"に分けることができる。

一般試験：自然界に普遍的に存在している微生物を使用する試験。

特殊試験：試料の化学構造に応じて定められた微生物を使用する試験。

一般試験の場合，全ての試料を対象とし，用いる微生物はいくつかの種類を混合して試験に供する。特殊試験の場合は，試料の化学構造からその結合様式や構成成分が明らかになっているので，それらを分解するのに適した微生物を選択し試験を行う。ただこの場合，試験に用いる微生物は単独で用いる時と混合で用いる時がある。というのは，主鎖の結合を分解する微生物と分解された低分子化合物をさらに分解する微生物とが同じである場合もあるし，それぞれ異なっている場合もあるからである。

次に試験環境であるが，一般的には微生物の生育に最低限必要な栄養分（無機塩，ビタミン，アミノ酸，酵母エキスなど）を含む液体培地または固体培地（液体培地に寒天を添加して固化する）を用いて試験をするのがよいと思われる。温度は28〜30℃，湿度は95％以上で，期間は1カ月程度とし，液体培地の場合は静置または振とうによって培養を行う。その他に自然環境をシミュレートする試みとして，人工土壌，人工淡水，人工海水などに微生物を添加して試験することも考えられる。ただこの場合，条件設定をかなり考慮して決める必要がある。試験の対照物質としては土壌の試験の場合と同じ物を用いる。

このような特定の微生物を用いる試験の場合，天然物から調製された試料はそれを分解する微生物がすでにわかっているので比較的簡単に試験することができる。しかし合成化合物から調製された試料に関しては，現在のところ合成高分子の分解微生物が第4章1.4項で述べられているように，限られているので，その数を増やすために，さらにそのような分解微生物について調査する必要があると思われる。ただ合成高分子化合物を分解する微生物が，自然界でどの程度普遍的に生存分布しているかが問題として残る。このへんのところも調査する必要があると思われる。

(2) 評価基準と評価

この微生物試験の評価基準として，一番簡便なのが微生物の生育の有無を調べることである。微生物が試料に作用してそれを栄養源としていれば必ず生育するし，そうでなければ生育しない。ここで注意しなければならない点が一つある。それは試料に混じっている種々の低分子の添加物である。微生物は本来の高分子化合物を分解せずに添加物を栄養源として生育することが多いからである。この他に，土壌の場合と同様に，形状変化，重量減少，顕微鏡観察，引張衝撃試験などによって調べる必要がある。

最終評価については，土壌のところで述べたのと同様である。

1.3.4 酵素による生分解試験

この試験の特徴は，高分子化合物の分解に直接関与している酵素を用いることであり，定量性および再現性に優れ短期間で結果を得ることができる。合成高分子の分解機構を調べるためには必ず分解酵素を用いて調べるのが常法である。そのため，試料の化学構造がわかればそれに適合

第5章 分解性の評価技術

した酵素を用いて分解試験を行うことができる。また，微生物試験のように分解産物がさらに資化されるということがないので，分解産物を調べることもできる。この試験の特徴を表11に示す。

表11 酵素による生分解試験

特　　徴：	試料の化学構造に応じて試験できる 試験が簡便である 試験期間が短い 定量性，再現性がある 自然環境を反映していない 試料の種類が限られる
酵素の種類：	天然高分子の分解酵素（アミラーゼ，セルラーゼ，リパーゼ，PHB分解酵素，プロテアーゼなど） 合成高分子の分解酵素（ポリエチレングリコール分解酵素，ポリイソプレン分解酵素，ポリビニルアルコール分解酵素など）
試　験　条　件：	通常の酵素反応の条件 水溶液中 温度（30℃付近），pH（中性付近），酸素 期間は数時間～数日
評　価　基　準：	分解産物の定量 分子量分布 可溶性の全有機炭素量 形状変化 顕微鏡観察 引張衝撃試験

(1) 試験条件

　酵素試験の場合は，土壌や微生物試験と違って試験条件を決めるのは簡単である。用いる酵素は試料の結合様式に従って決めればよい。また反応は通常の酵素反応に準じて条件を決めればよいのである。酵素反応の条件とは，水溶液中で酵素がよく作用する温度（通常は30℃）とpH（通常は中性付近）を選び，反応に酸素が必要であれば振盪，そうでなければ静置して行うというものである。試料は板状やフィルム状でもよいが，粉砕したり乳化剤などによってエマルジョンにして用いた方が反応性は上がる。試験期間は数時間～数日である。ただこの場合も微生物試験の特殊試験と同様に，合成された高分子すべてに対応できるとは限らず，その適用範囲は現在取得可能な酵素の種類に限られる。

(2) 評価基準および評価

　この試験結果に対する評価基準は，分解によって生じた低分子化合物が存在するかどうかであり，もともと構成成分がわかっているので，その成分に適した分析を行えば分解性が判断できる。例えば，デンプンはアミラーゼで分解されグルコースから成るオリゴ糖を生じるので，このオリゴ糖の還元力を測定すればよい。また分解の詳細なパターンを調べるためには，ゲル濾過法を用いて分析すれば，その分子量分布を知ることができる。その他，土壌や微生物のところで用いられた方法も適用される。

1　生分解性の評価

最終評価については，土壌のところで述べたのと同様である。

1.4　おわりに

生分解性プラスチックの生分解性についての試験法ならびに評価については，世界的にも統一見解が出されておらず，現在，種々の機関で討議が行われているところである。よって，ここで解説した内容は筆者の考えがかなり入っており，部分的に独断と偏見が過ぎたところがあるかも知れない。この点に関してはご容赦願いたい。ただ，大筋においてはここで述べた内容に間違いはないと確信する。

生分解性プラスチックの開発が活発に行われ各種製品ができあがった際に，最終判断を下す試験評価法というのは，慎重に討議されて決定されなければならない。自然環境の保護を目的とする限りは，ある程度厳しい試験評価法が必要であろう。ただ，その製品の使用目的によっては，分解度合によるレベル分けをして評価するのがよいと思われる。

現在，使い捨て時代という状態が続いているが，このような消費文化は企業が作り上げたものである。確かに，衛生，利便性，美観などという消費者のニーズがあったのは否めない。またそれによって受けた恩恵もかなりあると思う。環境保護ということを考えるにあたって，消費者も努力する必要があろうし，さらに企業に対する責任および期待は大きいのではないかと思う。これからの生分解性プラスチックの開発に対し，企業の誠意努力に期待したい。

文　　献

1) A. E. Brown, *Mod. Plast.*, **23**, 189 (1946)
2) S. Berk, H. Ebert, L. Teitell, *Ind. Eng. Chem.*, **49**, 1115 (1957)
3) E. L. Fincher, W. J. Payne, *Appl. Microbiol.*, **10**, 542 (1962)
4) R. T. Darby, A. M. Kaplan, *Appl. Microbiol.*, **16**, 900 (1968)
5) F. Rodriguez, *Chem. Tech.*, **1**, 409 (1971)
6) J. E. Potts, R. A. Clendinning, W. B. Ackart, W. D. Niegisch, *Polymer Preprint*, **13**, 629 (1972)

第5章　分解性の評価技術

参考文献

1) 山口辰良,「一般微生物学」,技報堂 (1974)
2) J I S　Z　2911 (1981)
3) A S T M　G21－70 (1985)
4) MIL-STD-810B METHOD 508 (1967)
5) MIL-STD-810D METHOD 508 3 (1967)
6) 化学物質の審査及び製造法等の規則に関する法規集,通商産業調査会
7) 化学物質の審査及び製造法等の規則に関する法律

2 光分解性の評価

筏　英之*

2.1　はじめに

　廃棄プラスチックの拡散による環境汚染が，社会的にも批判の的になっている[1]。さらに，経済的好況が，幸いにも長期にわたって続いているために，ごみの排出量が増加している[2]。

　我が国のごみ処理の主流は，焼却と埋め立て処理であった。いくらかの廃棄プラスチックは，処理されないで，畑，野原，川，それに海に散らばっている。使用済みのプラスチックが，海岸で太陽に曝露され，放置されていても，分解しない。

　自然保護団体に属する人にかぎらず，一般市民でも，プラスチックによる鯨や野鳥への害について，良心の呵責をおぼえる。

　イタリアで，プラスチック包装資材に関する法規制が始まったのは，まず1984年で，次いで1987年に，「ショッピング・バック，包装資材，液体商品の容器は＜生物分解性＞にするか，または＜容易に回収およびリサイクル＞できるものとする」，という内容の法律が公布された。

　アメリカ合衆国のニュージャージ州では，1985年になって強制リサイクリング法の要望がおこり，1987年に，「州内資源分離とリサイクリング法」が知事により署名された[3]。

　この二例からもわかるように，分解性高分子が，法的にも要求されるようになった歴史は浅い。たしかに，第一次石油ショックの1970年代には，我が国でも，分解性プラスチックに関する研究成果が特許として公表された。しかし，これらの分解性プラスチックの実用上の分解挙動に関する報告を見つけるのは困難である。ここでは，光分解性プラスチックの評価に関する情報を述べ，光分解性ポリマーの市販品の公表された性質についても記述する。

2.2　分解のエネルギー源

　天然高分子のバクテリア・酵素分解のために必要なエネルギーに関しては，筆者の勉強不足のため詳しくは知らない。しかし，たとえ酵素が触媒機能をはたしていても，タンパク分子やデンプン分子を分解するためには，ある有限の活性化エネルギーを必要とするだろう。

　加水分解性のポリマー「ナイロン」を分解するにしても，硫酸中 200℃程度の高温までの加熱という，かなり化学的には厳しい条件にまで，分子の状態を上げなければ，加水分解しない。

　だから，放射線やプラズマによる高分子の分解反応の際には，常温近傍のエネルギー状態と比べ，1 mol 当たりの化学結合の数にして，100kcal程度のエネルギー状態が高くなっている。このような状態では，1分子鎖中の主鎖や側鎖結合の振動エネルギーが，切断の活性化エネルギーを

---

*　Eiji Ikada　神戸大学　工学部　工業化学科

第5章　分解性の評価技術

越えているものもある。過剰エネルギーを持つ結合から切れ始め，結局ランダム切断となる。
　高分子鎖中の結合，それも主に，主鎖結合に光エネルギーが蓄積され，切断するよう設計されているのが，光分解性高分子である。
　高分子の光重合や光架橋反応を行う場合は，一般に紫外線ランプを使い，高エネルギーの放射光で，分子内の官能基を励起し，ラジカルを発生させる。
　環境中に放棄されている高分子は，酸素分子の攻撃も受けているが，主として，太陽からの光エネルギーを受け入れている。そこで，まず，太陽光の放射エネルギーに関して，知識を得る。表1にこれらの値をまとめて示す。

表1　地球が太陽から受けるエネルギー量

太陽放射に垂直な地球断面積	1.275×10^{14} ㎡
地球に到着するエネルギーの割合	全太陽放射の22億分の1
太陽から地球が受けるエネルギー	1.73×10^{17} W
1年間に受ける量	3×10^{24} J
地表にまで達する量	$1.1 \sim 1.7 \times 10^{20}$ kcal／年
海洋に注がれる量	$3.3 \sim 3.9 \times 10^{20}$ kcal／年
＜日本の平均日射量＞	
最大になるのは5月	約410cal cm^{-2}day^{-1}
最小になるのは12月	約150cal cm^{-2}day^{-1}
年平均	約290cal cm^{-2}day^{-1}

　だいたい，1㎡あたり，1.4kWのエネルギーを，地表は太陽から貰っていることになる。この値は，太陽光が持つ紫外線から赤外線までの全エネルギーを積分した値である。波長で表わすと290〜3,000nmの領域の異なる単色光の混合物で，そのスペクトル分布は，図1で示すようになっている。このスペクトルを区切って，各領域で計算すると図1中の右表のようになる[4]。太陽から放射している光のスペクトルのなかで，エネルギーの強い紫外光は，オゾン層で吸収されるので，地表に到達する紫外光成分は少なくなっている。
　太陽光のエネルギー分布に対して，実験室で光化学反応実験で使う高圧および低圧水銀ランプのスペクトルを比較する[4]。図2は，高圧と比較し封入されている水銀の量が少ない低圧水銀ランプのスペクトルを示す。低圧水銀ランプでは，1molのphotonのエネルギーが112.4kcalの大きさを持つ紫外線の量が圧倒的に多い。
　我々が紫外線照射用に使っているランプのスペクトルも，図2の下図に示す。東芝ランプは，400Wの大消費電力のランプである。
　水銀の封入量の多い高圧水銀ランプとなると，水銀分子間のエネルギー移動が，低圧ランプと比べ，衝突頻度が大きくなり，放射する光の長波長成分が多くなる。これは，図1の高圧水銀ランプのスペクトルを見るとわかる。

2　光分解性の評価

太陽光の波長別エネルギー分布

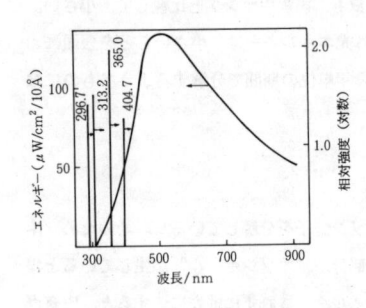

波長（nm）		1 mol 当たりのエネルギー（kcal）	強さ（$\mu W/cm^2$）	
290～	350	98.6～81.6	0.40	紫外線
350～	400	81.6～71.5	1.57	
400～	450	71.5～63.5	3.84	
450～	550	63.5～52.0	11.71	
550～	650	52.0～44.0	11.72	可視光線
650～	750	44.0～38.1	10.49	
750～	800	38.1～35.7	4.23	
800～1,000		35.7～28.6	12.10	近赤外線
1,000～3,000		28.6～ 9.5	18.02	赤外線
			74.08	

図1　太陽光線および高圧水銀灯（800mmHg）のエネルギー分布

$$E = \frac{2,856}{\lambda} \times 10^2 \text{(kcal/mol)}$$

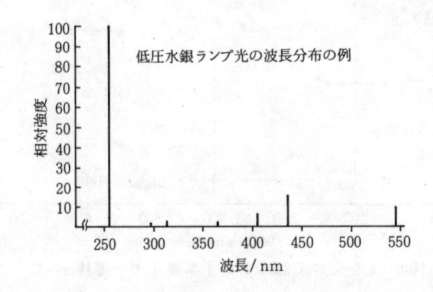

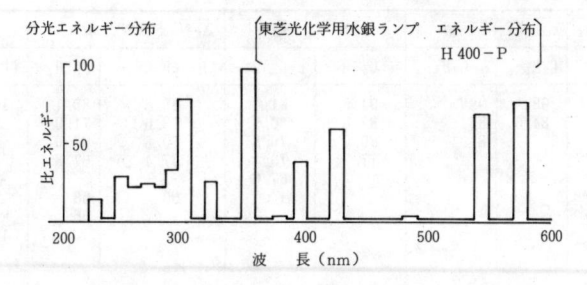

図2　光化学反応実験で使う水銀ランプのスペクトル

第5章　分解性の評価技術

以上の光源の比較からわかるように，太陽光線は，多くの光化学反応を起こす紫外線成分のスペクトルの相対強度が小さい。しかも，エネルギー量も，実験用ランプと比較して，小さい。だから，環境に放置されたプラスチックが受ける紫外光エネルギーは，小さいことを念頭におかなければならない。だから，環境中で，月単位から年単位の期間で分解するようなものになる。

2.3 太陽光曝露で起こる光化学反応

我々が使うフロンガスが，オゾン層にまで達し，オゾン分子を分解している[1]。このため，南極上空のオゾン層が破壊され，いわゆるオゾンのない部分，"オゾンホール"が生じていると報告されている[1,5]。太陽光の紫外光が，オゾン層でフィルターされずに地表に達すると，皮膚ガ

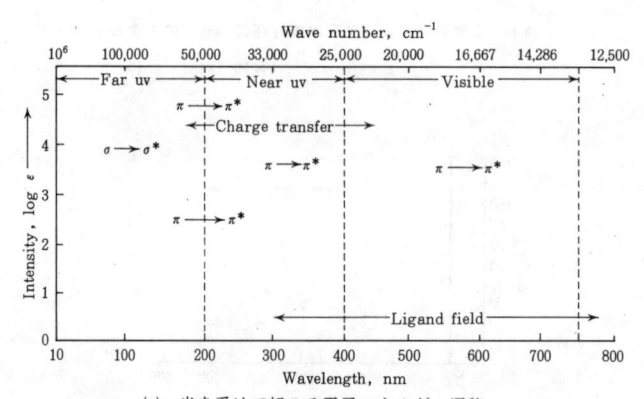

(a) 光を受けて起こる電子エネルギー遷移

(kcal mol^{-1})

R$_1$ \ R$_2$	直	鎖	分	岐	πラジカル		sp^2 ラジカル	
	C$_2$H$_5$-	n-C$_3$H$_7$-	i-C$_3$H$_7$-	t-C$_4$H$_9$-	CH$_2$=CH-CH$_2$-	PhCH$_2$-	CH$_2$=CH-	Ph-
H	98	98	94.5	91.1	86.8	85.1	104	104
C$_2$H$_5$-	84.5	85	83.8	80.5	73.6	71.9	93.7	94
n-C$_3$H$_7$-		81.4	80.0	76.8	70.3	69.0	98.7	90.8
i-C$_3$H$_7$-			77.7	73.4	67.4	67.8	88.8	87.7
t-C$_4$H$_9$-				67.6			81.1	82.2
CH$_2$=CH-CH$_2$-					60	58	78.4	—
PhCH$_2$-						56	—	72.7
CH$_2$=CH-							101.7	100.8
Ph-								100.5

$D_{(CF_3-CF_3)}=97$, $D_{(CF_3-CH_3)}=90$

(b) C−CおよびC−H結合の結合解離エネルギー $D(R_1-R_2)$

図3　光化学反応にて重要なPhotonのエネルギー

2 光分解性の評価

ンが1%増加するといわれている。人類は,太陽光中の紫外光がカットされていることで,なんとか安全に暮らせている。

化学結合の強さの例として,図3(b)にC－CとC－H結合の結合エネルギーを示す[6]。この表からわかるように,化学結合の大きさは,約80〜100kcalである。この程度の大きさのphotonが吸収されると化学反応が起こる。図3(a)には,不安定な反結合性軌道に遷移させる励起波長を示す。Norrish型光切断反応[6],[7]を利用する光分解性高分子では,カルボニル基($>C=O$)の$n \to \pi^*$励起が必要である。この$n \to \pi^*$励起は,図3(a)でわかるように,290〜350nm領域の波長の光を吸収すれば起こる。図1でみるかぎり,この領域の光の強度は弱い。

光化学反応は,紫外部の光でしか起こらないかというと,もっとエネルギーの弱い光の吸収で起こっている例を紹介し,光分解ポリマーの分子設計に役立てたい。

2.3.1 写 真

可視光線の光反応で,我々に最もポピュラーなものは,なんといっても写真である。江戸時代の末期に,鹿児島県の島津藩などで写された写真では,シャッター時間は,人間の限界を越える30分とか,気の遠くなるような時間であった。今では,増感剤の研究のおかげで,カラー写真でも,露光時間は短い。写真化学の技術の進歩は,写真撮影用フィルムの感度を際限なく向上させた。

我々が使う伝統的な湿式写真の基本的な光化学反応は,次の式で表わされる,

$$AgBr \xrightarrow{h\nu} Ag + 1/2\, Br_2$$

臭化銀の還元反応は,可視光で起こる。光架橋性高分子と写真の発展過程は,光分解ポリマーの開発にも勇気を与える先導的手本となる。

2.3.2 炭酸同化作用

この光化学反応は,動物であろうが,植物であろうが,すべての生命にとっても,最も基本的な反応である。しかも,この反応は太陽光の可視領域の光で行われている。

緑色植物が細胞内に持つ,ポルフィリン系の色素クロロフィルが光吸収体となって,次に示す炭水化物の合成が行われる。

<炭酸同化作用>

$$CO_2 + H_2O \xrightarrow{h\nu} (CH_2O) + O_2$$

クロロフィルが光を吸収できない透明な部分は,カロチノイド色素が,代って光を吸収している。カロチノイドなどの色素が受入れたエネルギーを,量子力学的作用によって,クロロフィルに移す。

1分子の二酸化炭素の同化には，約8個の光量子が必要といわれている。開花期の1本のヒマワリが，1日約10時間の日照で同化する総二酸化炭素量は，32.8gである。この時のヒマワリの日の当る総面積は約1m²であるので，1cm²当り，1秒間の二酸化炭素同化量は，$2×10^{-9}$ molとなる。光合成に関与する光量子の数は，$1×10^{16}$個／cm²／sと計算される。

2.3.3 Fujishima-Honda 効果[9]

ある種の半導体は，固体特有の性質から，光の吸収帯が広くなる。FujishimaとHondaは，酸化チタン（TiO_2）を光触媒として応用し，可視光で，次のような反応を行わせた。

$$TiO_2 + 2h\nu \longrightarrow 2e^- + 2P^+$$
$$2P^+ + H_2O \longrightarrow 1/2\, O_2 + 2H^+$$
$$H_2O + 2h\nu \longrightarrow 1/2\, O_2 + H_2$$

Fujishima-Honda 効果と呼ばれる，この光触媒反応は，太陽光利用によるエネルギーとして，今後，重要性が増してくる。

2.4 光化学反応における量子収率

19世紀前半に，光化学に関して，次の基本的なGrottus−Draperの法則が提案された[7]。

「分子によって吸収された光のみが，その分子の光化学変化を引き起こす」

これは，光が物質を励起し，化学反応を起こすことを述べたものである。このGrottus−Draperの理論をさらにすすめて定義したのが，次のStark−Einsteinの法則である。

「光化学反応を行う分子は，1個の光量子を吸収した分子である」

以上の2つの法則から，次のような光化学反応の効率を表わす物理量を定義すると以後便利である。化学物質を光にあてた時，どれだけ生成物ができるかを示す量，すなわち，量子収率が定義される。

$$\phi = \frac{特定の反応を行った分子数}{吸収された光子の数}$$

ここで，ϕ は量子収率を表わす。

実際に高分子劣化反応における量子収率の例を，ＰＥＴの光劣化反応から得られたデータを図4で示す[9]。

この結果からもわかるように，高分子光反応の場合，だいたい量子収率は10^{-3}程度の値を示すが，このことを記憶すると役に立つ。

光分解性高分子でも，社会的要求をできるだけ満たすようなものを幾種類も開発しなければならない。崩壊時間の設定などのために，量子収率などを使って，崩壊性の定量的評価が必要となる。

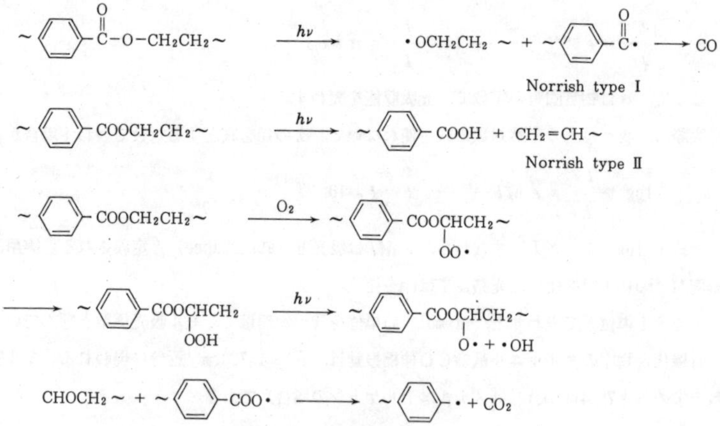

2 光分解性の評価

[反応式図: PETの光劣化反応 — Norrish type I, Norrish type II など]

反応初期の量子収率×10⁴

雰囲気	CO	-COOH	CO_2
真空	6.1	17.2	1.1
空気中	8.7	18.3	8.7

図4　PETの光劣化反応と反応初期の量子収率

2.5 光エネルギーの吸収

光の波長と振動数 ν，オゾン真空中の光速度 c との間には，次の関係式が成立する。

$$\lambda \nu = c$$

光が真空中を進む場合は，$c = 3 \times 10^8$ m s^{-1} となる。

電子のエネルギー状態が E_1 から E_2 に遷移すると，両者のエネルギー差 $\Delta E = E_2 - E_1$ に相当する量のエネルギーを持つ光が放射する。この光の振動数 ν と ΔE との間の関係をプランクが次の式で提案した。

$$\Delta E = E_2 - E_1 = h\nu$$

ここで h は，プランク定数で，$h = 6.62618 \times 10^{-34}$ J s である。$\lambda = c/\nu$ の光のphotonが持つエネルギーは $h\nu$ のエネルギー量を持つ。アボガドロ数 N_A 個のphotonを，かつて1 Einsteinと定義したが，SI単位系では，1 mol としている。

LambertとBeerは，物質中を光が透過する場合，物質の光吸収量と光路長との関係を表わす式を経験的に誘導した。入射光強度 I_0，透過光強度 I で，光路長を b で表わす。試料が溶液の場合，溶質濃度を c で表わすと，

第5章 分解性の評価技術

$$\frac{I}{I_0} = e^{-abc} \longrightarrow \ln \frac{I_0}{I} = \alpha\,b\,c$$

ここで，αは物質固有の定数で，光吸収能を表わす。

実際に，我々は上の自然対数の式を使わないで，次の10を底とする対数で表わす場合が多い。

$$\log \frac{I_0}{I} = \varepsilon\,M\,l \longrightarrow I = I_0\,10^{-\varepsilon Ml}$$

上式中 $\log(I_0/I)$ すなわち，εMl は吸光度（absorbance）と定義される。実用的には，濃度Mはmol l^{-1}を使い，光路長 l はcmを使う。

εをＳＩ単位系で表わすと，㎡ mol^{-1}の単位を持つ物理量で，モル吸光係数と呼んでいる。

有機化合物中のカルボニル基のＣＯ伸縮振動は，$\bar{\nu}=1,720$cm^{-1}近傍に現われる。モル吸光係数を求めると76.4㎡ mol^{-1}（メチルエチルケトンの場合）である。

2.6　量子収率の測定

光源が出している各波長の光について，どれだけの光量子を出しているか，まず検定しなければならない。

ベンゾフェノン－イソプロピルアルコール溶液の光反応を利用して，化学的に決定する方法が我々には実行しやすい[10]。

また，光化学実験法[11] や光量測定[12] などについては，参考文献を調べていただきたい。

2.7　光劣化の速度

光分解性高分子を分子設計するにおいて，分解時間の設定は，もっとも重要な因子である。

高分子の光化学反応の反応速度は，数多く提案されてきた。これらの式を使って，おおよその分解時間が設定できれば，申し分ない。しかしながら，フィルム中の酸素の拡散，フィルム表面破壊など，考慮しなければならない困難な因子を評価する必要がある。

まず，劣化反応の場合の劣化の進行具合を，カルボニル基生成の照射時間依存性としてポリプロピレンフィルムの例でみる[9]。

図5には，厚み方向（または，深み方向）に沿って，光酸化反応によって生成したカルボニル基を赤外吸収スペクトルのＡＴＲによって測定した結果を示す。ポリプロピレンは，酸化しやすい高分子化合物である。しかし，70時間照射(370nm近傍の光源)でも，酸化の進行は表面領域（$\approx 3\,\mu$m）だけであることがわかる。

2　光分解性の評価

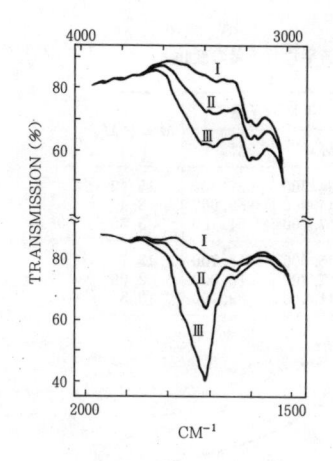

図5　(a) 光酸化劣化にともなうハイドロパーオキサイド（-OOH）とカルボニル基（>C=O）の増加を示す図（試料はポリプロピレン）
Ⅰ　照射 0 時間
Ⅱ　〃　 6 時間
Ⅲ　〃　110 時間

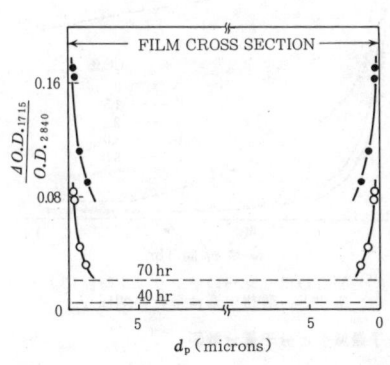

(b) ポリプロピレンフィルム（厚み 22μ）のカルボニル基グループ量の表面からの深さ依存性。深くなるに従って，カルボニル基の量が少なくなっている。
○, 40時間照射, ●, 70時間照射

図5　ポリプロピレンフィルムの光劣化の進行速度（ATR測定）

次に，日本ユニカーによって市販されているエチレン-一酸化共重合体光分解性ポリマー（商品名ECO）の崩壊時間を眺めてみよう[13]。

図6に，ECOの崩壊時間を示している。紫外光照射を 650および 1,350時間行ったとき，ECOの分子量低下を図6(a)で示す。共重合中のCOの重量分率が2.74%の試料とコントロール用LDPEホモポリマーとの比較がなされている。

650時間照射では，ホモポリマーでは，平均分子量は，逆に増加している。これは，LDPEが分子間架橋し，分子量が大きくなったものである。ECOでは，同時間の照射で，M_n は 45,000から 7,300へと，大きく分子量が低下している。1,350時間まで照射すると，LDPEの M_n は減少したが，ECOでは，少し上昇した。

第5章　分解性の評価技術

(a) 紫外線によるECOの各平均分子量の変化

	曝露時間 (hr)	平均分子量		M_w/M_n
		M_n	M_w	
LDPEホモポリマー コントロール	0	34,200	527,300	15.43
	650	45,800	386,600	8.43
	1,350	17,200	61,700	3.58
2.74%CO ECO	0	45,000	618,700	13.73
	650	7,300	15,000	2.06
	1,350	11,100	39,100	3.52

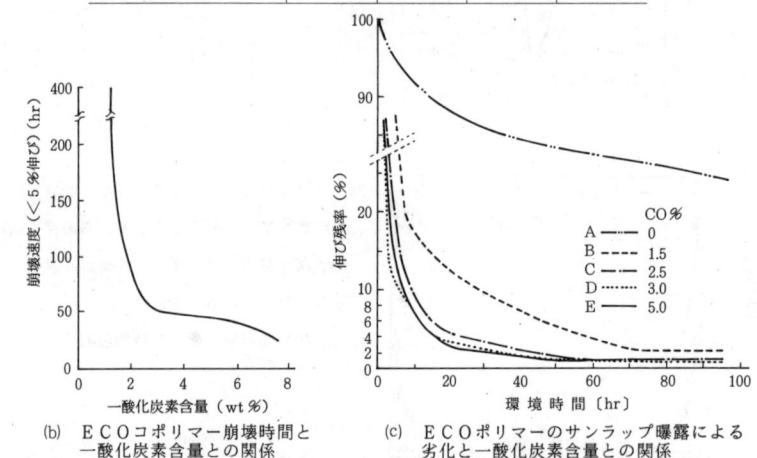

(b) ECOコポリマー崩壊時間と一酸化炭素含量との関係

(c) ECOポリマーのサンラップ曝露による劣化と一酸化炭素含量との関係

図6　ECOの光分解性分子量減少と分子量分散図
(a) 紫外線照射によるECOの分子量低下
(b) 共重合体中のCO含量の崩壊時間依存性（伸びが5％以下にまで下がる時間）
(c) 共重合体中のCOを増やすと，崩壊速度が大きくなることを示している。

　図6(b)には，ECO中の一酸化炭素含量の変化と崩壊時間との関係を示す。CO含量が2％まで増えると，崩壊時間が急激に短くなって行く。しかし，7％まで増やしても，崩壊時間はあまり低下していない。
　図6(c)では，伸び残率とサンランプ曝露時間との関係を示しているが，図6(b)の場合と同じようにCO含量 2.5％で，崩壊が急激に進んでいる。
　図7(a)では，屋外曝露試験で得られた結果を示しているが，この結果では，10日から2週間程度の屋外曝露で，伸びが急激に低下している。

2 光分解性の評価

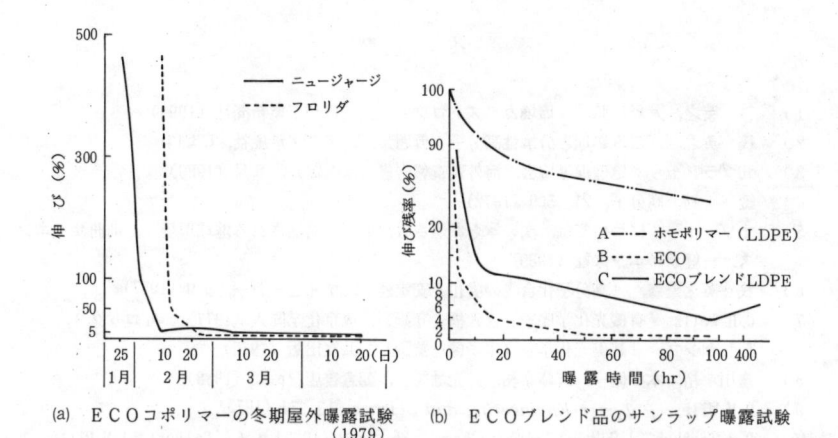

(a) ECOコポリマーの冬期屋外曝露試験 (1979)

(b) ECOブレンド品のサンラップ曝露試験

図7 ECOの屋外曝露試験による崩壊時間測定とECOブレンド物の崩壊性測定結果

図7(b)では,ECOとLDPEのブレンド系でも,崩壊が進むことを示している。

Scottは,安定剤などの添加剤を光照射によって分解し,プラスチックの寿命を制御する実験を行ってきた[14]。図8にFe(III)ジブチルチオカルボメートをLDPEに添加し,高分子の耐久性制御を行った結果を示す。光活性剤を添加しなければ,LDPEが屋外曝露で徐々に低下する。しかし,

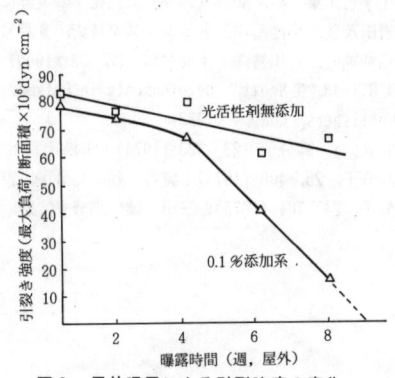

図8 屋外曝露による引裂強度の変化

光活性剤:Fe(III)ジブチルチオカルボメート

0.1%の光活性剤を加えると,ある有限時間で,プラスチックの寿命を縮めることができる。添加した安定剤を光分解すると,その後プラスチックは急激に劣化する[14]。

2.8 おわりに

光分解性高分子に対する重要性は,20年くらい以前から研究されてきた。「高分子」などにも何度かレビューが発表されてきた[15]。

しかし,分解性高分子に対する要求が,今ほど大きくなったことはこれまでなかった。今後,この分野の研究が多くなることが期待される。

第5章 分解性の評価技術

文　献

1) 筏　英之，大野　弘，「環境カタストロフィー」，日刊工業新聞社（1990）
2) 筏　英之，「ごみ処理と分解性高分子（仮題）」，アグネ承風社，印刷中
3) ㈳プラスチック処理促進協会，海外調査報告書（米国編），3月（1989）
4) 鍵谷　勤，高分子，21, 509（1972）
5) オゾンホールについては，次の本も参照されたい，「崩壊される地球環境」，別冊サイエンス，日経サイエンス社（1989）
6) 筏　英之監修，「高分子化合物の劣化と安定性」，アイピーシー，p.9（1987）
7) C.H.Wells,「有機光化学序論」（大橋　守訳）, 東京化学同人（1977）; A.コックス, T.J.ケンプ,「基礎光化学」（本多健一監訳），共立出版（1975）
8) 窪川　裕，本多健一，斉藤泰和，「光触媒」，朝倉書店，p.75（1988）
9) D.M.Wiles, *Polymer Engineering and Science*, 13, 74（1973）
10) D.J.Trecker, J.P.Henry, *Anal. Chem.*, 35, 1882（1963）; J.G.Calvert, J.N.Pitts, Jr., "Photo Chemistry", Wiley Chap.7（1966）
11) 化学と工業，41, No.4（1988）に光化学の実際について特集されている。
12) 岩田茂美，小池清司，トランジスタ技術，9月号（1981）
13) 箱崎純一，石川善洋，工業材料，38, 53（1990）
14) D.Gilead, G.Scott, "Developments in Polymer Stabilisation-5", Applied Science Publishers, Chap.4（1982）
15) G.Scott, 高分子，23, 323（1974）; 永松元太郎，高分子，19, 120（1970）; 大澤善次郎，高分子，25, 406（1976）; 鍵谷　勤，高分子，21, 508（1972）; 原　重義，今中嘉彦，高分子，24, 781（1975）; 三田　達，高分子，27, 595（1978）

第6章　研究開発動向

シーエムシー編集部

1　国内動向

1.1　はじめに

　わが国では廃棄物が都市部を中心に急増しており，厚生省は1989年12月19日，ゴミの減量・再資源化のため，産業界に対し異例の協力を要請した。特に自然界の物質循環に入らず，環境中に残り続ける廃プラスチックについては，世界的にみても関心が高まっている。わが国のプラスチ

表1　分解性プラスチック製品一覧

商品名	メーカー	備考
微生物分解性不織布 BO-30D BD-100S	金井重要工業	特殊なキトサン（天然多糖類）を結合剤に用いる。四国工業試験所との共同研究。土壌中微生物により2週間〜2ヵ月で完全に分解するとしている。用途は，農業・園芸用（埴生シート・育苗ポット，種ひも）包装資材，衛生資材など。
エコスター （ECOSTAR） エスコタープラス	萩原工業（販売） 伊藤忠商事 ST. LAWRENCE STARCH CO., Ltd.	デンプンを変性した製品で，種々のプラスチックに生分解性添加剤として用いる。 堆積処理プラスチックの分解性をより高めたのが「エコスタープラス」。開発はPavag社（スイス）で，光分解性。
ナックナルP NUCL-2910	日本ユニカー	米ユニオン・カーバイド社から輸入販売 エチレンと一酸化炭素との共重合による光分解性ポリエチレン。加工性，耐水性など基本特性は，通常の低密度ポリエチレンと同様としている。自然色ペレット状，25kg入り紙袋で出荷。
バイオポール BIOPOL	アイシー・アイ・ジャパン	英ICI社より輸入販売。詳細は巻末参考資料1参照。
ソアフィル ソアパール	三菱レイヨン	天然高分子素材による生分解性ポリマー。
分解性ポリ袋	ダイエー	光分解性プラスチック。生ゴミ容器用，40〜45ℓ，10枚入りで価格は175円／個と従来品より約10％高い。原料樹脂は日本ユニカーの「ナックナルP」。
生分解性ゴミ袋	ニチイ	'90年3月1日から光分解性レジ袋を導入した。また，生分解性ゴミ袋の販売に乗りだす。原料樹脂はいずれも米国プラスチゴンテクノロジー社製。

第6章　研究開発動向

ック廃棄物の量は年間約460万トンであり，これらは，海洋投棄，埋立て，焼却，再生の4つの方法により処理されてきた。このうち海洋投棄は1988年末にマルポール国際条約が発効したことにより禁止され，また埋立て処分については都市近郊では廃棄物量の増大と埋立地の不足は処理費を高騰させている。焼却については，わが国の技術はかなり進んではいるもののプラスチックの種類によっては，焼却により，塩酸，ダイオキシンなどの有害物質を発生させることがある。また再生は，他の廃棄物や他のプラスチックと分別できれば廃プラスチック処理の最も有効な手段となりうるが，分離・分別は実際には困難である（詳細は，第3章参照）。

欧米では環境保護に対する意識の高まりがプラスチック廃棄物の問題にも急速に波及しており，米国では10数州で食品包装材としてのプラスチック袋の禁止を検討中と伝えられており，イタリアでは，1991年以降，ショッピングバックとボトルに生分解性を義務づけることとしている。

こうした状況を背景として，分解性プラスチックの研究開発が活発となり，わが国でも一部は'89年からすでに実用化されている（表1）。

1.2　光分解性プラスチック

分解性プラスチックは光分解性プラスチックと生分解性プラスチックに大別される。

光分解性プラスチックは紫外線の作用により分解されるプラスチックである。

光分解性プラスチックの研究は，1970年代の初期に活発に進められ，エチレンと一酸化炭素との共重合体，ケトン性カルボニル基を有するポリエチレンやポリスチレン，感光成分を添加した汎用プラスチックなど多くの光分解性プラスチックが開発された。しかし光分解されたプラスチックの細かい粉末が残るという問題が指摘されている（詳細は第4章2節参照）。

現在入手可能な光分解性プラスチックは，二種類に分けられる。一つは包装用プラスチックで戸外ではできるだけ速く分解するように設計される。もう一つは，戸外で一定期間有効に機能したのちに，分解するように設計されたプラスチックである。

光分解性プラスチックは，日本ユニカーが親会社の米ユニオン・カーバイド社から光分解性ポリエチレンを輸入販売している。エチレンと一酸化炭素を結合した素材で，紫外線にあてると分子の結合が切れて粉々になり成分的にはワックスに近いものになる。分解までの期間はエチレンと一酸化炭素の混合比率によりコントロールできる。

日本ユニカーは，光分解性ポリエチレンを「ナックナルP」の商品名で販売しており，加工性，耐水性，耐無機薬品性，機械的特性，低温特性，耐熱性などの基本特性は，通常の低密度ポリエチレンと同様なので，幅広い用途が考えられるとしている。ナックナルPの物性は表2に示すとおりである。

光分解性ポリマーについてはダウ・ケミカル社，デュポン社も生産しており，ユニオン・カーバイド社を含む3社の生産量は年間数万トンに達する。

1 国内動向

表2 光分解性プラスチック「ナックナルP」の物性

〔グレード特性〕
1 一般特性

	NUCL-2910(DXM-439)	NUC-8505（比較）
メルトインデックス（g／10min）	0.75	0.80
密度（g／ml）	0.932	0.923
融点（℃）	113	112

2 フィルム特性（厚み30μ）

		NUCL-2910(DXM-439)	NUC-8505（比較）
曇り度（％）		10	7
光沢45°		43	53
透視度（％）		65	78
引張強さ（kg／cm²）	縦方向	380	365
	横方向	240	200
伸び（％）	縦方向	210	230
	横方向	660	670
引裂強さ（kg／cm）	縦方向	62	64
	横方向	40	43
	折り目	56	57
1％シーカントモジュラス（kg／cm²）	縦方向	2580	2500
	横方向	3610	3500
衝撃強度（A法 F50g）		72	74

フィルム加工条件：40mm径インフレーションフィルム押出装置
　　　　　　　　　L／D＝24：1　75mm径ダイ（ダイギャップ 0.8mm）
　　　　　　　　　加工温度：160℃　吐出量：13kg／h
　　　　　　　　　ブローアップレシオ：204
　　　　　　　　　引取速度：15m／min
　　　　　　　　　フィルムサイズ：0.030mm厚×240mm折径

　光分解性プラスチックについては，わが国でも，かつては，積水化学，日本合成ゴム，三井東圧化学，電気化学工業の各社が企業化ないし半企業化していた。用途は農業用フィルム，発泡ポリスチレントレー，ボトル，包装材料などであった。

　スーパーマーケットのダイエーは，紫外線によって分解する光分解プラスチックを使用したゴミ容器用ポリ袋と買物袋の販売を，89年12月から目黒区碑文谷店で実験的に開始したところ，マスコミ，自治体，一般顧客からの問い合わせが多く反響が大きかったため，取り扱い店舗を90年2月から東京，神戸の大型店舗4店に増やし，さらに3月から全店計 220店舗に拡大した。

　ダイエーで販売を開始した製品は，いずれも，紫外線によって約3カ月で，プラスチックを構成するポリマーの化学構造が破壊されてもろくなり始め，やがて崩壊する性質を持っている。

第6章 研究開発動向

①販売商品　　分解性ポリ袋　ゴミ容器
　　　　　　　規格　40〜45ℓ（10枚入）
　　　　　　　価格　175円（2月まで155円であった）
②レジ用消耗品　買物袋（食品，日用品用）
　　　　　　　規格　L・LLサイズ
　製品の売行きは発売当初は通常のポリ袋の2倍程度の売れ行きがあったが，90年7月の調査時点では通常のポリ袋と同程度の売行きとなっている。

1.3　生分解性プラスチック

　生分解性プラスチックとは，土壌中や水中で微生物によって分解を受けるプラスチックをいう。
　生分解性プラスチックについては，①微生物によって生産したもの（第4章1節1参照），②天然高分子を利用したもの（第4章1節2参照），たとえばセルロースとキトサンを混合したもの，③石油系原料から合成したもの（第4章1節3参照），④合成高分子に天然高分子であるデンプンを添加したもの，の4種類がある。
　89年10月に，生分解性プラスチックの研究開発を推進するため，バイオインダストリー振興協会がまとめ役となって，「生分解性プラスチック研究会」が設立された。研究会の会員は90年7月現在およそ60社である。
　生分解性プラスチック研究会は各社の拠出金で運営するが，受託研究で得た海外の開発情報について，研究会が技術的な裏付けをするなど，相互に情報交流を深め，受託研究の効率向上にも利用することにしている。
　また通産省は90年度から，生分解性プラスチックについて7年計画の開発プロジェクトをスタートさせた。
　微生物によって生産される生分解性プラスチックとしてはＩＣＩ社（イギリス）の「バイオポール」が90年6月に，西ドイツのウエラ社によって化粧品用のボトルとして採用され，生分解性プラスチックとして最初の商品化となった。
　「バイオポール」はプロピオン酸とグルコースを水素細菌の$Alcaligenes\ eutrophus$に代謝させてつくる3－ヒドロキシ酪酸と3－ヒドロキシ吉草酸の共重合体である。微生物がつくるこのようなポリエステル化合物を総称して，ポリヒドロキシアルカノエート（ＰＨＡ）と呼んでいる。
　同様に微生物により生産される生分解性プラスチックとしては東京工業大学の土肥助教授が開発したバイオポリエステルがある。土肥助教授は$A.eutrophus$にＩＣＩ社とは違った出発物質を与えて代謝させることにより，新規な生分解性プラスチックを開発した。
　土肥助教授は，プロピオン酸とグルコースの代わりに吉草酸と酪酸を炭素源として$A.eutrophus$

1　国内動向

に与えたもので，これにより「バイオポール」よりも柔軟でしなやかなフィルムに加工できるPHAの開発に成功したものである（第4章1節1参照）。

　天然高分子を利用したものとしては，金井重要工業（大阪）が工技院四国工業技術試験所と共同研究を行っている不織布がある。セルロースとキトサンを2：8に調整した酸性水溶液のバインダーを綿状にしたレーヨン繊維に噴霧し，ニードルパンチで編み，熱乾燥して不織布にする。一般にレーヨン繊維は分解の速度は遅いが生分解性である。セルロースとキトサンを混ぜたバインダーは従来のポリビニルアルコールのバインダーに比べて強度が高いため，使用量も5分の1程度ですむ。この不織布は土中で2週間から2カ月で完全に分解するとされている。

　この製品は次のような特徴をっている。
①不織布であるため，多孔性で通気性，透水性に優れる。
②紙に比べ耐水性に優れる。
③成型加工ができる。

　この不織布の用途としては，農業，園芸用（埴生シート，育苗ポット，種ひも，灌水マットなど），包装資材，衛生資材などがある。

　価格は形状にもよるが，現在 200円／㎡程度であるが，これを 100円／㎡まで引下げることを金井重要工業は当面の目標としている。

　石油系原料から合成されたものとしては，工技院微生物工業技術研究所の常盤豊主任研究官らが開発した脂肪族ポリエステル（生分解性），ポリアミド（難分解性）から成るポリエステル系共重合体がある。この共重合体は，脂肪族ポリエステルに比べて融点や引っ張り強度などの物性が改善された新規の生分解性高分子物質であるとされている。この共重合体では，ポリエチレンと同等の引っ張り強度をもつ厚さ0.02ミリの透明なフィルムも得られている。

　この共重合体では難分解性のポリアミドの部分も低分子量のブロックになっているため，エステル結合がリパーゼにより分解された後，残ったナイロンブロックは生分解が可能となっている（第4章1節3参照）。

　合成高分子にデンプンを加えたものとしては，アムコプラスチック社（米）の「ポリバイオエチレン」，ADM社（米）の「ポリクリーン」，セントローレンス・スターチ社（カナダ）の「エコスター」などの外国製品がある。

　これらのプラスチックは，土壌中でデンプンが分解されて袋が破れ，詰まっていたゴミが放出されるので，枯葉などのゴミを袋に詰めることの多い欧米では，この袋のニーズが高い。しかしデンプンの配合割合が低い場合（6～10%），すべてのデンプンが生分解されたとしても，合成高分子が粉々に壊れてしまうかどうかに疑問が抱かれており，残った合成高分子の安全性が心配されている。

　合成高分子にデンプンを添加したものについては，わが国では萩原工業（倉敷市）が，セント

第6章　研究開発動向

ローレンス・スターチ社（カナダ，オンタリオ州）と独占契約を結び，「エコスター」，「エコスター・プラス」を輸入販売している。

　生分解型の「エコスター」はデンプンと脂肪酸を含んでおり，土中に埋めると天然マグネシウム，カルシウム系有機酸金属塩と脂肪酸が反応して過酸化物を発生，脂肪の分子結合を分解し，同時にスターチが微生物に食われて表面積を拡大，過酸化物の発生を促進する仕組み。萩原工業によれば，12％のエコスターを添加したポリエチレンＥＶＡ共重合体マルチフィルムは，1栽培期で強さが十分失われ，次回の栽培に備えて耕しても支障はなく，また日本における研究によれば，デンプン入りポリエチレンは火山灰土の沖積土中の方が速やかに分解することが明らかになったとされている。「エコスター・プラス」は，これに紫外線で活性化する有機類金属を加えたもの。

　kg当りの単価は1,000円程度と通常樹脂の5倍ほどだが，既存ポリスチレン，ポリプロピレンに10〜20％混合することで分解機能が得られるという。

表3　分解性プラスチックの開発動向

企業・機関名	動　向
工業技術院 微生物工業技術研究所	常盤豊主任研究官らグループが脂肪族ポリエステルとポリアミドからなる生分解性ポリエステル共重合体を開発。 （詳細は，第4章1節3参照）
東京工業大学 資源化学研究所 土肥義治助教授	微生物産生ＰＨＡを開発（詳細は第4章1節1参照）
大成建設	下水処理場で多量に発生する活性汚泥中の微生物（アルカリゲネス・ユートロホス）からβ－ヒドロキシ酪酸を高い効率で生成させることに成功。実用化をめざした回収効率の向上に取り組む。
アイセロ化学	四国工業技術試験所のもつ基本特許をベースにキトサン，セルロースを主原料とする生分解性フィルムを開発。完全分解する所要時間は早いもので2週間としている。原料価格がポリエチレンの約10倍と高いため，ポリ袋以外の用途を研究中。
中央化学／微生物工業技術研究所	ポリカプロラクトン（ＰＣＬ）に大量のデンプンを均一に混合した生分解性ポリマーを開発。中央化学は，困難とされていた多量のデンプン混合を特殊な分散配合技術を用いて解決したとしている。デンプン混合率は70％。
西部ガス／九州大学	西部ガスは，石崎文彬九州大学農学部教授と共同で炭酸ガスを原料とする水素細菌の大量高濃度培養に成功，その発酵物からポリ－β－ヒドロキシブチレート（ＰＨＢ）を生成。水素細菌は，アルカリゲネス・コートロファス。
筑波大学応用生物化学系	中原忠篤教授らの研究グループは1,4－ブタンジオールを原料に生分解性ポリマーの原料となる4－ヒドロキシ酪酸の生合成に成功。現行化学合成法より大幅に安くつくられるため，生分解性ポリマーの製造コスト低減につながる技術として注目される。利用微生物は，カンジダ・ルゴーサ。

（つづく）

1 国内動向

企業・機関名	動　　　　向
大阪工業技術試験所	新規なポリエステルオレフィン，ポリエステルアミド，ポリエステルエーテルの3種の生分解性ポリマーの合成をめざして，基礎研究に着手。
日本ユニカー	米UCCの技術導入による光分解ポリエチレン（ナックナルP）を販売。また，ポリエチレンにコーンスターチなどのデンプンを5～10％混ぜた生分解性タイプを導入して市場開拓に入った。
製品科学研究所	コーヒーの豆がらに含まれるセルロース，リグニンをアルカリ処理，エーテル化，さらにエステル化することで引っ張り強度，弾性率がポリスチレンやポリ塩化ビニルに匹敵する生分解性ポリマーを合成した。フィルム成形や射出成形可能な熱可塑性ポリマーとして期待されるとしている。
住友金属	分解性プラスチックの開発に着手。すでに生分解タイプはラボスケール段階ながらフィルム化に成功している。開発に着手しているポリマーは，糖類，有機酸，アルコール，CO_2などの炭素源を食べるポリマー合成菌より抽出するバイオポリエステル。
ポリオレフィンフィルム工業組合	組合として分解性プラスチックフィルム使用に関するマニュアル作りに着手する。日照時間や標高差など，条件によって分解効果に差がでることから，使用条件を明示し，分解性能をユーザーに知らせるためデータ収集に乗り出す。

第6章 研究開発動向

2 海 外

久保直紀*

2.1 アメリカおよびカナダの動向

　生分解性プラスチックの開発が最も活発に展開されているのは，アメリカおよびカナダのいわゆる北アメリカ地域である。この地域で生分解性プラスチックと呼ばれているのは，主としてポリエチレンに6～10%程度のデンプンをブレンドしたタイプである。このタイプの多くは，ニューヨーク，ワシントンなどのアメリカの大都市を中心に，各種のフィルムやおむつカバーなどとして消費されている。

　現在，アメリカで生分解性プラスチックといえば一般的にはこのタイプを指しており，今日の生分解性プラスチックの開発ブームの火付け役になった材料である。

　また，1989年春にダラスで開催されたACS (American Chemical Society, 米国化学会)で，「Biodegradable Plastics（生分解性プラスチック）」に関する研究発表が世界各国から51件も行われ，これが契機となってアメリカをはじめとして各国の生分解性プラスチック開発のテンポが早まった。

　こうした経緯を反映してか，アメリカやカナダでは各種の生分解性プラスチックの開発や実用化への取り組みがとりわけ活発に展開されている。また，生分解性プラスチックの定義の検討や評価方法の開発も，アメリカのASTM (The American Society for Testing Methods and Materials, 米国材料試験協会)などが主体となって，国際的な規模で精力的に進められている。

　また，1989年の秋には，米国のプラスチック包装材料関連業者19社（現在27社）が参画してDPC (Degradable Plastic Council, 生分解性プラスチック協議会)が設けられるなど，産業界の活動も活発化している。

2.1.1 シーズ開発の動向

　本節では，アメリカおよびカナダで進められている技術シーズ開発の動向を，微生物生産系，天然物由来系，化学合成系，その他の分解系の4つのタイプに分けて見てみた。

(1) 微生物生産系

　微生物利用による発酵生産系の生分解性プラスチックは，バイオポリマー型の生分解性プラスチックと言うことができる。現在，アメリカおよびカナダでの，この分野の研究では，アメリカのMIT (Massachusetts Institute of Technology)のDr A. J. SinskeyとUMASS (University of Massachusetts)のDr R. W. Lenz およびカナダのMcGill UniversityのDr R. H. Marchessault らの研究がよく知られている。

　このうちMITのSinskey らは，Biopolymer, Coryneform Bacteria, Immunology の3テーマ

---

* 　Naoki Kubo　中央化学㈱　経営企画本部

2 海 外

を中心に研究を進めており,すでに80件を超える研究報告を発表している。この研究は,主として*Alcaligenes eutrophus*や*Zoogloea ramigera*などの微生物を用いて,微生物の体内で結晶性ポリエステルのpoly β－hydroxybutyrate（PHB）を合成させているというもので,PHBの合成は3つの酵素によって触媒される等の反応過程を経て,D（－）－β－ヒドロキシ酪酸が合成され,これがPHBの基質になるという。また,上記の2つの微生物を用いて,PHB非生産変異株を取得し,これらを宿主としたPHB合成系遺伝子のクローニングにも成功している。

また,UMASSのLenzらの研究は,光合成細菌の*Rhodospirium rubrum*および水素細菌の*Alcaligenes eutrophus*を用いてさまざまな有機酸からポリエステルを発酵合成するというもので,3HBホモポリマー,3HB－HVコポリマーが合成されるが,さらにこのグループでは側鎖にビニル基を持つp（3HA）を*R.rubrum*が合成することも見いだしている。

一方,カナダのMcGill UniversityのMarchessaultらの研究は,前述の研究と同様に微生物からPHBを合成するというものだが,平行してPHB系のポリエステルを化学合成によって生産する研究も進めており,将来的には微生物生産系と化学合成系のPHBが共存して行くのではないか,との見解を持っている。

このほかにも,Univ of Montreal, Univ of Waterloo, Univ of Toronto, Univ of Alberta, Canada Zeroxなどが微生物からの生分解性プラスチックの研究に取り組んでいる。

(2) 天然物由来系

本項では,バイオマスなど天然物を利用した生分解性プラスチックの動向について述べるが,天然物利用の生分解性プラスチックには大別して,①コーンスターチなどを利用したデンプン系（これには,デンプンを化学修飾等によって化学変性したタイプと,デンプンをそのまま利用したタイプがある）および②デンプン以外の資源を利用した天然物系とがある。

① デンプン系化学変性タイプ

このタイプの研究は,プラスチックの有機系添加剤として化学変性したデンプンを利用するというものも含めて,様々な機関で多くの研究が進められているようだ。

その背景には,余剰農産物としてその活用が期待されているコーンスターチの有効な利用法として期待できるという,言わば経済的もしくは政治的動機があるとみる向きもある。いずれにしても,それらのすべてについて詳述することは,紙幅の関係もあって難しいので,代表的なものについて述べる。

デンプン変性タイプの研究でよく知られているのは,USDA（U.S. Department of Agriculture アメリカ農務省）のDr Oteyらの研究,Michigan State UniversityのDr R. Narayanらの研究である。

このうちUSDAのOteyらの研究は,NRRC（Northern Regional Research Center）で,ポリマーブレンド技術とデンプンのグラフト化技術を中心に進められている。NRRCのポリ

第6章 研究開発動向

マーブレンド技術は，デンプンとポリエチレンに相溶化剤としてEAA（エチレン・アクリル酸共重合体）を利用した技術で，これによる組成物の特徴はデンプンとEAAが包接化合物を形成すること，組成物の代表的比率がデンプン40／EAA10／PE50と，他のブレンドタイプの技術に比べてデンプンの含有率が高い点などにある。

また，デンプンのグラフト技術では，Ce^{+4}塩（硝酸第二セリウムアンモニウム等）を用いた酸化グラフト重合や，Fe^{2+}/H_2O_2 等のレドックス系開始剤を用いたグラフト重合技術の研究を進めている。USDAでは，デンプン系生分解性プラスチックを農業用分野で実用化することを，当面の研究の目標としている。

さらに，NRRCでは，Dr J.M.Gouldらのスターチおよびスターチ含有プラスチックと微生物の相互作用の研究や，Dr G.F.Fantaらのスターチの化学修飾の研究等も知られている。

また，Michigan State University のDr R.Narayanらの研究は，プラスチックの中にデンプンまたはセルロースなどの天然ポリマーをグラフト重合または分散によって複合化して，生分解性を持つプラスチックを得ようというもので，デンプン系のプラスチックの初期的な分解を，α-アミラーゼ，β-アミラーゼ，グルコアミラーゼからなるデンプン分解性を持つ混合酵素系の中で，このグラフトコポリマーを培養することで行わせたという。

このほかのデンプン系化学変性タイプの研究等の事例では，Penford Products Co のDr K.W. Kibry らが研究した，練り性と耐水性を向上させた特殊スターチを紙のコーティングに利用する技術等がある。

② デンプン系ブレンドタイプ

このタイプの生分解性プラスチックの研究では，Iowa State University のDr L.A.Johnsonらの研究や，University of IllinoisのDr R.P.Wool らの研究，University of MissouriのDr H. Neibeling らの研究がある。また，すでに実用化しているものには，アメリカのADM（Archer Daniels Midland Company)や，カナダのST. Lawrence Starchの2つの大手のコーンスターチメーカーと，両社から技術供与を受けた企業群などが知られている。

Iowa State University のDr Johnsonらの研究は，コーンスターチの粒子を化学的または物理的処理を施してポリエチレン等との組成物にするというもので，化学的処理とはスターチをアルケニルコハク酸アルミニウム塩で疎水化する方法。また物理的な方法とは，特殊な方法で1μmオーダーに微細化してポリエチレンとブレンドさせるというもの。

またおなじIowa State University のDr Z.Nikolovらは，3つの異なるタイプのスターチ（天然スターチ，スターチ・オクテニルサクシネート，スターチ・オクテニルサクシネートのアルミニウムコンプレックス）とポリエチレンを混合した材料を調製し，その生分解性を測定した。生分解性の研究にはスターチ分解酵素を用いた。

University of IllinoisのDr Wool らの研究は，主としてデンプンブレンドタイプの生分解性

2 海 外

プラスチックの分解性の評価についてのもので，スターチをブレンドしたプラスチックの分解には，微生物分解，昆虫などの食餌，化学分解，光分解などがあり，これらの分解メカニズムや評価等についての研究が知られている。

University of MissouriのDr Neibelingらの研究は，種々に修飾された，または未修飾のスターチを含有したポリエチレンフィルムを各種の異なる環境下において，その分解の度合等を測定したもので，分解性の評価試験のひとつである。さらに，Neibeling らは分解したプラスチックによる土壌や水質に与える影響についても研究している。

さらに，ADMとST. Lawrence の両社が，イギリスのDr Griffinが開発した生分解性プラスチックを実用化している。この両社の技術は，主としてポリエチレンにデンプン粒子とその他の添加剤を最高で10数％配合することで，ポリエチレンを生分解性プラスチックに変性させるというもの。しかし，その「生分解性」については，ASTMのワークショップ等で疑義が提示されている。

③ デンプン以外の天然物由来系

ここでは，いわゆる非デンプン系のバイオマス型の生分解性プラスチックの開発動向について述べたい。天然物由来の分解性プラスチックとして最もよく研究され，実用化されているのは，セルロース系であろう。しかし，本項ではセルロース系タイプの動向は，原則として外すことにして，代表的な研究について以下に示す。

University of QuebecのDr D.S.Chahal らは，*Pleurosus sajor-caju* によるコーンの茎のヘミセルロースおよびセルロースの利用並びにリグニンの分解について研究し，併わせてその実用化のために*Pleurosus sajor-caju* の培養についても研究している。

North Carolina State University のDr R.D.Gilbertらは，例えばオリゴマー化されたセルロースまたはアミロースのブロックと，オリゴマー化されたポリブタジエンやPETのような他のブロックを持つABAセグメントを持つ共重合物が，セルラーゼやアミラーゼで容易に生分解されることを明らかにしている。

USDAのFPL (Forst Products Laboratory)のDr R.M.Rowell らは，木材と他のリグノセルロースから作った合成物を化学変性したものが，微生物，熱，紫外線照射等で分解することを明らかにしている。また，University of Detroit のDr J.J.Meisterらは，リグニンを利用した分解性共重合体並びにプラスチックを作成した。

Prorein Technologies InternationalのDr T.1.Krinskiらは，化学修飾した大豆タンパクの接着剤への適用について研究している。また，Eastern Michigan University のDr S.K.Dirlikovらは，単糖と二糖をベースとしたモノマーとポリマーの分解性に関する研究を行っている。

さらに，U.S. ArmyのNatick RD & E CenterのDr D.L.Kaplan らは，キトサンおよびプルランについて，それぞれの生産微生物の増殖をコントロールすることで種々の分子量からなるフィルム

第6章 研究開発動向

を作成し，その基本物性や生分解性を評価するとともに，架橋反応によって物性の改善を行った。

(3) 化学合成系

化学合成による生分解性プラスチックの研究は，セルロースを利用したバイオマス系の生分解性プラスチックの研究と同様に，かねてより幅広く進められてきた。特に，水溶性ポリマーやメディカル分野向けの生体適合性ポリマーの生分解性等については，その分野の専門の研究者によって広範囲な研究が長時間にわたって展開されている。

アメリカの大手化学メーカーのUCC (Union Carbide Corporation)では，化学合成系の生分解性プラスチックとして，脂肪族ポリエチステルのポリカプロラクトン（商品名TONE）を商業化している。ポリカプロラクトンはカプロラクトンの誘導体で，その生分解性についてはかねてから知られている。UCCでは，これを整形外科用ギブス，石膏コーティング，結合剤，型剥離剤，顔料分散剤などとして販売してきたが，最近ではポリエチレンなどの既存のプラスチックに生分解性を付与するための添加剤としても販売している。UCCでは，「TONE」をポリエチレンに添加する場合，重量比で20％まで配合しても機械的特性が低下しないことが確認できている，としている。

また，Rohm and Haas（R＆H）社は，アクリル樹脂の大手だが，かねてよりアクリル樹脂の水溶性の研究と平行して，同樹脂やポリエステルの生分解性の研究や，光分解性プラスチックの研究を進めている。R＆H社によれば，今後2～3年で分解性プラスチックを商品として市場に出せる見通しだという。

一方，University of Connecticut のDr S.J.Huangらは，1972年来，分解性ポリマーの合成および医学分野での応用に関する研究に取り組んでいる。主とする研究テーマはスターチアセテート，酢酸セルロースおよびこれらの両者のブロックコポリマーと，PVA誘導体などについてで，これまでにポリ(アルキレン－D－タータレイト)，ベンジル化ナイロン，ポリウレア，ポリ（エステル－ウレア），ポリ（アミド－ウレタン），ポリ（アミド－エステル）などの生分解性ポリマーを合成している。Huang らは，生分解性プラスチックの合成に2つのアプローチを試みている。ひとつは，全く新規の生分解性プラスチックの合成であり，この設計から合成，実用化までには3～5年の期間が必要としている。もうひとつのアプローチは，既存のプラスチックに化学的，光化学的分解の過程を組み合わせるというもの。

また，University Maryland のDr W.J.Bailey らの研究は，ラジカル開環重合による生分解性ポリマーの合成についてで，環状ケテンアセタールあるいは環状アルコキシアクリレートの単独またはエチレン，スチレン等ビニルモノマーとのラジカル重合によって，主鎖にエステル結合を持つポリマーを合成したというものである。

このほかPurdue University のDr R.Narayan (現Michigan State University)らのポリ酪酸をベースとする生分解性プラスチックなどが知られている。

2 海外

(4) その他の分解系

本項では，主として光分解性プラスチックの開発動向について述べる。現在，アメリカおよびカナダでは，数種類の光分解性プラスチックが実用化されており，さらに各種の光分解性プラスチックに関する研究も進められている。

その中で最もよく知られているのは，カナダのEco Plasticsの光分解性ポリマー（商品名Ecolyte）である。これは，University of Toronto のDr J.E.Guilletらが開発した技術を実用化したもので，スチレン，エチレン，プロピレン等とビニルケトンとの共重合体であり，使用時には汎用プラスチックのマスターバッチとして使用する。Eco Plasticsでは，アメリカでの事業展開のための合弁企業として，Polysar との出資によりEnvirmerを設立している。主としてポリエチレンやポリスチレン向けに販売しており，ポリエチレンはショッピングバッグ，ラッピングフィルムとして，またポリスチレンは食品容器として拡販したい考えである。さらに，ポリスチレンの発泡シート（PSP）分野ではDow Chemicalにサブライセンスしている。

また，UCCでは光分解性樹脂としてエチレンの一酸化炭素との共重合体（商品名ECO）を企業化している。ECOは，特殊な反応装置で合成され，すでに15年ほど前から実用化されて，主として清涼飲料や6本入りの缶ビールのキャリヤに使用されている。

2.1.2 生分解性プラスチックの定義と評価方法開発の動向

生分解性プラスチックのシーズ開発と平行して積極的に展開されているのが，定義の検討と評価方法の開発である。これは，アメリカやカナダに限らず，ヨーロッパや日本でも同時平行的に進められている。しかし，これに関する情報がアメリカに集中しており，目下のところ生分解性プラスチックの定義と評価方法の開発のリーダーシップはアメリカが取っていると言えそうだ。中でも中核的存在はアメリカのASTM（米国材料試験協会）である。

(1) ASTMの活動と生分解性プラスチックの定義

ASTMでは，各種の材料試験に関する規格（ASTM規格）を設定しており，材料別に委員会を設置している。

このうち生分解性プラスチックについては，D-20プラスチック委員会（Plastics Committee）の下部組織D-20.96環境分解性プラスチック小委員会（Environmentally Degradable Plastics Subcomittee）で検討が進められている。

この小委員会は，Prudue University のDr R.Narayan (現Michigan State University)を小委員長に，1989年の3月に設置され，第一回の会合で検討課題の抽出と，これに沿って生分解性グループ，光分解性グループ，化学分解性グループ等のテーマ別の検討グループを設けることを決め，さらに同小委員会の第一回ワークショップを1989年11月にカナダのトロントで開催することを決めた。

これに基づいて開催されたワークショップでは，生分解性プラスチックの定義と評価方法に関

第6章　研究開発動向

する研究概要が各国の研究者から発表され，さらに分解性プラスチックの定義について，活発な意見が交換された。

定義の検討にあたっては，生分解性プラスチック，光分解性プラスチックおよび生体内分解性プラスチックのそれぞれの定義に関して，それぞれのグループに分かれて意見が交換されたが，いずれも最終的な合意点には達しなかった。

この総会で議論された生分解性プラスチックの定義に関する要点は，「生分解性」については，「Loss of property caused by a biological agent」（生物学的作用に基づく物性の低下）としたが，全体の合意は得られなかった。

また，「生体内分解性プラスチック」については「Polymeric materials that undergo bond scission under environmental conditions at an accelerated rate as compared to a control」（環境条件下において対照より速い速度で結合の切断が起こる高分子材料）としたが，なお検討を続けることになった。

さらに「光分解性」については定義の合意が得られなかった。なお，この小委員会の第二回のワークショップは，1991年秋にフランスで開催されることになった。

一方ASTMでの検討とは別に，企業や関連業界等でも生分解性プラスチックの定義について，それぞれの立場から検討が進められている。

その一例として，ポリカプロラクトンや光分解性コポリマーを手掛けているUCCの，生分解性プラスチックに関する見解を紹介しておく。

《分解性プラスチック》　環境下で，比較的早い速度で化学的，生物的あるいは物理的な力でポリマーのボンドが切断され，破砕または崩壊されていくプラスチック

《生分解性プラスチック》　分解の最初のメカニズムが細菌，酵母，菌類，藻類，酵素のような微生物の働きによるものであるプラスチック

《光分解性プラスチック》　分解の最初のメカニズムが光源の働きによるものであるプラスチック

(2)　生分解性プラスチックの評価方法開発の動向

ASTMでの生分解性プラスチックに関する論議が活発化してきたのと並行して，評価方法の開発にも拍車がかかって来ている。

1989年春にダラスで開催されたACSでは，生分解性プラスチックの評価に関する幾つかの研究成果が発表された。例えば，Worcester Polytechnic Inst.のDr J.T.Parkらは，スターチの酵素分解速度に関する基質の枝別れ効果についての研究成果を発表した。これは，ジメチルスルホキシド／水の混合水系溶媒中にα-アミラーゼを用いてスターチの酵素分解を研究したものである。

2　海　外

　また，USDAのNRRCのDr J.M.Gouldらは，複合タイプのプラスチックフィルムの中に各種のデキストリンを練り込んで，その分解性や物性等を研究した，などの発表があった。

　また，ASTMのトロントのワークショップでも，生分解性プラスチックの評価方法について研究成果が発表された。

　例えば，デンプン系ブレンドタイプの生分解性プラスチックを企業化しているADMのDr M. Matlock は，イリノイ州で実験中の土中埋設試験の概要と結果を紹介している。

　University of Toronto のDr J.Guilletは，光分解したプラスチックの微生物分解性の評価をWarburg 法と^{14}C法によって実施した結果について発表した。

　さらにExxonのR.Austinは，プラスチックの分解性を評価する方法として，埋め立て地，森林，活性汚泥等の土壌から標準的な接種物を採取し，これを培養して分解性評価のための土壌として使用した試験方法とこれによる試験結果を発表した。

　また，University of IllinoisのDr D.Wool は，微生物，昆虫，光分解，化学的分解などプラスチックの分解メカニズムに関する考察について発表した。

　こうした結果を踏まえて，ASTMでは，分解性プラスチックの評価方法の研究にあたって必要な項目を，生分解，光分解，生体内分解のそれぞれのプラスチックについて検討し，抽出したが，最終的な合意は得られず，次回に議論は持ち越しとなった。

　一方，これ以外にも，生分解性プラスチックの評価方法の研究は各方面で進められている。例えば，化学合成による生分解性プラスチックの研究をすすめているUniversity of ConnecticutのDr S.J.Huangらは，その評価方法として以下の方法を実施している。

　具体的には，《生分解性の評価方法としては，物理的手法と生物学的手法との両面で評価することが必要である。物理的手法では，重量減少と分子量減少とを測定している。また生物学的手法として，カビ生育試験法と酵素法（タンパク分解酵素を使用）を併用し，CO_2の発生を測定している。》というもの。

　また，Allied/Signal Inc のA.Lleneaは，分解性プラスチックの評価のための試験方法とその項目を整理し，評価のための試験方法の標準化の必要性を訴えている。彼は，スターチやセルロースのプラスチック中での挙動解析を行い，電顕等で得た結果を明らかにしている。

　これ以外にも，大学や国立研究機関等で生分解性プラスチックの評価方法の開発が精力的に進められており，定義の検討と共に生分解性プラスチックの開発と普及に資するための基盤固めとも言うべき作業が進められている。

2.2　ヨーロッパの動向

　ヨーロッパにおいても，生分解性プラスチックの開発が積極的に進められている。特に，イタリアでは，1991年1月からポリエチレン製のショッピングバックをすべて分解性とし，非分解性

第6章 研究開発動向

のショッピングバックには課税する（課税は1989年1月から実施）法律が，1986年に制定されており，これが契機となって廃プラスチックの処理に対する関心が急速に高まり，同時に生分解性プラスチックの開発に拍車がかかって来た訳である。

こうした背景から，イタリアをはじめヨーロッパ各国で生分解性プラスチックの開発が進んでいるが，特に世界から注目されているのはイギリスのＩＣＩが1990年秋に本格発売する予定の微生物生産型の生分解性プラスチック（商品名・ＢＩＯＰＯＬ）であろう。

一方，シーズ開発と平行して定義の検討と評価方法の開発も進められており，西ドイツやフランス，スウェーデンなどの各国の大学や研究機関が取り組んでいる。

また，ＡＳＴＭのＤ－20.96 環境分解性プラスチック小委員会の第二回ワークショップが1991年秋にフランスで開かれることから，これを契機に評価方法の研究開発が進むと見られている。

さらに，西ドイツをはじめとするヨーロッパ各国の政府でも，生分解性プラスチックに対する関心を深めている。

2.2.1 シーズ開発の動向

(1) 発酵生産系

微生物生産系の生分解性プラスチックで注目されているのは，イギリスのＩＣＩが商品化しつつあるバイオポリエステル3 −hydroxybutyrate −hydroxyvalerate （3ＨＢＶ）コポリマー（商品名ＢＩＯＰＯＬ）である。ＩＣＩでは，1967年代半ばからバイオポリマーの本格的な研究に着手し，1970年代末に3ＨＢＶコポリマーを微生物で生産する特許を出願した。

ＢＩＯＰＯＬは，生分解性，自然環境への適合性，生体適合性，光学活性などの特性を有しており，単なる生分解性プラスチックというより，生分解性などの自然環境への適合性を備えた新しいバイオポリマーと言うことができよう。

ＩＣＩによれば，微生物生産系のポリマーは，グルコースを原料として直接合成できる，分子量約100万という機械的性質の良好な高分子量タイプも直接合成できるなど点で，化学合成型ポリマーより優れているとしている。価格は，4,000 〜7,000 円／kgと非常に高いが，生産規模が拡大すれば汎用プラスチックの4，5倍まで下げられる，とＩＣＩでは説明している。

当面，ボトル，コンテナーなどの小型の製品への実用化を想定しており，今年中には西ドイツでバイオポールを用いた化粧品ボトルが発売される計画である。

また，西ドイツのUniversitat Gottingen のDr A.Steinbuchelらは，Alcaligenes eutrophus のＰＨＢ生合成系遺伝子の解析について研究している。これは，Alcaligenes eutrophus からＰＨＢの生合成系に属する関連酵素の構造遺伝子ＤＮＡを取り出して，大腸菌の遺伝子に導入し，ＰＨＢ生合成能をもつ大腸菌の育種に成功したというもので，今後の成果に期待が寄せられている。

2 海 外

(2) 天然物由来系

ヨーロッパでの天然物由来系生分解性プラスチックの研究については，デンプン由来のタイプと植物を利用したバイオマスタイプがよく知られている。特に，デンプンブレンドタイプは，もともとイギリスで開発されたものである。

これを開発したのは，イギリスのBrunel UniversityのDr G.L.Griffinで，ショッピングバッグ用のポリエチレンを改質するための研究成果を基礎にして開発されたもの。開発にあたっては，スターチそのものの研究から始まり，さらにドライスターチとポリエチレンに，数種類の添加剤を加えて，現在のデンプンブレンドタイプの生分解性プラスチックに到達した。Griffinの開発した技術では，ポリエチレンに混入する添加剤は，低密度ポリエチレンの場合，樹脂に不飽和ポリマー（具体的な物質は不明だが，酸化剤として利用），スターチ，遷移金属化合物，抗酸化剤など。この特許の実施権は，現在ADM社が保有している。

一方，デンプン以外の天然物由来系として注目されているのが，西ドイツのBattelle Europe（Battelle Memorial Instituteのヨーロッパ法人）が開発した2種類のバイオマス型生分解性プラスチックである。これは，ひとつがハイアミロースタイプのグリーンピースを利用した熱可塑性樹脂であり，もうひとつが油脂植物から採取した高級脂肪酸を利用した熱可塑性樹脂である。

グリンピース系の熱可塑性樹脂は，Battelleの技術によって品種改良して，通常グリンピース中デンプンに含有されるアミロースの比率が20wt％程度であるのを，含有率75wt％程度に高めたグリンピースを育成し，そのグリンピース中のデンプンを採取して化学的に修飾し，ポリマー化したもの。

得られた樹脂は，10wt％程度の添加剤を加えることによって，フィルムなどに加工することができる。このフィルムは透明で柔軟性に富む，着色・印刷・接着等の二次加工が可能，水溶性であるなどの特徴をもっており，完全分解型のプラスチックである。加工温度は120℃程度。価格は将来的には，kgあたり10マルク程度と予想されている。この技術については，すでにライセンスが供与されており，実用化に向けて用途開拓等が進められている。

また，高級脂肪酸の熱可塑性樹脂は，既存のプラスチックと1対1の比率で混合されて，フィルムなどに加工される。この樹脂を用いたフィルムは，透明で耐水性に富み，140℃程度で加工される。この樹脂の生分解性については試験等による評価はなされていないが，原料から推測して生分解性であることは間違いないとしている。

このほかイタリアのMontedison社の開発したデンプン由来の生分解性プラスチック，ベルギーのスターチメーカーのアルム社の開発した同タイプの生分解性プラスチックなどが知られている。

(3) 化学合成系

ヨーロッパの化学合成系の生分解性プラスチックの研究は，各国の大学や国立研究機関等で進

められていると見られているが，注目されたのはACSとASTMで発表された数件の発表に止まった。そこで，それらについて以下に紹介しておく。

スウェーデンのThe Royal Institute of TechnologyのDr Ann C. Albertssonは，脂肪族ポリ酸無水物を合成し，その特性の解析や分解性の評価について研究している。分解性の評価については，加水分解速度の測定によっている。またポリ酸無水物連鎖とポリ(エチレングリコール)連鎖を結合したブロックコポリマーが，熱可塑性エラストマーとなることを明らかにした。

フランスのUniversity of RousenのDr M. Vertは，ポリマー（PLA-50）の医療用途に関連し，生分解性ポリマーの *in vivo* 挙動に影響を及ぼす因子の抽出の研究を進めており，生分解性ポリマーの消失過程をモニターしたデータを発表している。

また，イスラエルのThe Herbrew University of JerusalemのDr D. Cohnは，ポリ（エチレンオキシド）とポリ（グリコール酸）あるいはポリ（乳酸）の連鎖からなるブロックポリマーを合成し，それらのブロックポリマーの機械的性質と加水分解性を評価した。

(4) その他の分解系

その他の分解系としては光分解と特殊な化学分解による分解性プラスチックがある。

このうち光分解性プラスチックには，イタリアの化学メーカーのEnichemが手掛けているScott Systemが知られている。これは，エチレンとCOおよびVAcの三元重合体で，Enichemではこれを主として農業用マルチフィルムに適用しているが，イタリアではポリエチレンのショッピングバッグはすべて分解性でなければならないとの法律が施行されている関係で，この分野にもこの材料が向けられるのではないか，と見られている。

一方，特殊な化学分解性プラスチックとは，スイスの化学メーカーのBelland AGが開発したアルカリ溶解型のポリマーで，主としてアクリル酸またはアクリル酸エステル系のポリマーである。Bellandでは，このポリマーをリサイクル可能なポリマーとして実用化させたい考え。

2.2.2 生分解性プラスチックの定義と評価方法開発の動向

生分解性プラスチックのシーズ開発と並行して，ヨーロッパでも生分解性プラスチックの定義の検討と評価方法の研究が進められている。

定義に関しては，アメリカのASTMのD-20.96 環境分解型プラスチック小委員会の動きに呼応して，ヨーロッパ各国での議論が進められているといって良い。なお，ASTMの次回ワークショップは1991年秋にフランスで開催される予定である。

(1) 評価方法開発の動向

ヨーロッパでの評価方法の開発は，大学や研究機関等と企業からの取り組みが進んでいる。例えば，大学ではスウェーデンのDr Albertssonやフランスの Dr Vert，研究機関では西ドイツのBattelleなど，企業ではイギリスのICIなどが，積極的に評価方法の開発を進めている。以下に，その代表的なものを紹介しておく。

2 海外

Battelleの研究している試験方法は、嫌気性スウェッジ（普通の下水中）を利用する方法と、埋め立て処理を想定して類似した環境条件下で行う方法の二つがある。このうち埋め立て処理タイプは、生分解性プラスチックの評価のひとつの方法として興味がもたれている。これは、一般的な埋め立ての平均的組成に試験サンプルを詰めて、その環境下での分解性を測定するというものある。

さらにBattelleでは独自に開発した評価装置を使って生分解性の評価を行っている。この装置は、水平においたガラス管内（カラム）に、試験に供する検体を埋設した土壌を仕込み、カラムの一方から約6 ℓ／hrの流速で外気を送風し、他端から流出する気体をCO_2測定装置に導いてCO_2濃度を連続的に検出するというもの。この測定装置は、18カ月間の連続運転の実績があり、これで市販の低分子量ポリエステル等のプラスチックの生分解性を評価した実績もある。

またスウェーデンのAlbertssonは、ポリエチレンの生分解と分解生成物についての研究を長期間にわたって進めており、イギリスのUniversity of Liverpool のDr D.Williams は、プラスチックの分解性評価の有力な候補として酵素分解法（Enzymatic Degradation Assay Method）を研究している。

また、フランスの大手化学企業のRhone Poulenc のC.Ballinger は、オレフィンまたはポリスチレンに2種のセリウム塩を加えて光分解性を評価する方法を研究している。

第7章 特許から見た研究開発動向

高橋正夫*

1 はじめに

　分解性プラスチックの研究開発が世界的に活発になって来ている。我が国でも再び積極的に取り上げられるようになって来た。1970年代の初め，高度経済成長期にも，諸産業の公害問題の解決策として取り上げられたが，今回は，地球規模の環境問題が主な要因となっている。

　このような状況の中で，産官学の各々の研究機関で数多くの分解性プラスチックが研究，開発されている。その研究開発の動向を特許から見ていくことにしよう。

2 検索方法

　分解性プラスチックの特許検索は，ＰＡＴＯＬＩＳ検索システムによって，固定キーワードＲ041（分解型プラスチック）を中心に用いて行った。検索対象期間は，公開制度が導入された1972年7月から1990年2月までの公開特許とした。また，上記検索方法では全ての分解性プラスチックの特許をカバーすることはできないので公開特許公報から関連のあるものを選び出した。

3 特許の概要

　分解性プラスチックは大別して，細菌やバクテリア等の微生物により分解される生分解生プラスチックと，紫外線によって分解される光分解性プラスチックに分けられる。この観点から分解性プラスチックの特許出願件数の推移を示したのが，図1である。

　1970年代の前半に光分解性プラスチックの研究が盛んであったことがうかがえる。また1985年あたりから再び増加の傾向にあり，特に生分解性プラスチックについて増加して来ていることがわかる。地球環境問題等の状況からも，今後の研究開発の活発化に伴い，出願件数の急増が予測される。

　生分解性プラスチック，光分解性プラスチックの特許を内容から，製造法，組成物，用途とそれぞれの特許に分類することができる（図2）。

　＊　Masao Takahashi　エム・ティ・インターナショナルコンサルタント㈱　代表取締役社長

3 特許の概要

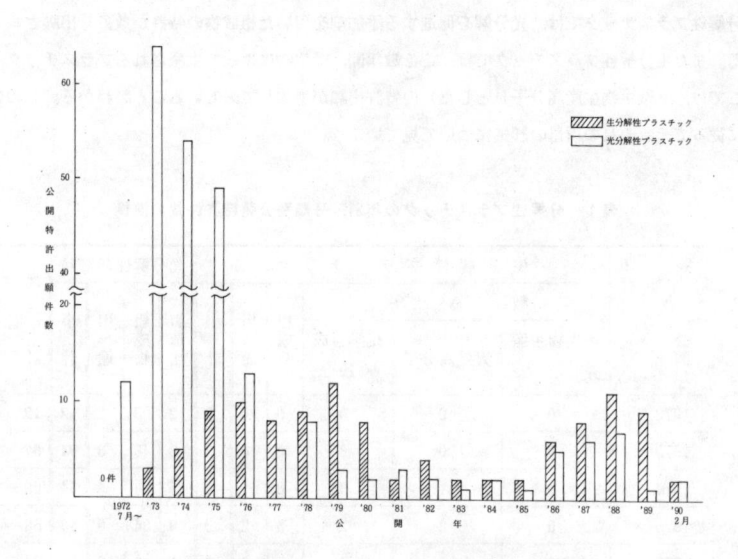

図1 分解性プラスチックの公開特許出願件数の推移

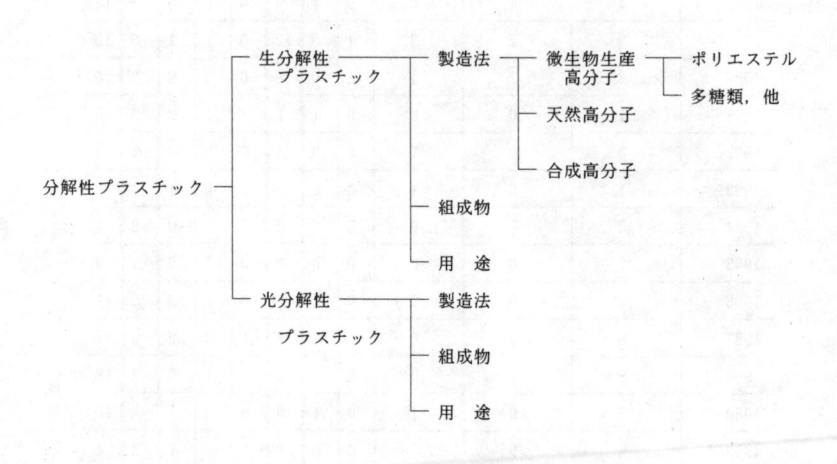

図2 分解性プラスチックの分類

第7章 特許から見た研究開発動向

この分類に従って，各年次別の特許出願状況を示した（表1）。表1からもわかるように，光分解性プラスチックでは，光分解を促進する添加剤を用いた組成物の特許が数多く出願されている。また生分解性プラスチックでは，ここ数年間，微生物によって生産されるプラスチック（ここでは，「微生物生産高分子」とした）の特許出願が増加して来ていることがわかる。この分類に従ってそれぞれの項目の詳細について見ていこう。

表1 分解性プラスチックの年別，分類別公開特許件数の推移

項目 公開年	生分解性プラスチック						光分解性プラスチック				総計
	製造法			組成物	用途	小計	製造法	組成物	用途	小計	
	微生物生産高分子	天然高分子	化学合成高分子								
1972.7〜	0	0	0	0	0	0	2	8	2	12	12
1973	0	0	0	3	0	3	8	48	8	64	67
1974	0	1	0	3	1	5	15	34	5	54	69
1975	0	2	2	3	2	9	9	34	6	49	58
1976	0	1	4	5	0	10	1	9	3	13	23
1977	3	0	1	3	1	8	2	0	3	5	13
1978	4	4	0	1	0	9	0	2	6	8	17
1979	3	2	3	1	3	12	0	2	1	3	15
1980	2	1	4	1	0	8	0	0	2	2	10
1981	1	0	0	0	1	2	1	0	2	3	5
1982	3	0	1	0	0	4	0	2	0	2	6
1983	1	0	1	0	0	2	0	0	1	1	3
1984	2	0	0	0	0	2	0	2	0	2	4
1985	2	0	0	0	0	2	0	1	0	1	3
1986	3	0	0	2	1	6	0	2	3	5	11
1987	5	0	3	0	0	8	1	3	2	6	14
1988	5	0	3	2	1	11	1	1	5	7	18
1989	7	0	1	0	1	9	0	0	1	1	10
1990.2	2	0	0	0	0	2	1	0	1	2	4

4 特許の詳細な内容

4.1 生分解性プラスチック

4.1.1 微生物生産高分子

(1) 微生物生産ポリエステル

ポリ（3-ヒドロキシブチレート）(P3HB)は，エネルギー貯蔵物質として数多くの微生物に蓄えられているが，このポリマーの合成法，正確には発酵製造法は，1970年代半ごろからヨーロッパのアグロフェルム社（特開昭 52-87109, 53-20478），ソルベイ社（特開昭 55-99195），ICI社（特開昭 56-117793）によって研究されて来た。

ICI社は，微生物ポリエステルの製造法を精力的に研究している。プロピオン酸やイソ酪酸の炭素源よりの3-ヒドロキシバリレート（3HV）-3HB共重合体（57-150393, 59-220192 以下ことわりのない場合は全て特開昭の特許番号である。），ポリマーの菌体内からの分離精製法（57-174094, 57-152893, 59-205992, 60-145097），ポリヒドロキシ酪酸-ポリバレリン酸共重合体（61-293385）の製造法等が出願されている。

国内では，1985年に三菱レイヨンよりポリ（β-ヒドロキシ酪酸）の製造法，分離精製法（60-251889, 63-198991）が出願されている。また東京工業大学の土肥助教授は，吉草酸や酪酸を炭素源に，3HB-3HV共重合体の製造法（63-269989）を出願している。さらに同氏は，三菱化成と共同で，3HB-4HB（4-ヒドロキシブチレート）共重合体（64-48821）や4HB-3HB-3HV共重合体等（01-156320, 01-222788, 01-304891, 02-27992 ただし01,02は特開平 1，特開平 2のことである。）を出願している。三菱瓦斯化学とも共同で3HB-3HV共重合体（64-69622）について出願している。

$$-(O-CH(CH_3)-CH_2-C(O)-)- , \quad -(O-CH(CH_2CH_3)-CH_2-C(O)-)- , \quad -(O-CH_2-CH_2-CH_2-C(O)-)-$$

$$3HB \qquad\qquad 3HV \qquad\qquad 4HB$$

(2) 微生物生産多糖類

微生物を用いて製造されているものは，ポリエステルの他に多糖類があげられる。プルランは，林原生物化学研究所と住友化学により研究され，数多くの特許が出願されている。プルランのエステル化等変性または修飾したものも出願されている（49-83779, 52-78286）。東ソーではガラクトースやアミロースを主な構成糖とするフィルム成形できる多糖類を製造している（54-140792, 55-75401）。

微生物より生産されるセルロースに関する出願は，味の素（61-113601）や，工業技術院（61

第7章 特許から見た研究開発動向

−215635, 63−199201) から水分散性の優れたセルロースの製造法が，無定形無秩序セルロース，網状セルロース，多重リボンセルロースの製造法がテキサス大学 (62−11100, 01−13999, 02−27979)，シータス社 (62−175190) から出願されている。微生物生産セルロースの乾燥分離回収法についても，ダイセル化学 (63−68093, 63−294794) より出願されている。

4.1.2 天然高分子

　天然高分子を利用したものには，三洋化成のデンプン，セルロース，アクリル酸類からの吸水性分解ポリマーの合成法 (53−130788, 53−130789) や，キチンをトリクロロ酢酸等の溶媒に溶解させたキチン膜の製造や，キチンのアシル化，アセチル化法が工業技術院大阪工業試験所 (53−99254, 55−7848) や味の素 (53−47479) より出願されている。タンパク質改質樹脂は，出光興産 (51−13879)，日東電工 (54−62296) より出願されている。デンプンを用いた重合体の製造法は，日澱化学 (55−90518, 55−157643) より出願されている。

　天然高分子と直接関係はないが，微生物を用いたポリマーの分解についても研究がなされているのでここで触れておこう。

　モラクセラ属菌やペニシリウム属菌等を用いる，ポリヒドロキシスチレンやポリスチレンの低分子化法について工業技術院製品科学研 (52−58783, 53−36593, 53−118580, 53−124674) より出願されている。またポリアクリル酸エステルの微生物による分解についてクラレ (52−9972, 52−9973) より出願されている。

セルロース

キチン

プルラン

212

4 特許の詳細な内容

4.1.3 合成高分子

微生物からの生産によらない，化学合成法による生分解性プラスチックの開発についても盛んに研究されている。

グリコール酸や乳酸から得られるグリコリドやラクチドを出発原料にポリグリコリドやポリラクチド（ポリ乳酸）を合成したものや，ポリウレタンを生体適合性ポリマーとして用いる研究が

グリコリド　　　　　　　　ラクチド

京都大学筏教授，バイオマテリアルユニバース，ダイセル化学 (61-36321, 63-264913) によりなされている。一酸化炭素とホルムアルデヒドから直接ポリグリコリドを製造する方法について

ポリグリコリド　　　　　　ポリラクチド

工業技術院化学技術研 (55-102619, 55-139415, 55-147515, 58-52316) より出願されている。ポリカプロラクトンとナイロンの共重合体は，リパーゼにより生分解されることを工業技術院微生物工学研，大阪工業試験所 (55-119595) が見出した。また，東京工業大学遠藤教授と協和発酵は，2-メチル-4-置換-1,3-ジオキソランの光学活性ポリマーの開発を行っている (62-277213)。

$$-(CH_2-C-O-CH_2-\overset{*}{CH})_n-$$
$$\qquad\ \ \overset{\|}{O}\qquad\qquad\ \ R$$

さらに同氏は，日本石油化学と光分解，生分解しやすい新規なエチレン共重合体の開発も行っている (62-260821)。日本触媒化学では，生分解光分解の材料となる N, N-ジメタクリロイルシスタミンや N-(2-メルカプトエチル)メタクリルアミドの出願をしている (62-22754, 62-96461)。

$$-(CH_2-CH_2)_m-(CH_2-CH=CH-O-CHX)_n-$$

(X＝ナフチル基，フェニル基，ニトリル基)

第7章 特許から見た研究開発動向

4.1.4 組成物

組成物の特許では,生分解性プラスチックと他のポリマーとのブレンドが中心となっている。これらの特許は,表1からわかるように1980年以降はほとんど出願されていない。以下にその内容を示す。

熱可塑性樹脂（ポリオレフィン,ポリ塩化ビニル,アクリル樹脂）／微生物菌体の組成物は,出光興産（49-55739）,住友ベークライト（51-59953）より出願されている。高級脂肪酸／ポリオレフィン組成物は資生堂（49-131236）,デンプン／ポリオレフィンは三菱化成（50-110445）,棉実外皮殻,リンター粉末／熱可塑性プラスチックの組成物は,日清製油（51-5347）,植物性微細繊維／ポリウレタン組成物は東洋護謨化学（51-11895）,植物性微細繊維／ポリウレタン組成物は,第一工業製薬（63-284232）より出願されている。

今後,優れた生分解性プラスチックの開発により組成物の研究も盛んに行われていくと考えられる。

4.1.5 用途特許

生分解性プラスチックを用いた用途特許には,下記のようなものがある。

農業用フィルム,シート（資生堂 50-57834,工技院微工研 54-119594, 56-22324, 三菱油化 56-42526）,徐放性薬剤（レーベン ユーティリティ 50-109243, リサーチトランアングル 64-13034, ＥＬＡセルタールク 64-42433）,植林用鉢,生分解性繊維（工業技術院微工研 54-123453, 54-120727）。

4.2 光分解性プラスチック
4.2.1 光分解性プラスチックの製造法

光分解性プラスチックは,長年にわたり研究されており,多くの特許が出願されている。

エチレン,一酸化炭素共重合体の製造法に関する出願は古く,1940年,Du Pont社によりなされた。その後,Eastman Kodak社（特公昭 42-18812）,エコ・プラスチック（49-10234）等から出願されている。

$$-(CH_2CH_2)_m-(CH_2CH_2CO)_n-$$

一酸化炭素,塩化ビニルの共重合体は,工業技術院大阪工業試験所（48-30789, 49-126800）より出願されている。

光分解性のあるケトン基を持つビニルケトンと他のビニル系モノマー（スチレン,塩化ビニル,メタクリル酸メチル, α-メチルスチレン等）との共重合体はトロント大学（47-1397）,積水化学工業（48-64136, 48-62849, 48-64186）, ＩＣＩ社（50-70492）,三菱レイヨン（51-93991）等が出願している。

4 特許の詳細な内容

$$CH_2=CH \atop \underset{R}{\overset{|}{C=O}} \ + \ CH_2=CH \atop R' \ \longrightarrow \ \left(CH_2-CH \atop \underset{R}{\overset{|}{C=O}}\right)_m \left(CH_2-CH \atop R'\right)_n$$

その他,ポリ1,2-ブタジエンは日本合成ゴム(49-47452),ポリイソブチレンオキシドはダイセル化学(48-93655)より出願されている。

$$\underset{CH_3}{\overset{CH_3}{}}\!\!\!\underset{\diagdown}{\diagup}\!\!C\!-\!\!CH_2 \ \longrightarrow \ \left(CH_2-O-\underset{CH_3}{\overset{CH_3}{\overset{|}{C}}}\right)_n$$

イソブチレンオキシド

最近のものでは,アクリル酸エステルとオキシムメタクリレートの共重合体について日東電工(63-260912)より出願されている。以上記載したものには,商品化されているものもある。

$$-\!\!\!\left(CH-CH\right)_m\!\!\!-\!\!\!\left(CH_2-CH\right)_n\!\!\!- \atop \underset{CH_3}{\overset{CH_3}{\overset{|}{\underset{O}{\overset{|}{C=O}}}}} \quad \underset{R_2}{\overset{R_1}{\overset{|}{\underset{O-N=C}{\overset{|}{C=O}}}}}$$

4.2.2 組成物

光分解プラスチック組成物の特許は1970年代前半に数多く公開されている(表1参照)。その組成物としては,紫外線吸収剤,増感剤のような添加剤をポリオレフィン等の熱可塑性樹脂と配合したものが中心である。この添加剤は,次のように分けることができる。

添加剤 ①有機化合物
②有機金属,無機金属錯体
③ポリマー,オリゴマー

有機化合物添加剤として代表的なものは,ケトン系,キノン系,アゾ系(ベンゾフェノン,ベンゾトリアゾール,アントラキノン等)化合物をポリオレフィンやビニル系樹脂に配合したもので,ICI社(47-9588),トロント大学(49-18928),東洋紡(50-15827),三井東圧(50-16741, 50-61444),住友化学(48-57051, 48-97950),日本合成ゴム(48-19634),プリンストンポリマーラボラトリー(49-63741, 50-15829, 53-111344),三菱油化(50-67889),バイオデグラダブルプラスチック(48-54153, 50-34340),三菱化成(47-21440, 49-53232)等から数多く出願されている。またインダジオン,インダノン等の化合物は,積水化学(48-61550, 50-21079, 50-21085, 51-91956)から,またスルフィド化合物は,旭ダウ(48-1044),旭化成(50-100141)からそれぞれ出願されている。

第7章 特許から見た研究開発動向

有機金属，無機化合物およびその錯体を用いたものは，コバルト，亜鉛，ニッケル，鉄等の金属との配位化合物（アセチルアセトナート鉄，酢酸ニッケル）や有機酸塩（ステアリン酸第二鉄），ハロゲン化物（塩化亜鉛）等を代表例として掲げることができるが，これらのものを添加剤として用いた組成物は，ＩＣＩ社(47-20234, 48-14741, 48-64130)，ＵＣＣ社(48-43027)，播磨化成 (48-40839, 48-93641)，バイエル (50-75234)，ビーエーエスエフ(50-37842)，ヘキスト(48-38341, 50-141641)，住友化学 (48-75639, 48-84136)，エチレンプラスチック (49-71030, 50-34336, 50-69160)，日本石油化学(49-78740)等から出願されている。また炭酸カルシウムを用いたものは日産石油化学 (51-20944, 51-69040, 54-4732) より，フェロセンを用いたものはＩＣＩ社 (48-14738)，ソルベイ (51-17931)，日本ゼオン (51-6242) より出願されている。最近のものでは，酸化亜鉛とピペリジン類を用いたエクソンリサーチ社(59-133234)や，第二鉄塩とエポキシ系可塑剤を用いた三菱モンサント化成 (61-95072)出願のもの等がある。

ポリマー，オリゴマーを添加剤に用いたものとしては，テルペン系，石油樹脂を添加剤とした住友化学(48-43748, 48-43749)，三井石油化学 (48-103643, 49-52936)出願のものを掲げることができる。またポリオレフィンの低重合物（たとえばポリエチレン）を用いたものに積水化学 (48-66147)，日本石油化学(49-22446)，資生堂(50-52153)出願の，高級脂肪酸やそのエステルを用いたものに資生堂 (50-62243, 50-82152, 50-113550)，ヘキスト社 (63-241069)出願のものがある。

さらに，光分解性プラスチックを添加剤として用いたものとして，一酸化炭素とエチレン共重合体を用いたものは住友化学(50-34044, 50-34087)より，ビニルケトンと塩化ビニルやアクリル酸エステルの共重合体を用いたものはクレハ(50-7849, 50-24338, 50-24340)，ビーエーエスエフ社(50-45029)，バイエル社 (50-98949)より，ポリ-1,2-ブタジエンを用いたものはクレハ(49-89738, 49-110739, 50-14739)，タキロン (52-43873)，旭化成 (49-99547)等より出願されている。

その他，信越化学出願のケイ素を含有するアセチレンポリマー (60-158247) やセルロース誘導体に増感剤を添加したダイセル化学出願のもの(57-55938, 57-55939)をつけ加えておく。

4.2.3 用 途

光分解性プラスチックを用いた用途特許には，次のようなものがある。

液晶表示パネル（精工舎 53-140049)，苗不用除草板（日本パーカライジング 55-99144），光崩壊性農業用結束資材（高藤化成 58-212727)，光崩壊性テープ（植物誘引用）(三菱モンサント化成 61-95047, 61-95072，バンドー化学 63-245440, 63-245441，三菱化成ビニル 61-179352, 63-112760)，乾式トナー（富士ゼロックス 61-122655)，磁気ヘッド（キヤノン電子62-65211)，崩壊型被覆粒状肥料（チッソ 63-17286)，害虫防除用帯体（タキロン 63-238001)， 苗床用素材（キンバリークラーク 61-254105)等がある。

5 おわりに

分解性プラスチックの研究開発の動向を特許を通して見て来た。

1970年代の前半に公害問題を背景に分解性プラスチックの研究が盛んに行われ，再び今，地球環境問題がクローズアップされる中，活発化して来たが，プラスチックの廃棄物問題はリサイクルや焼却の問題も含めて解決していく必要があろう。さらには，分解による二次公害も考慮に入れることを忘れてはならないであろう。

特許を見る限りでは，研究開発された分解性プラスチックは，単に環境問題解決のためのみに使われているのではなく，エレクトロニクス分野をはじめとし，多くの分野で用いられようとしている。この分解性プラスチックが，様々な産業分野で用いられ，金属材料，無機材料，高分子材料に次ぐ第四の材料となることを期待したい。

表2 参考特許一覧

（公開特許は，特開昭を省略し，公開番号のみを記した。）

特公昭42－ 18812	48－ 61550	48－ 99241	49－ 60338
47－ 1396	48－ 61553	48－ 99242	49－ 61234
47－ 1397	48－ 62849	48－ 99243	49－ 62555
47－ 2568	48－ 64130	48－100440	49－ 62581
47－ 6282	48－ 64136	48－101437	49－ 63741
47－ 9588	48－ 64186	48－101438	49－ 66662
47－ 20234	48－ 66147	49－103643	49－ 71030
47－ 21440	48－ 69847	49－ 4740	49－ 73436
47－ 27244	48－ 70755	49－ 10235	49－ 78740
47－ 34875	48－ 71445	49－ 10945	49－ 90737
47－ 42849	48－ 75639	49－ 10946	49－ 82790
47－ 42874	48－ 75645	49－ 13246	49－ 83779
47－ 43142	48－ 76938	49－ 16766	49－ 89738
48－ 837	48－ 76983	49－ 17895	49－ 99547
48－ 1044	48－ 78246	49－ 20246	49－105838
48－ 1059	48－ 78250	49－ 22446	49－105842
48－ 1081	48－ 80152	49－ 24909	49－105891
48－ 11397	48－ 81967	49－ 31782	49－110739
48－ 14738	48－ 84136	49－ 39687	49－112992
48－ 14740	48－ 84168	49－ 39692	49－114660
48－ 14741	48－ 85635	49－ 40339	49－117538
48－ 17841	48－ 89003	49－ 44055	49－120943
48－ 17842	48－ 90399	49－ 44093	49－126783
48－ 19634	48－ 90400	49－ 45197	49－126800
48－ 30789	48－ 91160	49－ 45953	49－131236
48－ 34952	48－ 92469	49－ 47452	49－133438
48－ 37445	48－ 92471	49－ 50043	50－ 2749
48－ 38331	48－ 93641	49－ 51341	50－ 7849
48－ 40839	48－ 93655	49－ 52243	50－ 8879
48－ 41896	48－ 95431	49－ 52844	50－ 9643
48－ 43027	48－ 96633	49－ 53232	50－ 10376
48－ 43438	48－ 96683	49－ 55739	50－ 14739
48－ 43748	48－ 97950	49－ 55740	50－ 15827
48－ 43749	48－ 97951	49－ 57051	50－ 15829
48－ 48541	48－ 99239	49－ 59848	50－ 15878
48－ 54153	48－ 99240	49－ 59849	50－ 16741

（つづく）

第7章 特許から見た研究開発動向

特公昭50− 18596	51− 11895	54− 4732	61−166829
50− 21079	51− 13879	54− 32594	61−179352
50− 21085	51− 17931	54− 32636	61−215635
50− 24338	51− 20944	54− 62296	61−254105
50− 24339	51− 28144	54− 90380	61−293385
50− 24340	51− 37138	54− 91600	62− 11100
50− 27854	51− 44144	54−119593	62− 22754
50− 34044	51− 44163	54−119594	62− 32894
50− 34045	51− 50354	54−119595	62− 57436
50− 34047	51− 59953	54−120727	62− 65211
50− 34087	51− 61577	54−123453	62− 96461
50− 34336	51− 69040	54−135837	62−116650
50− 34340	51− 71388	54−140792	62−175190
50− 37842	51− 77643	54−154450	62−199653
50− 37882	51− 77644	55− 7842	62−205787
50− 38741	51− 88541	55− 45755	62−260821
50− 45029	51− 91956	55− 75401	63− 17286
50− 52153	51− 93991	55− 90518	63− 68093
50− 57834	51−133341	55− 99144	63−112760
50− 61444	51−133342	55− 99195	63−147889
50− 62243	51−134800	55−102619	63−198991
50− 65592	52− 9972	55−139415	63−199201
50− 67346	52− 9973	55−147515	63−221162
50− 67861	52− 12300	55−157643	63−238001
50− 67889	52− 43873	56− 22324	63−241069
50− 69160	52− 44253	56− 42526	63−245440
50− 70492	52− 44254	56−115306	63−245441
50− 73935	52− 49286	56−117793	63−260912
50− 73936	52− 58783	56−149444	63−277213
50− 73993	52− 78286	57− 55938	63−278924
50− 75234	52− 87169	57− 55939	63−284232
50− 76176	52−119480	57−150393	63−294794
50− 82152	52−131807	57−152893	63−297401
50− 84681	52−131808	57−174094	63−297409
50− 84692	53− 20478	57−180622	01− 13034
50− 86543	53− 28643	58− 52316	01− 13999
50− 98949	53− 36593	58−212727	01− 14243
50−100141	53− 47479	58−212792	01− 42433
50−109243	53− 54542	59−133234	01− 48820
50−109262	53− 56333	59−199570	01− 48821
50−110445	53− 71187	59−205995	01− 69622
50−113550	53− 89300	59−220192	01−156320
50−126752	53− 99254	60−145097	01−222788
50−127963	53−111344	60−158247	01−304891
50−128736	53−118580	60−251887	02− 24320
50−136329	53−121065	61− 95047	02− 27907
50−141641	53−124674	61− 95072	02− 27992
50−157284	53−130788	61−113601	
51− 5347	53−130789	61−122655	
51− 6242	53−140049	61−151252	

第8章 分解性プラスチックの代替可能性と実用化展望

―― メーカー，ユーザーアンケート調査結果の解析 ――

シーエムシー編集部

　ここ数年の世界的な「環境」ブームの中で，廃棄プラスチックがもたらす環境汚染の解決を求める動きが強まっている。特に欧米では，各国の政府・地方自治体において，非分解性プラスチックに対する使用規制，課税等の対策がとられつつあり，わが国においても行政・民間ともに対応を急ぎ始めている。

　こうした中，「分解性」という新しい機能が注目されるようになり，分解性を高めた「分解性プラスチック」の開発と利用が大きな研究課題として急浮上してきた。

　今回「分解性プラスチック」の企画にあたり，分解性プラスチックの開発技術の最新情況を正しく把握するとともに，分解性プラスチックの開発方向・代替用途展望を可能な限り明らかにする目的で以下のようなアンケート調査を実施した。

調査内容の主なものは以下の通りである。
①廃プラスチック対策として，今後の方向はどのようになるか。
②分解性プラスチックへの期待の背景。
③樹脂メーカー，樹脂加工業者を中心とした分解性プラスチックの研究開発状況。
　　生分解性プラスチックおよび光分解性プラスチックのそれぞれについての開発ステージはどのレベルにあるか，今後の研究方向，ターゲットとするポリマーは何か。
④実用化の課題は何か。応用分野としてどのような分野が期待されているか。また，本格的実用化の時期は何年後か。

　調査対象として，協力をお願いした企業は，国内の樹脂メーカー，樹脂加工業者を中心として，分解性プラスチックの開発，応用に関心の深いと考えられる企業から選んだ120企業である。この結果，49社52部署より，詳しい回答を得た。アンケート調査の回収率は43％で樹脂メーカー，樹脂加工メーカーが中心となっている。表1には五十音順に回答社一覧を付した。

第8章 分解性プラスチックの代替可能性と実用化展望

以下アンケート調査集計結果を順にグラフにまとめた。

表1 「分解性プラスチックに関するアンケート調査」回答社一覧（五十音順）

アイ・シー・アイ・ジャパン㈱	中央化学㈱
アイセロ化学㈱	東亜合成化学工業㈱
旭化成工業㈱	東京セロファン紙㈱
旭硝子㈱	東洋インキ製造㈱
味の素㈱	東洋紡績㈱
宇部興産㈱	徳山曹達㈱
ADM Far East Co., Ltd.	凸版印刷㈱
鐘淵化学工業㈱	日揮㈱
キリンビール㈱	日東電工㈱
㈱クラレ	日本鉱業㈱
倉敷紡績	㈱日本製鋼所
㈱興人	日本触媒化学工業㈱
㈱神戸製鋼所	日本ユニカー㈱
シーアイ化成	日本ゼオン㈱
昭和電工㈱	日立化成工業㈱
㈱JSP	㈱ブリヂストン
信越ポリマー㈱	平成ポリマー㈱
新日鐵化学	松下電工㈱
住友ベークライト㈱	丸善石油化学㈱
住友化学工業㈱	三井石油化学工業㈱
積水化学工業㈱	三菱瓦斯化学㈱
積水化成品工業㈱	三菱樹脂㈱
大日本印刷㈱	三菱油化㈱
タキロン㈱	ローム・アンド・ハース・ジャパン㈱
電気化学工業㈱	

（回答数は49社，52部署）

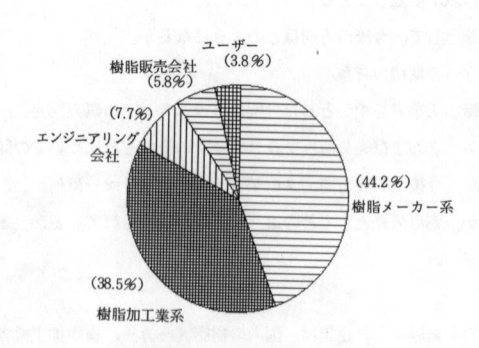

図1 回答社業種構成

- ユーザー (3.8%)
- 樹脂販売会社 (5.8%)
- エンジニアリング会社 (7.7%)
- 樹脂メーカー系 (44.2%)
- 樹脂加工業系 (38.5%)

（49社の構成）

2　今後の廃プラスチック対策の展望

1　メーカー各社の廃プラスチック問題への対応

　図2に示すように「対応策の検討に入っている」企業が最も多く（42％），既に「対応策を講じている」企業を加えると6割以上になる。対応策の具体例としては，分解性ポリマーの開発着手など樹脂の「研究開発」や「PVC代替ポリマー事業の強化」，「回収，リサイクル，有効利用の検討・実施」などである。

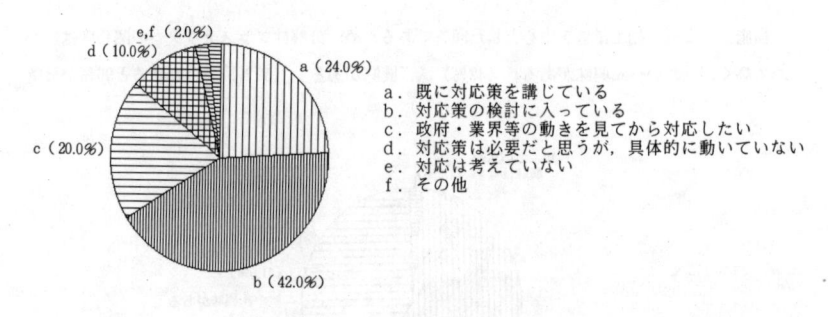

　　　　e,f（2.0％）
　d（10.0％）
　　　　　　　　a（24.0％）
c（20.0％）

　　　a．既に対応策を講じている
　　　b．対応策の検討に入っている
　　　c．政府・業界等の動きを見てから対応したい
　　　d．対応策は必要だと思うが，具体的に動いていない
　　　e．対応は考えていない
　　　f．その他

b（42.0％）

図2　廃プラスチック対策への対応状況

2　今後の廃プラスチック対策の展望

回答社数

分解性プラスチック	焼却	埋立て	リサイクル	その他
13	21	6	32	3

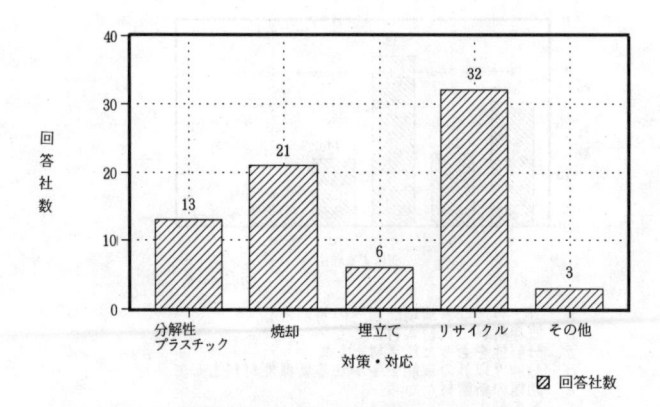

対策・対応

　　回答社数

図3　今後の廃プラ対策は何が主流となるか

221

第8章 分解性プラスチックの代替可能性と実用化展望

廃プラスチック対策は，今後何が主流となるか，との問いに，「リサイクル」をあげた企業が最も多く（図3），32社を数えた。次いで「焼却」が21社，「分解性プラスチック」を指摘した企業は13社にとどまっている。「その他」の回答も3社ほどあったが，いずれも「分解性プラスチック」，「焼却」，「リサイクル」，「埋め立て」などから組み合わせた「複合的対策」としている。

3　分解性プラスチックに注目する背景

樹脂メーカー，加工業者を中心とした回答であるため，分解性プラスチックへの関心度はきわめて高く，「たいへん興味がある」（42％），「興味がある」（57％）を合わせると99％が分解

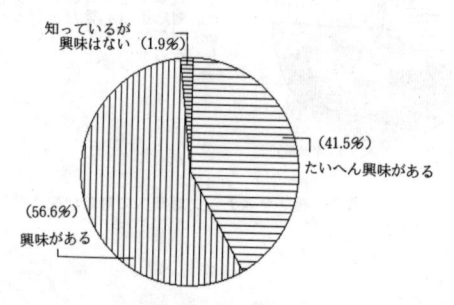

図4　分解性プラスチックへの関心度

図5　分解性プラスチックに注目する理由

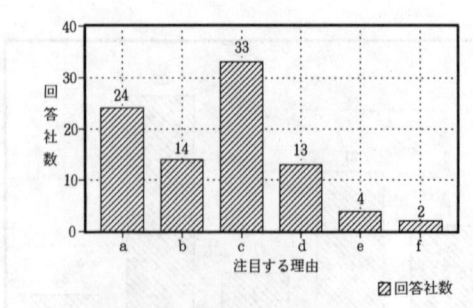

a．ゴミ処理など環境問題への対応として
b．既存材料の代替素材として
c．分解性をもった新素材として
d．分解性以外の機能を生かせる新機能材料として
e．話題の新素材だから
f．その他

性プラスチックに注目している（図4）。「知っているが，興味はない」が1社あったが，「名前だけは聞いたことがある」，「知らない」との回答は無かった。

分解性プラスチックに注目する理由・背景への回答を図5に示した。トップは「分解性を持った新素材として」で33社が回答している。2位が「ゴミ処理など環境問題への対応として」で24社が回答している。「その他」の中には，「合成プロセスを他のポリマー製造に応用可能」，「企業の倫理上」という回答もあった。

4 分解性プラスチックへの現在の取り組み状況

4.1 生分解性プラスチック

図6に示すように「調査段階」の企業が最も多く29社，次いで「ラボスケールの研究開発」企業が16社となっている。一方，「用途開発中」，「商品化検討段階」の企業がそれぞれ2社とまだ少ないのは，最近登場してきた新しい分野のためと思われる。

また，「国内研究機関との共同研究中」の企業が9社あり，光分解性プラスチックの場合，そうした共同研究中の企業が1社もないことと対照的である。

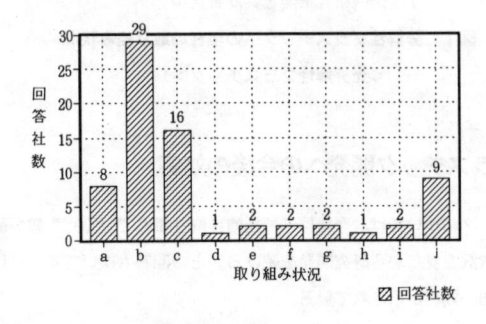

a．資料収集程度
b．調査段階
c．研究開発中（ラボスケール）
d．研究開発中（プラントスケール）
e．用途開発中
f．商品化検討段階
g．生産販売中
h．海外企業と提携中
i．海外製品を輸入販売中
j．国内研究機関と共同研究中

図6 分解性プラスチックへの現在の取り組み状況
＜生分解性プラスチック＞

第 8 章　分解性プラスチックの代替可能性と実用化展望

4.2　光分解性プラスチック

「調査段階」，「資料収集段階」の企業がほとんど（それぞれ，20社，15社）である一方，「商品化検討段階」，「生産販売中」の企業もそれぞれ4社，3社あり，生分解性プラスチックより先行している様子がうかがえる。

```
回答社数
a. 15
b. 20
c. 5
d. 3
e. 1
f. 4
g. 3
h. 1
i. 1
j. 0
```

取り組み状況

a．資料収集程度
b．調査段階
c．研究開発中（ラボスケール）
d．研究開発中（プラントスケール）
e．用途開発中
f．商品化検討段階
g．生産販売中
h．海外企業と提携中
i．海外製品を輸入販売中
j．国内研究機関と共同研究中

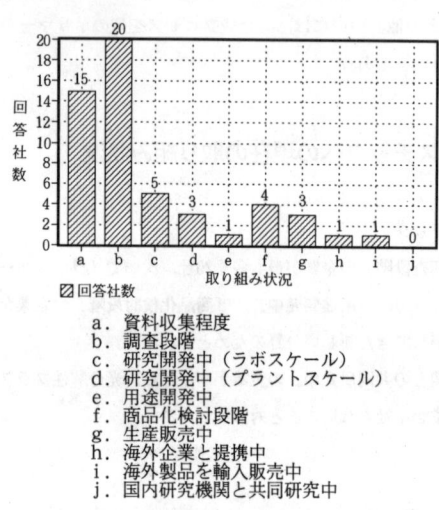

図7　分解性プラスチックへの現在の取り組み状況
＜光分解性プラスチック＞

5　分解性プラスチック開発への今後の対応

生分解性プラスチックについては，今後は「積極的に取り組んでいく」企業が最も多く，20社が回答している。「状況を見ながら研究開発を続ける」との回答も次いで多く（15社），生分解性プラスチックへの強い期待が示されている。

一方，光分解性プラスチックについては，回答のトップが「基礎調査を続ける」としたもので，19社あり，次いで「状況を見ながら研究開発を続ける」（11社）となっている。なお，「撤退方向である」とする企業も3社ほどあった。

6　分解性プラスチックの応用分野の展望

図10-①，図10-②で，「既存材料の代替」を狙うか，「新機能材料」として位置付けるかと

6　分解性プラスチックの応用分野の展望

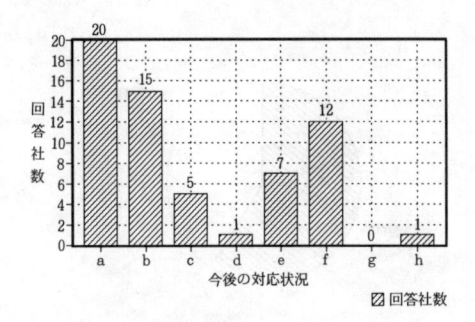

a．積極的に取り組んでいく
b．状況を見ながら研究開発を続ける
c．本格的調査研究に入る
d．海外との提携を考えている
e．国内での共同研究を行いたい
f．基礎調査は続ける
g．撤退の方向である
h．その他

図8　分解性プラスチック開発への今後の対応

＜生分解性プラスチック＞

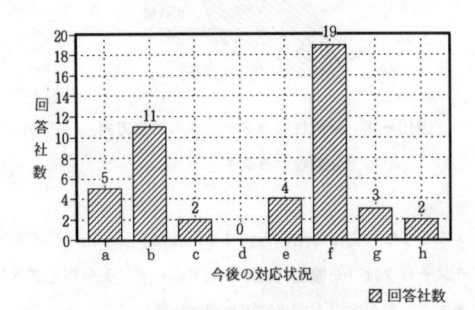

（回答社数：a=20, b=15, c=5, d=1, e=7, f=12, g=0, h=1）

a．積極的に取り組んでいく
b．状況を見ながら研究開発を続ける
c．本格的調査研究に入る
d．海外との提携を考えている
e．国内での共同研究を行いたい
f．基礎調査は続ける
g．撤退の方向である
h．その他

図9　分解性プラスチック開発への今後の対応

＜光分解性プラスチック＞

（回答社数：a=5, b=11, c=2, d=0, e=4, f=19, g=3, h=2）

225

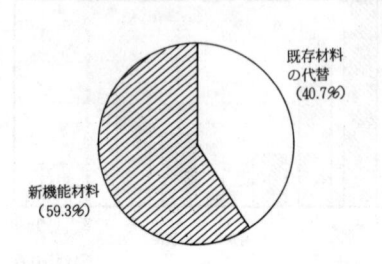

第8章 分解性プラスチックの代替可能性と実用化展望

図10-①　分解性プラスチックの応用方向
＜生分解性プラスチック＞

（既存材料の代替 40.7%、新機能材料 59.3%）

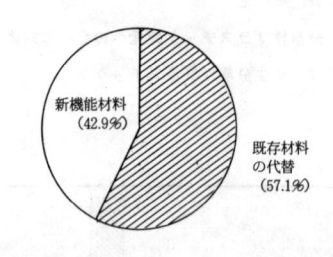

図10-②　分解性プラスチックの応用方向
＜光分解性プラスチック＞

（新機能材料 42.9%、既存材料の代替 57.1%）

いう分解性プラスチックの2つの大きな応用の方向性を探った。

　結果は，生分解性プラスチックは「新機能材料」として，一方，光分解性プラスチックは「既存材料の代替」として考える企業が多いという結果を得ている。

　具体的な応用分野では，生分解性プラスチック，光分解性プラスチックとも「包装・容器材料」を指摘する企業がそれぞれ30社，36社と最も多く共通している。2番目の応用分野としては，生分解性プラスチックが「医用分野」（21社），一方，光分解性プラスチックでは「農業用資材」（25社）となっている。光分解性プラスチックの「医用材料」分野への応用は4社回答しているだけで，対照的である。上位4つの応用分野を次々頁表に示した。

6 分解性プラスチックの応用分野の展望

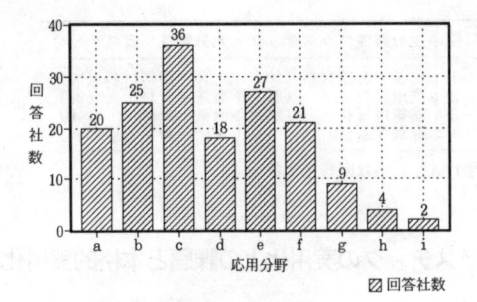

（棒グラフ：縦軸 回答社数、横軸 応用分野 a〜i）
値：a=20, b=25, c=36, d=18, e=27, f=21, g=9, h=4, i=2
凡例：回答社数

a. 漁業用資材（網，つり糸等）
b. 農業用資材
c. 包装・容器材料
d. トイレタリー製品
e. 医用材料
f. 徐放性基材（医薬，農業等）
g. 食品用素材
h. 電子材料
i. その他

図11 分解性プラスチックの応用分野展望

＜生分解性プラスチック＞

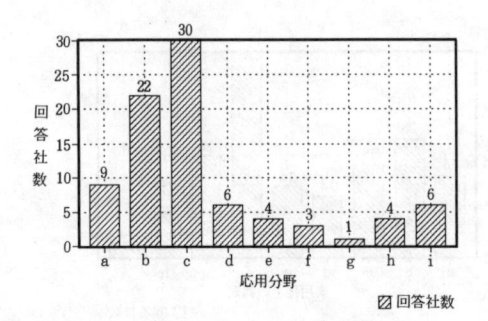

（棒グラフ：縦軸 回答社数、横軸 応用分野 a〜i）
値：a=9, b=22, c=30, d=6, e=4, f=3, g=1, h=4, i=6
凡例：回答社数

a. 漁業用資材（網，つり糸等）
b. 農業用資材
c. 包装・容器材料
d. トイレタリー製品
e. 医用材料
f. 徐放性基材（医薬，農業等）
g. 食品用素材
h. 電子材料
i. その他

図12 分解性プラスチックの応用分野展望

＜光分解性プラスチック＞

第8章 分解性プラスチックの代替可能性と実用化展望

期待される樹脂別応用分野

順位	生分解性プラスチック	光分解性プラスチック
1	包装・容器材料（36）	包装・容器材料（30）
2	医用材料（27）	農業用資材（22）
3	農業用資材（25）	漁業用資材（ 9）
4	徐放性基材（21）	トイレタリー製品（ 6）

（注）（ ）内は回答企業数

7 分解性プラスチックの実用化上の課題と本格的実用化時期の予測

7.1 分解性プラスチックの実用化上の課題

　生分解性プラスチックでは，「採算性が悪い」を指摘する回答がとびぬけて多く，39社となっている。次いで「製造技術が確立していない」（23社），「安全性が問題」（20社），「要求物性が得られない」（18社）と続いている。

　一方，光分解性プラスチックの場合は，「安全性が問題」とする回答がトップ（22社）で，次いで「分解能が不十分」という回答も21社あり，以上の2つが大きな課題と見ることができる。上位5つの「実用化上の課題」を樹脂別に次頁表に示した。

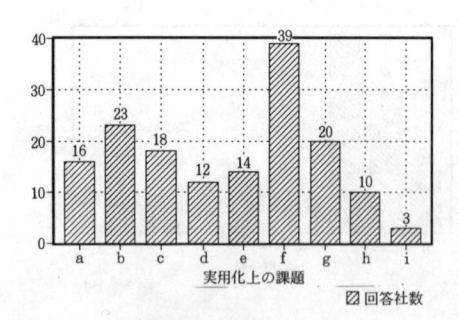

a．生産性が低い
b．製造技術が確立していない
c．要求物性（強さ等）が得られない
d．分解性が不十分
e．分解性以外の機能特性が必要
f．採算性が悪い
g．安全性が問題
h．用途開発が難しい
i．その他

図13　分解性プラスチックの実用化上の課題

＜生分解性プラスチック＞

7 分解性プラスチックの実用化上の課題と本格的実用化時期の予測

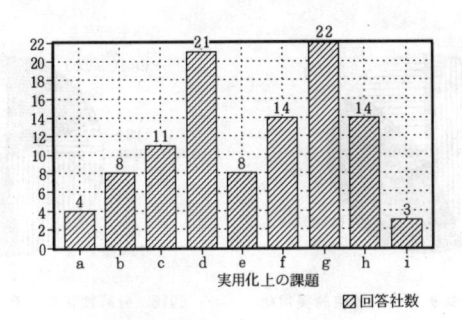

（棒グラフ：a=4, b=8, c=11, d=21, e=8, f=14, g=22, h=14, i=3　実用化上の課題　回答社数）

a．生産性が低い
b．製造技術が確立していない
c．要求物性（強さ等）が得られない
d．分解性が不十分
e．分解性以外の機能特性が必要
f．採算性が悪い
g．安全性が問題
h．用途開発が難しい
i．その他

図14　分解性プラスチックの実用化上の課題

＜光分解性プラスチック＞

分解性プラスチックの実用化上の課題

順位	生分解性プラスチック	光分解性プラスチック
1	採算性が悪い　　　　（39）	安全性が問題　　　　　（22）
2	製造技術が未確立　　（23）	分解性が不十分　　　　（21）
3	安全性が問題　　　　（20）	採算性が悪い　　　　　（14）
4	要求物性が得られない（18）	用途開発が難しい　　　（14）
5	生産性が低い　　　　（16）	要求物性が得られない　（11）

（注）（　）内は回答企業数

7.2　本格的実用化時期の予測

　生分解性プラスチックについては，5年後と見る企業が最も多い反面（44％），10年後と見る企業も4割あり，本格的実用化についての不透明さを感じさせる結果となっている。
　一方，光分解性プラスチックの本格的実用化時期は「3年以内」と見る回答が24％，「5年後」が29％，「10年後」が24％とその時期の予測に3つに分かれる傾向がでた。いずれにしろ10年以内には本格的実用化時期を迎えると見る企業が75％ある。

第8章　分解性プラスチックスの代替可能性と実用化展望

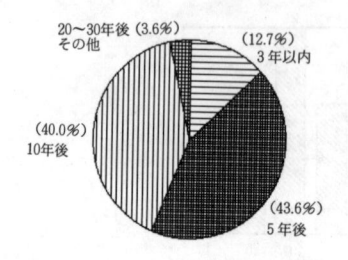

図15　分解性プラスチックの本格的実用化
　　　時期の展望
　　　＜生分解性プラスチック＞

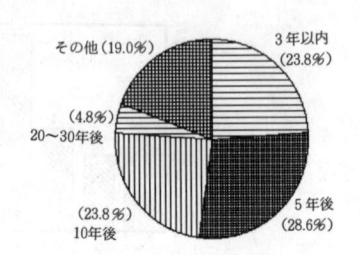

図16　分解性プラスチックの本格的実用化
　　　時期の展望
　　　＜光分解性プラスチック＞

8　今後開発ターゲットとなる分解性プラスチック

　現在，研究されている分解性プラスチックは，「微生物産生ポリエステル」，「天然高分子」，生分解性の「合成高分子」といずれも生分解性プラスチックが多く，それぞれ12社，11社，12社との回答を得た。

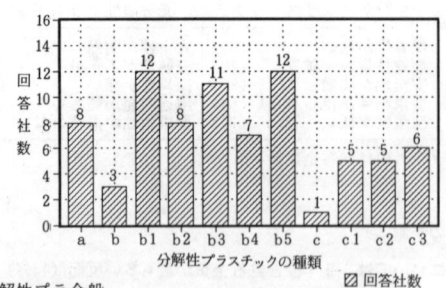

　　a．分解性プラ全般
　　b．生分解性プラ全般
　　　b 1.微生物産生ポリエステル（ＰＨＡ）
　　　b 2.その他の微生物産生ポリマー（カードラン，バイオセルロース，ポリアミノ酸，等）
　　　b 3.天然高分子（キトサン・セルロース，デンプン誘導体，アルギン酸，等）
　　　b 4.天然高分子（デンプン等）配合型（練り込み型崩壊性高分子）
　　　b 5.合成高分子（脂肪族系ポリエステル，同共重合体，水溶性高分子）
　　c．光分解性プラ全般
　　　c 1.エチレン・一酸化炭素共重合体
　　　c 2.その他の感光性官能基導入型（ケトン系，他）
　　　c 3.感光性試薬添加型（光増感剤，金属錯体，他）

図17　現在，研究中の分解性プラスチック

9 分解性プラスチック開発の問題点と将来性

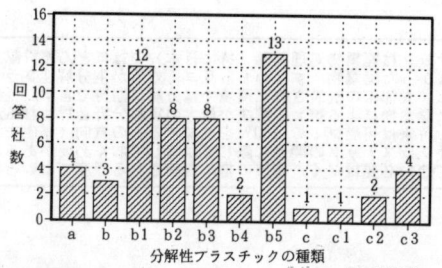

```
         16
         14
回        12        12              13
答        10
社         8            8  8
数         6
           4  4                             4
           2     3               2              2
           0              1  1
              a  b  b1 b2 b3 b4 b5 c  c1 c2 c3
                     分解性プラスチックの種類
                                        ▨ 回答社数
```

　a．分解性プラ全般
　b．生分解性プラ全般
　　b1.微生物産生ポリエステル（PHA）
　　b2.その他の微生物産生ポリマー（カードラン，バイオセルロース，ポリアミノ酸，等）
　　b3.天然高分子（キトサン・セルロース，デンプン 誘導体，アルギン酸，等）
　　b4.天然高分子（デンプン等）配合型（練り込み型崩壊性高分子）
　　b5.合成高分子（脂肪族系ポリエステル，同共重合体，水溶性高分子）
　c．光分解性プラ全般
　　c1.エチレン・一酸化炭素共重合体
　　c2.その他の感光性官能基導入型（ケトン系，他）
　　c3.感光性試薬添加型（光増感剤，金属錯体，他）

図18　今後，研究開発に注力する分解性プラスチック

　一方，今後研究開発に注力したいとする分解性プラスチックの1位は生分解性の「合成高分子」が最も多く（13社），次いで「微生物産生ポリエステル」（12社），「PHA以外の微生物産生ポリマー」（8社），「天然高分子」（8社）の順となっている。「現在」と「今後」とで研究開発のターゲットとなる樹脂の上位5位の順位は変わらないが，「現在」は7社が研究開発に取り組んでいる「天然高分子配合型」が「今後」は2社となって，同タイプ樹脂の位置付けの後退が予測される。

9　分解性プラスチック開発の問題点と将来性

　分解性プラスチック開発の問題点，将来性について，多くの意見，希望をいただいた。要約すると以下の3点になる。
①将来の廃棄プラスチック処理対策の主流はリサイクルが有力で，現在，分解性プラスチックへの過度の期待や誤解が生じている。
②分解性プラスチックの実用化には，分解生成物の環境に与える影響など安全性評価の確立が必要である。
③現在の光分解性プラスチックには分解性，安全性等の疑問が残っている。
　以下，回答をランダムに列挙するが，表現については，回答者の意図を損ねない範囲で一部修正加筆した。

第8章　分解性プラスチックスの代替可能性と実用化展望

【A社】

　生分解性プラスチックは廃棄物処理問題（特に日本）ではほとんど貢献しないだろう。処理プロセスに乗れなかった廃棄物，すなわち散乱ゴミ対策が生分解性プラスチックの活躍分野であろう。ただし，大都市の舗装された環境では分解は期待できず，「自然環境内に蓄積されたプラスチック廃棄物による害」の解決が最大の貢献分野と思われる。
　日本の場合には，将来は可燃ゴミの100％を焼却するとの意向（厚生省）であるが，焼却時の対策も生分解性プラスチックの開発に際しては講じておく必要がある。
　分解速度が極めて速い必要はなく，蓄積の害が緩和される程度でよいと思われる。

【B社】

①生分解性プラスチックでは，ＰＨＡがやや市場で先行している感があるが，コストの面から考えると今後は化学合成型が主流となると考える。
②崩壊型プラスチックおよび光分解型プラスチックは，安全性の面で極めて不自然で，公害問題になる可能性がある。

【C社】

　廃プラスチック対策としては，①焼却　②埋立　③リサイクルが今後とも主であろう。中でもリサイクルについてのシステム化が進むだろう。
　したがって分解性プラスチックについては，今後主流とはならないだろう。

【D社】

①分解性プラスチック類の生態系，地球環境への影響を時間をかけて明確化する必要がある。
②分解性プラスチックが廃棄物処理対策の有効手段として，企業イメージの一時的アップの手段として利用される傾向は問題があると思う。

【E社】

　ゴミ問題にはリサイクルが解決の本命と考えられる。その中でプラスチックは分別の困難さがあるため，分解性の方向が強調されているが，行政のより一層の努力が望まれる。分解性プラスチックは安全性評価の確立が必要である。この点について一般の関心がより高くなって欲しい。

【F社】

分解性について，統一した基準をつくり，
①ユーザーが，適切な使用と処分ができるようにする
②生分解性ということで，ユーザーに過度の期待と誤解を招いて，社会的混乱が生じないようにする。以上が大切かと思う。

9 分解性プラスチック開発の問題点と将来性

【G社】

廃プラスチック対策としての使用について，最近分解性，安全性，汚染性等の諸々の点で疑問が出始めている点に十分留意して，開発を進めるべきである。

【H社】

分解性プラスチック開発に先立って評価および試験法の開発が重要である。

【I社】

①日本では，分解性プラスチックに関する大学研究者が非常に少ない。特に生物学分野からのアプローチが少ない。
②生分解性の定義（JIS）の早急な決定を希望する。

【J社】

分解性プラスチックとゴミ処理問題を同一レベルで論じてはいけない。

【K社】

将来の廃プラスチック対策はリサイクルまたは焼却（熱をエネルギーとして回収）であるべきで，リサイクルの障害となる分解性プラスチックは実用化すべきではない。

【L社】

新規な生分解性ポリマーは，すべて分解物の二次公害に関するアセスメントがなされない以上は全く無価値だと思う。しかしそれをするのにかかる費用は大きい。

【M社】

①光分解性プラスチックは土壌汚染の心配がある。
②生分解性プラスチックはCO_2を経ないで菌体に変えられれば，うまく自然循環にのる。

【N社】

法規制の予定（スケジュール）を注視している。そのスケジュールにより開発が計画されるため。

第8章　分解性プラスチックの代替可能性と実用化展望

【O社】
　国または地方自治体レベルでの立法化による強制化の可能性に要注意と思う。また，分解生成物の環境に与える影響を確保する必要がある。

【P社】
　研究開発（基礎研究が主体と思うが）の成果いかんで，予期せぬ発展があるので研究動向に注目したい。

【Q社】
①現在市販の分解性プラスチックは，どの程度の期間で分解するのかが不明であり，実用上問題があると思う。
②分解性プラスチックは，分解性をもつ新機能材料として利用すべきものと考える。単純に廃プラ対策として従来品の代替材料とするのは，問題である。

【R社】
　「廃プラスチックによる環境汚染」をお題目のようにとなえるだけでは，真の問題点は出てこないだろう。技術ジャーナリズム受けを狙った研究者も多いのがこの分野の特徴である。地球環境を憂うのであれば，真剣なレギュレーション作りが必要である。

【S社】
①企業が本気でやらない限り，開発には成功しないだろう。
②大学の先生方は基礎研究に熱中してもらいたい。現在の状況は，若い学者をマスコミによってスポイルすることになるので，ほどほどに，先生方を自由にさせるべきだと思う。

【T社】
　分解性プラスチックの開発は，地球環境問題の一環として重要であると受けとめている。現有商品の中で廃プラスチック処理上，問題のある商品は材料の変更も考えて今後の対応を考える必要がある。

9　分解性プラスチック開発の問題点と将来性

分解性プラスチックに関するアンケート

回答用紙

該当の記号を○で囲んで下さい。

問1　廃プラスチックによる環境汚染が問題になっていますが，対応を考えていますか。
　　a）既に対応策を講じている
　　b）対応策の検討に入っている
　　c）政府・業界等の動きを見てから対応したい
　　d）対応策は必要だと思うが，具体的に動いていない
　　e）対応は考えていない
　　f）その他

問2　問1でaと答えた方は，対応策を具体的にお書き下さい

問3　廃プラスチック対策は，今後，何が主流になると思いますか。
　　a）分解性プラスチック　　　b　焼却　　　c　埋め立て
　　d）リサイクル　　　　　　　e　その他（　　　　　　　　）

問4　「分解性プラスチック」に興味がありますか
　　a）たいへん興味がある
　　b）興味がある
　　c）知っているが，興味はない（その理由：　　　　　　　　　　　）
　　d）名前は聞いたことがある
　　e）知らない

　＜c～eと答えた方は，以下の回答は不要です＞

問5　分解性プラスチックに興味をもたれている理由は，次のどれですか（複数回答可）
　　a）ゴミ処理など環境問題への対応として
　　b）既存材料の代替素材として
　　c）分解性をもった新素材として
　　d）分解性以外の機能を生かせる新機能材料として
　　e）話題の新素材だから
　　f）その他（　　　　　　　　　　　　　　　　　　　　　　）

問6　分解性プラスチック関する現在の取り組み状況をお教え下さい
　　（以下，問11までは，「生分解性プラスチック」と「光分解性プラスチック」に分けて
　　お答え下さい）

生分解プラ	光分解プラ
a）資料収集程度	a）資料収集程度
b）調査段階	b）調査段階
c）研究開発中（ラボスケール）	c）研究開発中（ラボスケール）
d）研究開発中（プラントスケール）	d）研究開発中（プラントスケール）
e）用途開発中	e）用途開発中
f）商品化検討段階	f）商品化検討段階
g）生産販売中	g）生産販売中
h）海外企業と提携中	h）海外企業と提携中
i）海外製品を輸入販売中	i）海外製品を輸入販売中
j）国内研究機関と共同研究中	j）国内研究機関と共同研究中

（つづく）

第 8 章　分解性プラスチックの代替可能性と実用化展望

問7　分解性プラスチックに関する今後の力の入れ方をお教え下さい

生分解プラ	光分解プラ
a）積極的に取り組んでいく b）状況を見ながら研究開発を続ける c）本格的調査研究に入る d）海外との提携を考えている e）国内での共同研究を行いたい f）基礎調査は続ける g）撤退の方向である h）その他（　　　　　　　　）	a）積極的に取り組んでいく b）状況を見ながら研究開発を続ける c）本格的調査研究に入る d）海外との提携を考えている e）国内での共同研究を行いたい f）基礎調査は続ける g）撤退の方向である h）その他（　　　　　　　　）

問8　分解性プラスチックの応用は，以下のいずれが主流になると思いますか

生分解プラ	光分解プラ
a）既存材料の代替 b）新機能材料	a）既存材料の代替 b）新機能材料

問9　分解性プラスチックの応用分野として，どのような分野を考えていますか

生分解プラ	光分解プラ
a）漁業用資材（網，つり糸等） b）農業用資材 c）包装・容器材料 d）トイレタリー製品 e）医用材料 f）徐放性基材（医薬，農業等） g）食品用素材 h）電子材料 i）その他（　　　　　　　　）	a）漁業用資材（網，つり糸等） b）農業用資材 c）包装・容器材料 d）トイレタリー製品 e）医用材料 f）徐放性基材（医薬，農業等） g）食品用素材 h）電子材料 i）その他（　　　　　　　　）

問10　分解性プラスチックを実用化する上での課題としては，どのような点が上げられますか（複数回答可）

生分解プラ	光分解プラ
a）生産性が低い b）製造技術が確立していない c）要求物性（強さ等）が得られない d）分解性が不十分 e）分解性以外の機能特性は必要 f）採算性が悪い g）安全性が問題 h）用途開発が難しい i）その他（　　　　　　　　）	a）生産性が低い b）製造技術が確立していない c）要求物性（強さ等）が得られない d）分解性が不十分 e）分解性以外の機能特性は必要 f）採算性が悪い g）安全性が問題 h）用途開発が難しい i）その他（　　　　　　　　）

問11　分解性プラスチックの本格的な実用化の時期はいつごろだと思いますか

生分解プラ	光分解プラ
a）3年以内 b）5年後 c）10年後 d）20〜30年後 e）その他（　　　　　　　　）	a）3年以内 b）5年後 c）10年後 d）20〜30年後 e）その他（　　　　　　　　）

（つづく）

9 分解性プラスチック開発の問題点と将来性

問12 以下に分解性プラスチックの種類を上げましたが，このうち，現在取り組んでいるもの，今後力を入れていきたいものについて，（ ）内に記号をお書き下さい

a）分解性プラ全般
b）生分解性プラ全般
　b1）微生物産生ポリエステル（PHA）
　b2）その他の微生物産生ポリマー（カードラン, バイオセルロース, ポリアミノ酸, 等）
　b3）天然高分子（キトサン, セルロース, デンプン 誘導体, アルギン酸, 等）
　b4）天然高分子（デンプン等）配向型（練り込み型崩壊性高分子）
　b5）合成高分子（脂肪族系ポリエステル，同共重合体，水溶性高分子）
c）光分解性プラ全般
　c1）エチレン・一酸化炭素共重合体
　c2）その他の感光性官能基導入型（ケトン系，他）
　c3）感光性試薬添加型（光増感剤，金属錯体，他）

・現在取り組んでいるもの（　　　　　　　　　　　　　　　　）
・今後力を入れていきたいもの（　　　　　　　　　　　　　　）

問13　問12の各素材についてコメントがあれば書いて下さい
　　記号： コメント
　　（　　：　　　　　　　　　　　　　　　　　　　　　　　）

問14　その他分解性プラスチックについて意見があれば書いて下さい

第8章　分解性プラスチックの代替可能性と実用化展望

表　アンケート回答集計票

問No.	回答	1	2	3	4	5	6	7	8	9	10	11	12	13	14	15	16	17	18	19	20	21	22	23	24	25	26	27	28	29	30
1	既に対応策を講じている																○					○			○		○		○		○
	対応策の検討に入っている		○	○	○				○				○		○						○		○			○				○	
	政府・業界等の動きを見てから対応したい						○																					○			
	対応策は必要だと思うが具体的に動いていない	○																													
	対応策は考えていない																														
	その他																														
3	分解性プラスチック												○																	○	○
	焼却				○	○		○																						○	○
	埋め立て																														
	リサイクル						○	○																						○	
	その他																														
4	たいへん興味がある	○																													
	興味がある		○										○						○	○			○		○	○			○	○	○
	知っているが、興味はない																														
	名前は聞いたことがある					○		○								○												○			
	知らない																														
5	ゴミ処理など環境問題への対応として			○				○			○	○		○			○								○	○			○	○	○
	既存材料の代替素材として	○		○						○	○	○	○	○	○	○	○	○							○						
	分解性をもった新素材として											○																			
	分解性以外の機能を生かせる新機能材料として		○											○													○				
	話題の新素材だから																														
	その他																														
6	資料収集程度											○						○													
	調査段階												○	○												○				○	
	生　研究開発中（ラボスケール）																														
	研究開発中（プラントスケール）																														
	分　用途開発中															○															
	解　商品化検討段階				○																										
	プ　生産販売中																														
	ラ　海外企業と提携中																														
	海外製品を輸入販売中							○																							
	国内研究機関と共同研究中																								○						

9 分解性プラスチック開発の問題点と将来性

表 アンケート回答集計表

問No.	回答	31	32	33	34	35	36	37	38	39	40	41	42	43	44	45	46	47	48	49	50	51	52	計	構成比
1	既に対応策を講じている							○																12	24%
	対応策の検討に入っている		○	○				○	○	○			○					○			○			21	42%
	政府・業界等の動きを見てから対応したい			○	○	○	○									○						○		10	20%
	対応策は必要だと思うが、具体的に動いていない	○													○									5	10%
	対応は考えていない																							1	2%
	その他																							1	2%
3	分解性プラスチック					○			○			○				○				○				13	17%
	焼却	○										○							○	○	○			21	28%
	埋め立て																							6	8%
	リサイクル	○	○	○	○	○	○		○	○	○	○			○			○	○	○			○	32	43%
	その他																					○		3	4%
4	たいへん興味がある	○					○	○	○							○	○	○	○			○	○	22	42%
	興味がある		○	○	○	○				○	○	○	○	○	○		○			○	○			30	57%
	知っているが、興味はない																							1	1%
	名前は聞いたことがある																							0	—
	知らない																							0	—
5	ゴミ処理など環境問題への対応として								○	○	○						○					○		24	27%
	既存材料の代替素材として	○						○	○										○	○				14	16%
	性能をもった新素材として		○	○	○	○	○	○		○					○			○	○			○	○	33	36%
	分解性以外の機能を生かせる新機能材料として															○			○					13	14%
	話題の新素材だから	○																						4	4%
	その他											○												3	3%
6	資料収集程度																							8	11%
	調査段階	○				○														○	○	○		29	40%
生分解プラ	研究開発中（ラボスケール）					○	○		○			○			○									16	22%
	研究開発中（プラントスケール）																							1	1%
	用途開発中															○								2	3%
	商品化検討段階																						○	2	3%
	生産販売中																						○	2	3%
	海外企業と提携中																							1	1%
	海外製品を輸入販売中																							2	3%
	国内研究機関と共同研究中												○										○	9	13%

239

第8章 分解性プラスチックの代替可能性と実用化展望

表 アンケート回答集計票

問No.		回答	1	2	3	4	5	6	7	8	9	10	11	12	13	14	15	16	17	18	19	20	21	22	23	24	25	26	27	28	29	30
6	光分解プラ	資料収集程度	○	○							○								○		○	○										
		調査段階		○																							○	○	○				
		研究開発中（ラボスケール）			○			○	○	○							○								○								
		研究開発中（プラントスケール）																												○			
		用途開発中					○											○						○						○			○
		商品化検討段階												○	○	○		○															
		生産販売中				○								○	○	○																	
		海外企業と提携中																															
		海外製品を輸入販売中																															
		国内研究機関と共同研究中	○			○							○										○	○	○	○							○
7	生分解プラ	積極的に取り組んでいる																															
		状況を見ながら研究開発を続ける											○																				
		本格的調査研究に入る。																															
		海外との提携を考えている													○											○	○						
		国内での共同研究を行いたい																							○	○		○		○			
		基礎調査は続ける					○				○																		○				
		撤退の方向である																															
		その他																									○						
	光分解プラ	積極的に取り組んでいる	○																														
		状況を見ながら研究開発を続ける						○			○			○				○			○							○					
		本格的調査研究に入る。																															
		海外との提携を考えている																															
		国内での共同研究を行いたい																															
		基礎調査は続ける	○			○																											○
		撤退の方向である																															
		その他																															
8	生分解	既存材料の代替											○	○	○		○	○				○				○	○	○	○	○	○	○	○
		新機能材料	○	○							○							○				○				○	○	○	○	○	○	○	○
	光分解	既存材料の代替									○											○						○	○	○			
		新機能材料		○																		○						○	○	○			○

9 分解性プラスチック開発の問題点と将来性

表 アンケート回答集計票

問No.		回答	31	32	33	34	35	36	37	38	39	40	41	42	43	44	45	46	47	48	49	50	51	52	計	構成比
6	光分解プラ	資料収集程度	○					○			○					○					○	○	○		15	28%
		調査段階	○	○			○	○	○	○	○		○	○			○	○	○	○	○	○	○		20	37%
		研究開発中（ラボスケール）			○	○											○							○	5	9%
		研究開発中（プラントスケール）												○				○	○						3	6%
		用途開発中											○												1	2%
		商品化検討段階				○									○		○							○	4	8%
		生産販売中							○						○				○						3	6%
		海外企業と提携中												○											1	2%
		海外製品を輸入販売中																○							1	2%
		国内研究機関と共同研究中																							0	—
	生分解プラ	積極的に取り組んでいく						○	○	○					○	○	○	○		○		○	○	○	20	32%
		状況を見ながら研究開発を続ける	○				○		○	○			○						○		○	○		○	15	25%
		本格的調査研究に入る												○			○				○		○	○	5	8%
		海外との提携を考えている																	○						1	2%
		国内での共同研究を行いたい				○							○			○					○	○		○	7	11%
		基礎調査は続ける	○	○	○	○	○	○			○				○			○		○		○			12	20%
		撤退の方向である																							0	—
		その他										○													1	2%
7	光分解プラ	積極的に取り組んでいく							○				○			○			○					○	5	11%
		状況を見ながら研究開発を続ける		○	○			○		○			○	○	○						○		○	○	11	24%
		本格的調査研究に入る																					○	○	2	4%
		海外との提携を考えている																							—	—
		国内での共同研究を行いたい				○	○	○													○				4	9%
		基礎調査は続ける	○								○						○	○		○		○			19	41%
		撤退の方向である													○										3	7%
		その他										○													2	4%
8	生分解	既存材料の代替	○								○		○						○			○	○	○	22	41%
		新機能材料		○	○	○	○	○	○	○		○		○	○	○	○	○		○	○	○	○	○	32	59%
	光分解	既存材料の代替		○	○	○		○	○	○		○	○					○	○		○	○	○	○	24	57%
		新機能材料	○				○				○			○	○		○			○					18	43%

第8章 分解性プラスチックの代替可能性と実用化展望

表 アンケート回答集計票

問No.	回答		1	2	3	4	5	6	7	8	9	10	11	12	13	14	15	16	17	18	19	20	21	22	23	24	25	26	27	28	29	30
9	生分解	漁業用資材(網、つり糸等)	○					○	○				○	○	○	○	○	○						○	○			○			○	
		農業用資材			○	○	○	○	○			○	○	○	○	○	○	○	○					○	○			○		○	○	○
		包装・容器材料	○		○	○	○	○		○		○	○	○	○	○			○						○	○		○		○	○	○
		トイレタリー製品	○							○			○	○	○	○	○		○			○			○	○					○	○
		医用材料								○	○		○						○						○		○			○		
		徐放性生地(医薬、農業等)									○																○					○
		食品用素材						○	○				○	○				○										○				
		電子材料																														
		その他		○																												
	光分解	漁業用資材(網、つり糸等)																														○
		農業用資材			○						○	○		○							○	○	○				○	○				
		包装・容器材料													○			○				○			○		○					○
		トイレタリー製品								○				○								○			○							
		医用材料																		○												
		徐放性基材(医薬、農業等)																				○										
		食品用素材																				○										
		電子材料																														
		その他							○																							
10		生産性が低い	○																			○					○				○	○
		製造技術が確立していない	○					○								○				○		○									○	○
		要求物性(強さ等)が得られない	○					○					○									○	○						○		○	○
		分解性が不十分	○		○	○				○	○					○						○				○					○	○
		分解性以外の機能特性が必要	○						○													○					○					○
		採算性が悪い	○																			○			○	○					○	○
		安全性が問題	○																						○		○					
		用途開発が難しい	○		○																	○			○							○
		その他		○																												○

9 分解性プラスチック開発の問題点と将来性

表 アンケート回答集計票

問No.		回答	31	32	33	34	35	36	37	38	39	40	41	42	43	44	45	46	47	48	49	50	51	52	計	構成比
9	生分解プラ	漁業用資材（網，つり糸等）	○		○						○	○	○	○		○									20	12%
		農業用資材			○		○			○	○	○	○	○			○		○					○	25	15%
		包装・容器材料			○					○	○	○	○	○					○			○	○	○	36	22%
		トイレタリー製品	○						○	○												○		○	18	11%
		医用材料				○	○	○											○	○	○		○	○	27	18%
		徐放性生地（医薬，農薬等）					○	○			○	○	○	○					○						21	13%
		食品用素材										○	○										○		9	6%
		電子材料																							4	2%
		その他																							2	1%
	光分解プラ	漁業用資材（網，つり糸等）																							9	11%
		農業用資材	○							○	○		○	○					○	○		○	○	○	22	25%
		包装・容器材料	○		○						○	○	○	○					○	○	○	○		○	30	35%
		トイレタリー製品				○																			6	7%
		医用材料																			○				4	5%
		徐放性生地（医薬，農薬等）							○	○									○						3	4%
		食品用素材																							1	1%
		電子材料																		○					4	5%
		その他					○	○	○																6	7%
10	生分解プラ	生産性が低い		○							○	○			○	○			○	○			○	○	16	10%
		製造技術が確立していない	○		○		○				○	○	○	○		○			○	○		○	○		23	15%
		要求物性（強さ等）が得られない			○		○				○	○	○		○	○				○		○		○	18	12%
		分解性が不十分	○				○		○		○	○	○					○				○			12	8%
	光分解プラ	分解性以外の機能特性が必要					○		○		○	○	○									○		○	14	9%
		採算性が悪い		○	○		○	○	○	○	○	○	○				○		○	○		○	○		39	25%
		安全性が問題			○		○		○		○	○					○				○		○		20	13%
		用途開発が難しい									○		○					○					○		10	6%
		その他									○														3	2%

第8章 分解性プラスチックの代替可能性と実用化展望

表 アンケート回答集計票

問No.		回答	1	2	3	4	5	6	7	8	9	10	11	12	13	14	15	16	17	18	19	20	21	22	23	24	25	26	27	28	29	30
10	光	生産性が低い																				○										○
		製造技術が確立していない					○	○							○							○							○			
		要求物性（強さ等）が得られない			○																						○				○	
	分	分解性以外の機能性が不十分				○	○	○		○												○					○		○			○
	解	分解性以外の機能性が必要							○													○										
	プ	採算性が悪い		○						○	○		○				○			○							○					
	ラ	安全性が問題		○			○			○							○		○		○			○								○
		用途開発が難しい						○									○	○						○				○		○		
		その他										○				○							○									
11	生	3年以内			○			○	○				○	○	○																	
	分	5年後					○				○											○		○			○					
	解	10年後																			○		○	○				○			○	
	プ	20～30年後																												○		
	ラ	その他	○																										○			
	光	3年以内																	○							○ ○ ○ ○						
	分	5年後												○				○							○		○					
	解	10年後																					○	○				○			○	
	プ	20～30年後																				○							○	○	○	
	ラ	その他					○															○					○					○
12	現	分解性プラ全般															○	○														
		生分解性プラ全般			○	○											○				○							○				
		微生物産生ポリエステル（PHA）	○	○																												
		その他の微生物産生ポリマー	○	○																												
		天然高分子（キチン・セルロース等）					○									○											○					○
		天然高分子（デンプン等）配合型						○	○					○															○			
		合成高分子（脂肪族系列以外等）																													○	
在		光分解性プラ全般					○																									
		エチレン・一酸化炭素共重合体																														
		その他の感光性官能基導入型																														
		感光性試薬添加型					○																									

9 分解性プラスチック開発の問題点と将来性

表 アンケート回答集計票

問No		回答	31	32	33	34	35	36	37	38	39	40	41	42	43	44	45	46	47	48	49	50	51	52	計	構成比
10		生産性が低い	○					○				○													4	4%
		製造技術が確立していない					○	○		○		○												○	8	8%
	光	要求物性（強さ等）が得られない			○	○	○	○					○						○	○		○	○		11	10%
	分	分解性が不十分	○	○	○	○	○	○	○	○	○		○	○				○	○	○		○	○	○	21	20%
	解	分解性以外の機能特性が必要								○	○							○		○	○	○			8	8%
	ブ	安全性が悪い			○		○		○	○			○	○		○		○		○		○		○	14	13%
	ラ	採算性が悪い		○	○		○	○	○	○	○	○	○	○	○			○	○	○	○	○	○	○	22	21%
		用途開発が難しい	○		○	○	○			○			○	○	○		○	○	○		○			○	14	13%
		その他							○		○										○				3	3%
11	生分解	3年以内						○		○								○			○		○	○	7	13%
		5年後			○	○			○			○				○		○	○	○		○		○	24	43%
		10年後	○	○	○	○	○	○	○	○	○	○	○	○					○	○					22	40%
		20~30年後																							0	—
		その他		○																	○				2	4%
	光分解	3年以内							○		○	○					○	○			○		○	○	10	24%
		5年後			○		○			○			○	○				○	○	○	○	○			12	29%
		10年後	○	○	○	○	○	○									○		○	○					10	24%
		20~30年後															○							○	2	4%
		その他	○							○		○				○		○			○			○	8	19%
12	現在	分解性プラ全般																			○	○		○	8	10%
		生分解性プラ全般																			○				3	4%
		微生物産生ポリエステル（PHA）																			○	○		○	12	16%
		その他の微生物産生ポリマー													○						○	○			8	10%
		天然高分子（キトサン・セルロース等）																				○	○		11	15%
		合成高分子（デンプン等）配合型																						○	7	9%
		合成高分子（脂肪族系ポリエステル等）																				○	○	○	12	15%
	在	光分解性プラ全般																							1	1%
		エチレン・一酸化炭素共重合体																							6	6%
		その他の感光性官能基導入型																							5	6%
		感光性試薬添加型																						○	6	8%

第8章 分解性プラスチックの代替可能性と実用化展望

表 アンケート回答集計票

問No		回答	1	2	3	4	5	6	7	8	9	10	11	12	13	14	15	16	17	18	19	20	21	22	23	24	25	26	27	28	29	30	計	構成比
12	今	分解性プラ全般											○																			○		
		生分解性プラ全般		○				○		○		○																	○					
		微生物産生ポリエステル(PHA)	○	○	○		○			○						○											○		○					
		その他の微生物産生ポリマー	○							○					○													○						
		天然高分子(キチン・セルロース等)									○							○	○															
		天然高分子(デンプン等)配合型					○				○											○												
		合成高分子(脂肪族系ポリエステル等)												○																		○		
12	後	光分解性プラ全般	○		○		○	○		○	○			○	○	○		○		○	○	○	○										13	22%
		エチレン・一酸化炭素共重合体																															1	2%
		その他の感光性官能基導入型							○																								2	3%
		感光性試薬添加型									○									○													4	7%

	計	構成比
分解性プラ全般	4	7%
生分解性プラ全般	3	5%
微生物産生ポリエステル(PHA)	12	21%
その他の微生物産生ポリマー	8	14%
天然高分子(キチン・セルロース等)	8	14%
天然高分子(デンプン等)配合型	2	3%
合成高分子(脂肪族系ポリエステル等)	13	22%
光分解性プラ全般	1	2%
エチレン・一酸化炭素共重合体	2	3%
その他の感光性官能基導入型	4	7%

第9章　市場展望

シーエムシー編集部

1 漁業用資材

1.1 概　要

　海洋を浮遊するプラスチックには様々のものがある。スーパーやその他の小売店で使用するビニールまたはポリエチレンの袋や発泡スチロール製の皿があり，またわが国では少ないがビール缶などを6個まとめる6個の穴のあいた一枚のビニール板状のもの（シックスパークヨークと呼ばれる）ものがある。これらのものは陸から河川へ，河川から海へと流入する。これらのものは同じプラスチック製品である漁網やつり糸などとともに海洋を浮遊し，次のような様々な弊害を引き起こすことが，10年ほど前からマスコミに取り上げられるようになった。

　①オットセイは一生の大半をベーリング海北太平洋を回遊して過ごすが，1967年に米国が繁殖島でオットセイ調査を行ったところ，網などを首に絡めている個体が多数発見され，成長につれ，首等にからまっているプラスチックが表皮に食い込み，結果的に死亡するとされた。

　②プラスチックを誤って食べる動物がいる。たとえば海ガメはビニール袋を好物のクラゲと間違えて食べる。また海鳥がプラスチック片を食べるが，親鳥がヒナにプラスチックを与えることよってヒナの死亡を引きおこしている。

　③船のスクリューや舵へ絡まったり，エンジン冷却水系統へ詰まってトラブルを起こす。

　④魚介類の成育の場を廃棄物が奪ってしまう。浅海に堆積した廃棄物が海藻の生育，餌動物の繁殖を阻害する。

1.2 漁　網

　海洋に浮遊するプラスチック廃棄物のうちでも，廃棄され，漂流する漁網は大きな問題となっている。

　わが国における1987年の漁網生産量は，水産庁の調査によれば3万3,032トンとなっている。漁網の材質はナイロン，ポリエチレンが大部分であり，ポリエステル，ビニロンも用いられる。これらの大量の漁網はやがては廃網となり，本来は回収し陸揚げして焼却等の処分をすることになっているが，現実には流失網・投棄網として漂流し，オットセイ，海鳥等に被害を及ぼしている。

第9章　市場展望

表1　漁網の素材別生産量推移

（単位：トン）

年	合　成　繊　維				計	合　計
	ビニロン	ナイロン	ポリエステル	ポリエチレン		
1960	…	…	…	…	8,252	10,596
65	3,345	8,944	482	1,715	15,669	16,236
70	4,108	10,606	1,232	5,319	22,620	22,872
75	1,779	9,895	1,794	6,051	21,303	21,352
80	3,164	12,516	3,647	7,928	29,856	29,873
81	2,498	11,521	3,289	6,449	26,035	26,044
82	1,325	13,639	3,290	7,038	27,139	27,167
83	1,530	12,831	3,713	7,349	27,165	27,178
84	1,889	11,974	3,526	6,701	26,107	26,128
85	1,604	12,181	3,707	6,576	25,915	25,927
86	1,545	11,535	3,451	6,840	24,875	24,884
87	1,316	11,636	3,130	6,615	24,218	24,238
88	1,745	12,169	3,054	6,626	25,083	25,083

（'90繊維ハンドブック）

1.3　海洋における廃棄物の浮遊実態

プラスチック等の海洋廃棄物が世界中でどの程度廃出されているかは明らかではないが，北太平洋において行われた2種類の浮遊物についての調査結果がある。

第一は気象庁の凌風丸による浮遊汚染物質の目視観測の結果である。同船はブリッジから見える漂流物を記録し続けてきたが，1977年から1986年の10年間，毎年2回，東経137度線上を日本からニューギニア近海までの航海の間，行った観測結果をとりまとめたものを図示する。図1は経年変化，図2は緯度別発見数である。廃棄物の材質は発泡スチロールが全体の半分を占め，その他のプラスチック製のゴミがこれに次ぐ。全体の95％以上がプラスチックである。廃棄物が年々増加していること，および緯度的には北へ上がるほど，すなわち日本近海に近づくほど多くなっていることが分かる。

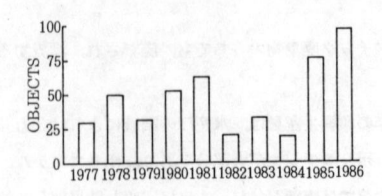

図1　浮遊汚染物質発見総数の経年変化

1 漁業用資材

第二は廃棄物の浮遊状況を太平洋全域について調査したものである。流失漁具の流失原因，海洋での分布，魚類等への影響の実態調査を目的として，水産庁が実施したものであり，調査に従事した船は32隻，調査を実施した総距離は30万kmで北太平洋のかなりの部分をカバーしている。

浮遊物の発見総数は約2万6,000個で種類構成は図3に示すとおりである。ここでもプラスチ

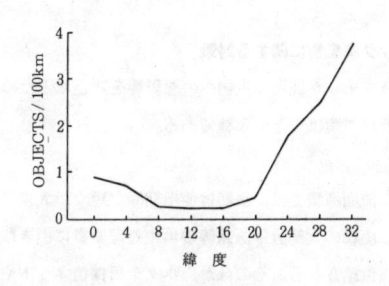

図2　浮遊汚染物質緯度別発見総数（10年間合計）

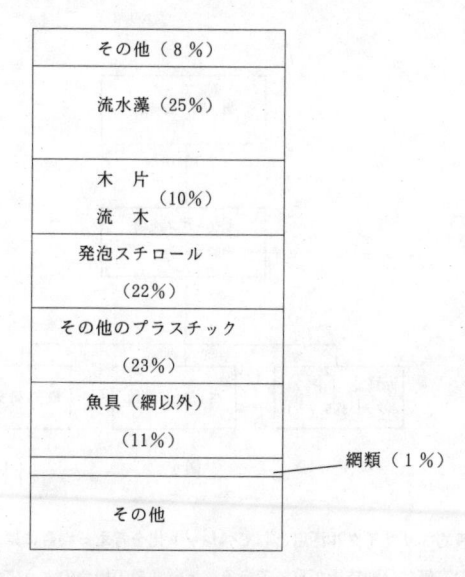

その他（8％）
流水藻（25％）
木片 流木（10％）
発泡スチロール（22％）
その他のプラスチック（23％）
魚具（網以外）（11％）
網類（1％）
その他

（注）　流水藻とは切れて流れている海藻をいう。

図3　種類別構成比

第9章　市場展望

ックのウエイトが高いことが分かるが、網類そのもののウエイトは意外に小さい。海域別に見ると木片・流木については一般に平均して分布している。流水藻に関しては陸上付近が高く、太平洋の中央部では全く発見されない。これに対してプラスチックは分布様式が異なり、沖合部2カ所に密度の高い海域がある。この事実から見て流水藻や木片・流木はある程度の期間で分解され沈んでしまうが、プラスチック類は沈まず、いつまでも漂い続け、太平洋の漂流物が渦状に動く海域に滞留することになるものと推測される。

1.4　漁網等のプラスチック廃棄物に関する対策

漁網等を中心とするプラスチック漁具の生物への悪影響を防止するための対策として現在実施または計画されている主要な対策は以下の3種である。

(1)　廃網リサイクル

北海道の中型サケ・マス流網漁業では、漁網は使用期間が短く、大量に使用されるから、リサイクルされる場合が多い。廃網の大部分は函館等の再生処理業者に引き取られ、ペレット化されてプラスチック成型業者へ供給される。そのほか、ホタテ貝採苗ネットや防鳥ネット等としても再利用されている。再生処理や再利用できないものは最終処分場へ持ち込まれる。サケ・マス流網の流通経路は図4のようになる。

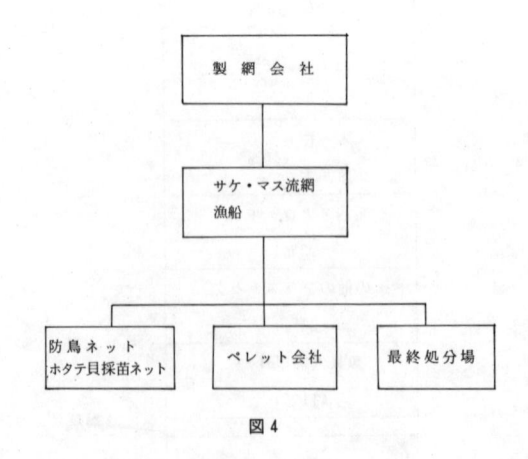

```
          製網会社
             │
        サケ・マス流網
           漁船
             │
    ┌────────┼────────┐
 防鳥ネット   ペレット会社  最終処分場
ホタテ貝採苗ネット
```

図4

廃網の一般的なリサイクル活用としてペレット化を考える場合には、安定した良品質の再生品を得るための安価な分別技術が重要である。流網漁業の場合のように使用期間が短期で付着物等の汚染が少なく、単一材質で大量に使用される場合には、分別処理も比較的簡単でペレット化に

1　漁業用資材

おいても品質的に安定かつ安価なものが再生できる。しかし流網全体をペレット化したとしても，廃網全体の20％程度に過ぎず，まして廃網全体のリサイクルを考える場合には新たな技術の確立が必要である。

廃網のリサイクルは，現在は民間主導型として行われているものであり，今後は，企業が採算上の理由から実施していない廃網の多くの部分について，国や公共団体が新たな処理技術を開発することが必要となろう。

(2) 漁場クリーンアップ事業

漁場に流れ込む産業廃棄物，地域住民・観光客の投棄するゴミなどに船舶からの不法な投棄による廃棄物も含めて，これらの廃棄物が漁場に流入すると，海面に浮遊したり，あるものは底に沈んで海底にただよい，あるいは岩礁地帯に入り込んで漁船や漁具の損傷の原因となったり，漁獲量の減少や漁獲効率の低下をもたらすことになる。

このため，水産庁は，漁場の廃棄物を除去するために，漁場クリーンアップ事業を展開している。

この事業の中心である廃棄物の回収・処理は次のような形で行われる。

まず，陸上に打ち上げられた廃棄物の回収である。人海戦術で多勢の人により，プラスチック，空き缶など海岸に打ち上げられたゴミを拾い集めるものである。

次いで海面に浮かんでいる廃棄物の回収であり，通常は小型船からタモ網でとる方法であり，これも多数の船を使用して一斉に実施することが多い。比較的平坦な海底付近に浮遊または接着した廃棄物が多量に存在する海域はトロール網を使用して回収する方法が用いられている。

岩礁地域に存在する廃棄物の回収はほとんど潜水士の手作業によって行われている。

回収された廃棄物は一カ所に集められ，廃棄物処理場に運搬，処理される。海岸ではその場で焼却される場合もある。

この事業は国から地方公共団体への補助事業として行われているが，地方公共団体が地元の漁協に委託して，実施することが多い。平成元年度の事業概要は表2のとおりである。

漁場クリーンアップ事業は，湖沼や沿岸の漁場を対象としているが，廃棄物は沖合の海域にまで広く分布している。このため，沖合の漁場（公共水域）の廃棄物処理回収事業も実施している。これは沿岸漁場保全事業として行われており，海底の廃棄物の回収と岩礁地帯の回収の2つの方法で実施されている。海底の廃棄物回収はトロール網を利用して行われるが，実施場所が沖合で広いため，比較的大型のトロール船を用いる点が前述のクリーンアップ事業と異なる。岩礁地帯の回収は，対象となる海域が沖合で水深が深くなるため潜水士による作業は不可能である。このため対象となる海域に適合した機器を考案して実施している。

第9章　市場展望

表2　平成元年度漁場クリーンアップ事業

(単位：千円)

	海面，内水面環境保全事業	根掛り廃棄物回収事業	有害動物駆除事業	合　計
北海道		2,936	2,400	5,336
青　森	5,650			5,650
岩　手	5,160			5,160
宮　城				
秋　田				
山　形				
福　島				
茨　城				
栃　木	1,575			1,575
群　馬				
埼　玉	649			649
千　葉	2,565			2,565
東　京				
神奈川	2,286	1,500		3,786
新　潟				
富　山				
石　川	973			973
福　井				
山　梨	540			540
長　野				
岐　阜				
静　岡		2,000		2,000
愛　知	7,420			7,420
三　重		1,250		1,250
滋　賀	9,323			9,323
京　都	1,635			1,635
大　阪		1,750		1,750
兵　庫	3,215	1,500		4,715

(つづく)

1 漁業用資材

	海面,内水面環境保全事業	根掛り廃棄物回収事業	有害動物駆除事業	合計
奈良				
和歌山				
鳥取	1,050			1,050
島根	950			950
岡山	4,978			4,978
広島				
山口	4,023			4,023
徳島				
香川	2,945			2,945
愛媛	3,097			3,097
高知	4,000		1,300	5,300
福岡	1,500	1,800		3,300
佐賀	1,500			1,500
長崎	1,500		1,000	2,500
熊本	7,153		1,200	8,353
大分	1,630			1,630
宮崎		1,090		1,090
鹿児島	2,372		500	2,872
沖縄			4,530	4,530
計	77,689	13,826	10,930	102,445

イペリットかん等引揚事業
680千円（茨城／千葉）

(3) 生分解性プラスチックの開発

　漁網の材料としては表3に示すような各種のプラスチックが使われている。プラスチックは、使用した後に腐らないことが欠点で、廃棄物としての処理が難しい。この点を解決するため、土壌中や水中で微生物によって分解されるプラスチックの研究が進められている。

　漁網にはナイロンが88年で約1万2,000トン使用されている。ナイロンは基本的にはタンパク質と類似の化学構造を有しているので、微生物による生分解ができると考えられ、いろいろと研究がなされた。ナイロン6の繰り返し単位はε－アミノカプロン酸であるが、モノマーであるε－カプロラクタムを資化するバクテリア、*Orymebacterium*が見出された。この菌はナイロン6の

第9章　市場展望

表3　漁業に用いられる主なプラスチック

	代表的製品名	比重	1d当りの引張りの強さ（g/d）(湿潤時)			ステープルの伸び率（%，湿潤時）	耐候性 屋外曝露の影響	使用される主たる漁具の種類
			ステープル	フィラメント（普通）	ナイロン66（普通）			
ポリアミド系（Polyamid）	ナイロン バーロン アミラン グリロン	1.14	3.7〜6.4	4.2〜5.9	4.5〜6.0	27〜63	強力はやや低下し，わずかに変する場合あり	刺網 巾着網 定置網
ポリビニールアルコール系（Polyvinyl-alcohole）	ビニロン クレモナ ミューロン	1.26〜1.30	3.2〜5.2	2.1〜3.2		12〜26	強力はほとんど低下なし	巾着網 定置網
ポリ塩化ビニリデン系（Polyvinyliden-chloride）	サラン クレハロン	1.70	0.9〜1.5	1.5〜2.6		20〜40	同上	定置網
ポリ塩化ビニール系（Polyvinyl-chloride）	テビロン ラメロン エンビロン	1.39	2.0〜2.8	2.7〜3.7		フィラメント 20〜25	同上	
ポリエステル系（Polyester）	テトロン テリレン ダクロン	1.38	4.7〜6.5	4.3〜6.0		20〜50	同上	巾着網
ポリエチレン系（低圧）（Polyethylen）	ハイゼックス カネライト ハイクレ シルバー	0.94〜0.96		5.0〜9.0		8〜35	同上	底曳網
ポリプロピレン系（Polyprophylen）	バレイン ダンライン	0.91	4.5〜7.5	4.5〜7.5		30〜60	同上	ロープ
綿（米綿アップランド）		1.54	3.3〜6.4			（標準時）3〜7	強力低下，黄変する	
ラミー		1.50	7.7			2.0〜2.3	強力低下著し	
マニラ麻		1.45	（標準時）2〜3			（標準時）2.5	強力低下，褐色になる。	

環状あるいは鎖状オリゴマーをも資化して分解する。この菌体からナイロンオリゴマーを加水分解する2種の酵素（A，B）が分離されたが，Aは環状オリゴマーの開環と，鎖状オリゴマーのC，Nいずれかの末端から2番目のアミド基を加水分解する特性を有し，Bは鎖状オリゴマーのC，Nいずれかの末端からε-アミノカプロン酸を1単位ずつ切り離す作用がある。オリゴマーの加水分解で生じたε-アミノカプロン酸はトランスアミネーションを受けて分解され，コハク酸となることが分かった。

　同じく漁網に用いられるポリビニルアルコール（PVA）（重合度500〜2,000）を分解する微生物もわが国で分離されている。この菌は*Pseudomonas*と呼ばれるグラム陰性の短桿菌で，細い鞭

2　農業用資材

毛をもって運動性がある。この菌体を集めてPVA 0.5％を含むpH 7.2の水溶液中に懸濁し30℃に保持すると，96時間で約90％以上のPVAが分解される。菌体を除いた培養液の上澄液もPVAの分解能を有することが分かった。

　一般に合成高分子を普遍的に分解する微生物を見出す期待は薄く，化学的処理によって，ある程度低分子にまで分解した状態で微生物を作用させて分解するならば，まだ期待はもてる。したがって，現存する合成高分子を分解する微生物を探すことよりも，微生物によって分解する構造の高分子を合成しようという方向で研究が進められている。

　水産庁では，90年度から東京工業大学に委託し，生分解性プラスチック（バイオプラスチック）の研究開発を開始した。

　しかし，高い強度が要求され，成形も難しい漁網等の漁業用資材に使用できるバイオプラスチックの実用化は容易ではない。

2　農業用資材

2.1　概　要

　施設園芸の発展に伴ってビニルハウス用などのプラスチックフィルムの使用量は年を追って増加しており，その総量は1987年時点で17万5,000トンと推定される。これらのほとんどは2〜3年の使用後は，有効利用されることなく廃棄されている。

　これらの廃プラスチック類は，農地に野積みされて飛散，流出し，河川，海岸などの美観を損ねるとともに，漁船スクリューへの巻き込みなどの漁業被害を及ぼしており，また農地の土壌にも悪影響を及ぼしている。

　農業用プラスチックは農業用塩化ビニールとポリエチレンが大半を占める。

　1987年の農業用塩化ビニールの需要量は3億 7,500万m^2（前年比 103％）となっている。農業用塩化ビニールのメーカーには，三菱化成ビニル，三井東圧化学，シーアイ化成の大手3社のほか，アキレス，オカモト，高藤化成，バンドー化学，ヤマト化学，ロンシール，チッソの主要各社がある。

　農業用ポリエチレンの1988年の出荷量は4万 6,630トンとなっている。主要メーカーには，みかど化工，太洋興業，丸井加工，積水農販，大倉工業などの各社がある。

2.2　農業用廃プラスチック処理対策

　農業用廃プラスチックの処理については10数年前から農林水産省，地方公共団体，農業団体および㈳日本施設園芸協会によって数種類の対策が講じられてきた。

第9章　市場展望

(1) 廃農業用塩化ビニールの再生処理

農業用廃塩ビの量は年間約10万トンと見られ，その3分の1が再生処理されている。

廃農ビの再生処理は茨城県のほか群馬，山梨，高知など過半数の道府県で行われているが，茨城県の例について紹介する。

廃農ビの再生処理については茨城化工㈱を設立し，これが当たっている。廃プラスチックの収集処理は「茨城県農業用プラスチック処理協会」が行い，再生処理プロセスを茨城化工㈱が担当するという形をとっている。茨城化工㈱が再生処理プロセスに使用している設備は表4に示すとおりである。

表4　主要な設備

名　称	セット数
前処理機	1
ベルトコンベア	1
粗砕機	1
プロペラ搬送機	1
粉砕機	1
整流機	1
洗浄トロンメル	1
分離洗槽	2
水洗槽	2
脱水機	2
乾燥機	2
合流サイクロン	1
ヘンセルミキサー	1
クーリングミキサー	1
ふるい機	1
ブレンダー	1
タイヤショベル	1
フォークリフト	1
排水処理施設	1
トラックスケール	1

廃プラスチック再生処理工程は図5に示すとおりであり，その概略を説明する。

① 工場に搬入された廃農ビは，処理可能なものと不可能なものに仕分けられる。

② 廃農ビはベルトコンベアから粗砕機に入り，回転式で20cm四方に裁断される。

③ 裁断された廃農ビは，プロペラ搬送機によって洗浄されながら粉砕機に送られる。

④ 粉砕されたプラスチックは，整流機に送られ，鉄屑が除去される。

⑤ 鉄屑が除去された廃農ビは洗浄トロンメルに送られ砂等が除去される。洗浄トロンメルから分離水洗タンクに送られ，攪拌されながら，木屑等が水面に浮かぶ。

⑥ さらに水洗タンクに送られ，攪拌によって洗浄される。

⑦ 水洗タンクに送られた廃農ビは，再度洗浄トロンメルに送られ，砂等が完全に除去される。

⑧異物が除去されたビニールは，脱水機に送られ，遠心分離によって脱水される。
⑨脱水されたビニールは，乾燥機に送られ熱風によって乾燥される。乾燥したビニールは合流サイクロンを経て，ヘンセルミキサーに送られ，摩擦熱によって粒状化される。
⑩粒状のビニールは，クーリングミキサーに送られ，冷却される。冷却されたビニールはふるい機を通り，ブレンダーに送られる。
⑪ブレンドされた製品（グラッシュ）は，フレコンパックに詰められ，出荷される。

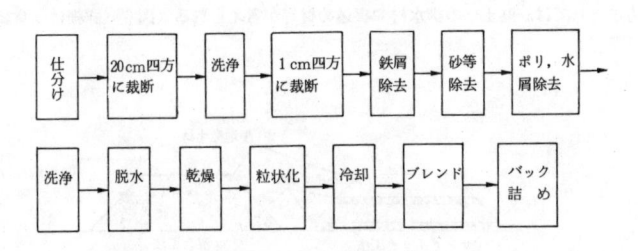

仕分け → 20cm四方に裁断 → 洗浄 → 1cm四方に裁断 → 鉄屑除去 → 砂等除去 → ポリ，水屑除去 →

洗浄 → 脱水 → 乾燥 → 粒状化 → 冷却 → ブレンド → パック詰め

図5　廃塩化ビニールの処理工程

廃プラスチックの処理に当り原料処理の目標量は年間 4,000トン程度である。またグラッシュの生産量目標は年間 1,400トンである。

(2) **農業用廃プラスチックによる疎水材の製造**

廃プラスチックの有効利用法として，これを，半溶融状に加工し，水田，畑地の土地改良疎水材にすることが検討されており，㈳日本施設園芸協会と第一燃料工業の共同研究により，廃プラ疎水材製造装置が開発された。

この装置により製造された廃プラ疎水材については，和歌山県，兵庫県，茨城県の農家圃場で暗きょ排水用疎水材として試験施工を行い，その効果を確認している。さらに施設園芸協会は，岩手県農業試験場に依頼して，水田およびぶどう園での廃プラ疎水材の利用試験を実施中であり，十分な効果が見られている。

なお，廃プラ疎水材が，使用時に雨水等と接触することにより，疎水材の成分が浸出し，これらの成分が作物，土壌へ影響を与えることが懸念されたが，静岡薬科大学環境科学研究所に依頼して，廃プラ疎水材の浸出水の分析が行われたところ，疎水材浸出液中の有害物濃度は環境基準をクリヤーしており，農業用廃プラスチックフィルムで製造した疎水材を，通常の条件下で使用するかぎり，問題はないとされている。

(3) **農業用廃プラスチックの埋立実験**

石川県は，1987年度に「廃プラスチック適正処理対策推進協議会」を設置し，廃プラスチック

第9章 市場展望

について，焼却処理，埋立処分および溶融再利用等の処理方法を比較検討した。

その結果，現在のところ廃プラスチック類処理における法的規則を満足しつつ，塩化水素ガスが発生せず，経済的にも有利な方法として，農業用廃プラスチックを押出造粒機で溶融減量化した後に埋立処理する方法を採用することとした。

埋立処理をするためには，埋立地の地盤安定化や環境保全に配慮するための基礎的な知見が必要であり，そのための屋外地盤安定性試験を実施した。

農業用廃プラスチックの埋立処分方法としては，サンドイッチ工法と混合工法が考えられ，有効利用方法としては，盛土への排水材や裏込め材等が考えられる（図6）（詳細は3章参照）。

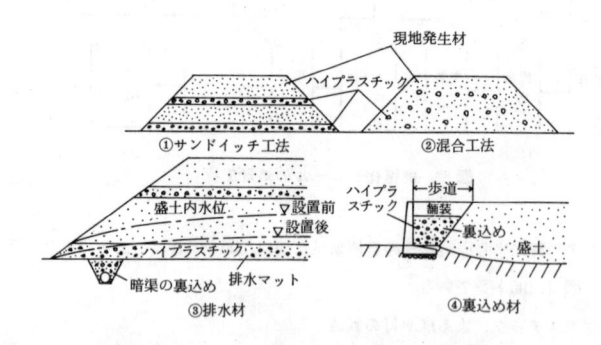

図6　ハイプラスチックの埋立処分および有効利用

埋立処分試験に供するためには，回収した廃プラスチックを押出造粒機に通すことにより，嵩比重5分の1程度の空隙率の高いカリント状のものとする（これをハイプラスチックと呼んでいる）。

これを単一の材料として一般の盛土を行うことは，密度，強度の点から難しいが，山砂とのサンドイッチ工法により処理すれば，沈下も2カ月程度でおさまり，のり面も安定化している。とくに透水性が良いので中規模な盛土や埋立，排水材および園芸用材（粘質土壌での植物への酸素補給材）等への有効利用が十分考えられるとされている。

(4)　農業用廃ポリエチレンの地下式焼却

高知県では，廃農業用ビニールについては昭和47年に公社を設立し，回収と再生処理を実施してきたが，廃農ビ以外の廃プラスチックについては，再生処理の難しさなどから受け入れをしなかった。

しかし今後も廃ポリエチレンの急増が考えられるため，公社は㈳日本施設園芸協会の指導の下

2 農業用資材

に,青野式地下式焼却炉を設置し,1989年秋から廃ポリエチレンの地下式焼却を開始した(図7)。

農家から搬入された大方の廃農ポリは,いわば水と土を一緒に丸めた団子である。このため梱包を解体し,廃農ビを除去し,軽く水切り程度の乾燥をするが,かなり困難な作業である。梱包のまま投入すると蒸し焼き状態になり,ガス化後,瞬間的に着火し,小爆発的燃焼が連続して大量の黒煙が発生する。

廃農ポリは種類が多く,中には黒煙を発するものもあり,また廃農ビが混入していると問題が起こる。

ポリエチレンは完全焼却の場合は残灰はない。

当初は廃農ビの一部残滓も焼却したいと考えたが,塩化水素ガスの発生や炉の腐食の心配があるため扱わないこととした。

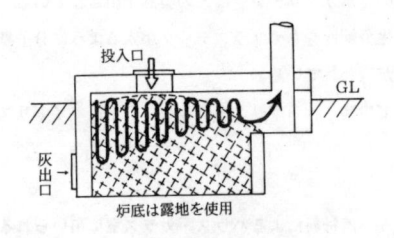

図7 青野式地下型焼却炉

(5) 農業用廃プラスチックの処理と生分解

農業用廃プラスチックの処理としては,現在では上述のように,再生処理,疎水材としての利用,埋立処分,地下焼却が行われている。しかし,再生処理,疎水材としての利用は,形態は変わるがプラスチックとして存在し続けるわけであるから完全な処理方法とはいえない。また焼却処分を行うと,プラスチックの種類によっては,塩化水素ガスなどの有害物質を発生させる。

埋立処分は,廃棄物を処分する方法として一般的であるが,本来,廃棄物の埋立処分は,腐敗性の有機物を土壌中の微生物によって分解してもらい,もとの土壌に戻すという,生態系の循環構造を利用した処分方法である。現在使用されている農業用プラスチックは腐敗性を有せず,生物分解できないから埋立地に蓄積していくことになり,後日に問題を残すことになる。地価が高く,人口過密なわが国では迷惑な施設として嫌われている廃棄物埋立地の造成は今後ますます困難となろう。

そこで,農業用プラスチックとして,分解性プラスチックを使用することが根本的な廃プラスチック処理方法として浮かび上がってくる。

第9章　市場展望

　光分解性プラスチックの使用は農業用廃プラ対策としては問題がある。光分解性プラスチックの研究は1970年代の初期に活発に行われ，多くの光分解性プラスチックが開発された。しかし光分解して粉々になったプラスチックは残存することがあり，わが国でも，10年ほど前に試験的にレタス栽培施設等で光分解プラスチックを使用したところ，光より分解したプラスチックの粒子がレタスの葉の間に混入してしまい，食用として使用できなかったことがある。

　そこで，農業用廃プラスチックの根本的な処理対策は，生分解性プラスチックを開発し，利用することとなろう。

　現在，施設園芸のハウス・ガラス室で用いられている被覆資材は表5のとおりである。ポリエチレンおよびポリエステルは多くの部分で資材として使用されているが，この両者についてはすでに生分解性プラスチックが開発されている。

　ポリエチレンに，天然高分子であるデンプンを添加する方法で生分解性プラスチックが実用化されており，ADM社の「ポリクリーン」などの製品が出されている。またポリエステルにおいて，従来の分子間に，生分解性をもつプラスチックが入るように分子設計を行うことによって生分解性を得る研究開発が行われている。

　さらに微生物によって生産されるポリエステルがICI社（イギリス）によって開発，商品化

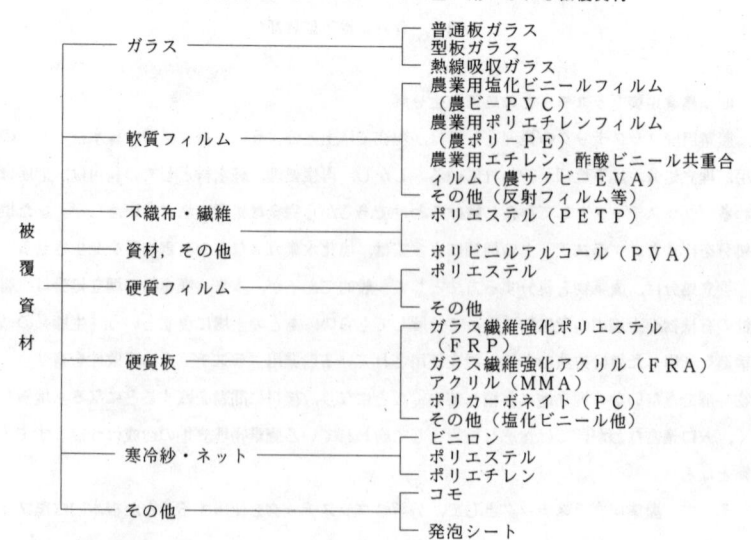

表5　原材料によるハウス・ガラス室に用いられる被覆資材

```
被覆資材 ─┬─ ガラス ──────┬─ 普通板ガラス
          │                │─ 型板ガラス
          │                └─ 熱線吸収ガラス
          │
          ├─ 軟質フィルム ─┬─ 農業用塩化ビニールフィルム
          │                │   （農ビ─PVC）
          │                │─ 農業用ポリエチレンフィルム
          │                │   （農ポリ─PE）
          │                │─ 農業用エチレン・酢酸ビニール共重合
          │                │   フィルム（農サクビ─EVA）
          │                └─ その他（反射フィルム等）
          │
          ├─ 不織布・繊維 ─┬─ ポリエステル（PETP）
          │  資材，その他    └─ ポリビニルアルコール（PVA）
          │
          ├─ 硬質フィルム ─┬─ ポリエステル
          │                └─ その他
          │
          ├─ 硬質板 ──────┬─ ガラス繊維強化ポリエステル
          │                │   （FRP）
          │                │─ ガラス繊維強化アクリル（FRA）
          │                │─ アクリル（MMA）
          │                │─ ポリカーボネイト（PC）
          │                └─ その他（塩化ビニール他）
          │
          ├─ 寒冷紗・ネット ┬─ ビニロン
          │                 │─ ポリエステル
          │                 └─ ポリエチレン
          │
          └─ その他 ──────┬─ コモ
                           └─ 発泡シート
```

されており，同様なポリエステルが東工大によって開発されている。また天然高分子であるセルロースとキトサンを使用した生分解性不織布が金井重要工業（大阪）と工技院四国工業技術試験所によって共同開発されており，これらは完全な生分解性を有するものと見られている。

ただし微生物産生ポリエステルそのものは，農業分野で利用されているポリエチレン，ポリエステルに比して価格が数10倍と著しく高価であり，セルロースとキトサンを利用したものは微生物産生のものほどではないが，なお高価である。また引裂き強度の問題により用途が限定されるといった課題を抱えている。

技術開発の進展による物性の向上と用途開発による需要の拡大に伴う量産効果により，農業分野において生分解性プラスチックの利用が実現することが期待される。

3 包装・容器材料

包装容器材料用プラスチック製品の1989年の需要量は約120万トンと見られ，このうちトレー，パック，ラップなど食品包装用が約70万トンであり，約60％と高いウエイトを占める。食品包装用プラスチックとしては表6に示すようにポリエチレン，ポリスチレン，ポリプロピレン，ポリ塩化ビニル，ポリエステル，ビニロン，などが使用されている。

食品包装用などの容器については，海洋への流入，浮遊が問題視されており，この解決のための対策が迫られている。対策としては，まずリサイクルが考えられるが，分別・収集に困難を伴い，埋立てについても適当な場所がなくなりつつある。

このため分解性プラスチック，とりわけ生分解性プラスチックの研究開発に期待が寄せられている。ポリエステルについては，すでにＩＣＩ社（イギリス）によって実用化されているが，現在使用されている食品包装用材料に比べ著しく高価である。

ポリエチレンについてはデンプン練り込み型の生分解性プラスチックが開発され実用化されているが，分解の不完全性を指摘する意見もある。

食品包装用途の場合，生分解性プラスチックという新たな素材を使用することに関し，特に食品に対する安全性が問題となり，また包装容器一般の問題として加工適性が問われることになる。

第9章 市場展望

表6 食品包装用プラスチックフィルムの特性値

略語	単位	ポリエチレン 高圧 LDPE	ポリエチレン 中低圧 HDPE	ポリプロピレン 延伸 OPP	ポリプロピレン 無延伸 CPP	セロファン 普通 PT	セロファン 防湿 MST	ポリ塩化ビニル 軟質 PVC	ポリ塩化ビニル 硬質 PVC	ポリエステル PET	延伸ポリスチレン OPS	ポリカーボネート PC	延伸ナイロン ONY	ポリ塩化ビニリデン PVDC	ビニロン PVA
汎用厚み	μ	30	25	25	25	18以上(#300)	18(#300)	35	50	12	25	20	15	20	25
比重	g/cm³	0.92	0.95	0.91	0.90	1.40	1.44	1.24~1.45	1.35~1.45	1.40	1.05	1.20	1.15	1.6-1.7	1.30
透明度	%	5~15	15~75	2~2.5	2~3	1~2	1.5-3.0	1.7	1~2	1.5	1.2	1.5	1.9	1.0~1.5	1.0~1.5
引張強度	kg/mm²	2.0	1.7-4.3	縦14 横26	25~40	12~20	8~18	3~4	5	縦21 横22	10	10	縦23 横22	12	5.5
引裂強度	g·cm/cm	100	150	10	100	4			6	9~14	3~5	68~80	15	5	縦240~450 横200~400
引張伸度	%	400	150	縦145 横50	200~400	15~30	15~90	150-500	15~25	縦100 横90	10~20	60~150	縦85 横65	70	縦330 横290
透湿度	g/m²24hr 40℃90%RH	20	10	5	8~12	1,000~2,000	30	35~150	40	46	160	50~70	180	1.5~5	250
酸素透過率	cc/m²24hr 20℃65%RH	4,000	600	1,500	2,300	10-1,000	70	90~100	150	70~80	5,600	200	40~50	15~17	150
使用温度範囲	℃	-60~85	-80~110	-50~120	0~120	-20~190	-20~190	0~100	-20~100	-70~150	-60~90	-100~140	-70~120	-20~150	
融点	℃	110	150	170	170			160-180	160-180	260	230	220~240	215	190	

4　化粧品・トイレタリー製品

表7　包装・容器プラスチック対策の動向

企業・機関名	動向
ロッテリア	ハンバーガー業界第2位の同社は全店でバーガー類のスチロール容器を紙製に切り替えた。 その他ファーストフード業界では「モスフードサービス」「ファーストフードキッチン」，「日本ケンタッキーフライドチキン」がスチロール製容器の切り替えを検討中，「日本マクドナルド」がスチロール容器の分別回収を検討中。
中央化学 灘神戸生協	生活協同組合の中で最大規模を誇る灘神戸生協は，生鮮食品用トレー容器を環境保全を目的に中央化学が開発したCTF容器に切り替える。CTF容器はポリプロピレンに無機物フィラーを高配合して発泡剤を使わずに製造される。
中央化学	使い捨て食品容器に好適とする生分解性プラスチックを開発。ポリカプロラクトンに大量のデンプンを均一分散させたもので，微生物工業技術研究所との共同開発。

4　化粧品・トイレタリー製品

　最近のトイレタリー業界全体の売り上げ金額と数量を表8に示す。トイレタリー業界全体の売り上げ金額は，すでに5年前より1兆円産業に成長しており，その成長率は微増ながら確実に上昇している。特に1989年は前年比で売り上げ金額が103.4%，数量で104.7%と伸長している。
　トイレタリー製品の分野では，紙おむつ，生理用品など現在，下水に流せないものについて生分解性プラスチックを利用することが考えられ，化粧品についてはボトルなどの容器についての

表8　最近の化粧品業界全体の売り上げ金額と数量

(金額：百万円，数量：千個)

年	売り上げ金額	前年比(%)	売り上げ数量	前年比(%)
1989	1,236,247	103.4	1,839,376	104.7
1988	1,196,149	104.0	1,757,149	101.7
1987	1,149,646	100.5	1,727,414	100.6
1986	1,143,986	104.2	1,717,909	98.8
1985	1,097,920	—	1,739,038	—

第9章 市場展望

表9 1989年度売り上げ金額10%以上伸長したトイレタリー商品

(金額:百万円,数量:千個)

商品項目	売り上げ金額	前年比(%)	売り上げ数量	前年比(%)
セットローション	15,913	133.5	38,012	137.3
香水	3,414	129.9	3,593	167.1
美白化粧品	46,307	119.5	48,031	100.1
浴用化粧品	2,734	118.6	12,452	151.2
つめ化粧料	13,438	114.3	42,513	104.0
液状整髪料	34,113	112.3	56,767	117.6
化粧水	158,713	111.4	108,890	111.1
まゆ墨・まつ毛化粧品	16,847	111.3	26,106	109.6
ヘアスプレー	27,587	111.1	56,608	116.3

使用が考えられる。

西ドイツの化粧品会社ウエラは90年6月から化粧品容器に，ＩＣＩ社の生分解性プラスチック「バイオポール」の使用を始めた。同社のシャンプー(「サナラ」)のボトルに「バイオポール」を使用したのである。

これは微生物産生の生分解性プラスチックの最初の商品化例である。ウエラ社は高価な生分解性プラスチックを使用しても，宣伝効果という点で利益を得ているものと見られる。

なお，89年のわが国のシャンプーの販売個数は3億 4,900万個であり，化粧品合計では18億4,100 万個となっている。

バイオポールはプロピオン酸とグルコースを水素細菌の *Alcaligenes eutrophus* に代謝させてつくるポリ-3-ヒドロキシブチレート(3HB)とポリ-3-ヒドロキシバリレート(3HV)の共重合体である。

バイオポール開発のきっかけは，石油危機を経験したことにより，石油に依存せずにプラスチックを生産する方法はないかと考えたのがきっかけであり，すでに15年の研究開発の歴史を有する。

「バイオポール」は，廃棄後は菌類や微生物によって他の有機物と同様に，二酸化炭素と水に分解されるが，通常の使用においては従来の熱可塑性樹脂と同等の耐久性，安定性，および耐水性をもつことを特長とする。

「バイオポール」の応用範囲としては，ボトル，フィルム，繊維など幅広く，将来的には地中，水中などに廃棄される家庭用品および農業用製品などに有用とされている。

ＩＣＩ社の「バイオポール」製造プラントは，バイオ製品部門の本部のある北東イングランド，ビリングハムにあり，現在の生産能力は試作段階のため生産 100トン程度に限られているが，ＩＣＩは90年代半ばまでに年産 5,000〜10,000トン規模に引き上げたいとしている。

価格も現在は試作段階であるため，5,000〜6,000円／kgとみられ高価であるが，90年代半ばには1,000〜1,500円／kgと大幅なダウンが見込まれている。

4　化粧品・トイレタリー製品

バイオポールの分解性については，土中または水中でボトルは1年，フィルム（厚さ10μ／mmのもの）は1カ月で分解するものとされている（詳細は本書巻末の「参考資料　1」を参照）。

トイレタリー製品についてみると，金井重要工業（大阪）が工技院四国工業試験所と共同で天然高分子であるセルロースとキトサンを利用して不織布を開発しており，紙おむつなどへの利用が期待される。ただ，引張り強度はポリエチレンを上回るが，引裂き強度が現状ではまだ低いのが問題とされている。金井重要工業の不織布の物性は表10のとおりである。

表10　不織布の物性

		BD-30D	BD-100S	備　考
繊	維	レーヨン100%	レーヨン100%	
目付（g／m²）		30	100	
引張強度	タテ	0.6	1.6	JIS-LI085
(kg/5cm)	ヨコ	0.3	1.8	
引裂強度	タテ	0.1	0.8	JIS-LI085
(kg/5cm)	ヨコ	0.1	0.7	
乾湿比　（%）		54	210	湿／乾強度×100

第9章 市場展望

表11 世界のプラスチック材料需給状況

(単位:千トン)

国 名	生産			輸入		輸出		国内消費		1人当たり消費量 (kg/年)	
	1989年	1988年	89/88(%)	1989年	1988年	1989年	1988年	1989年	1988年	1989年	1988年
アメリカ	26,556	27,115	△2.1	667	645	2,666	2,346	24,557	25,414	99.0	104.0
日本	11,955	11,016	8.5	788	656	1,756	1,704	10,987	9,968	89.1	81.2
西ドイツ	9,065	9,160	△1.0	3,837	3,537	4,814	4,869	8,088	7,828	130.9	127.7
フランス	4,259	4,070	4.6	2,079	1,904	2,727	2,665	3,611	3,309	64.0	59.0
オランダ	3,265	3,143	3.9	1,202	1,060	3,347	3,151	1,120	1,052	75.0	71.0
イタリア	3,010	2,950	2.0	1,900	1,700	910	900	4,000	3,750	70.0	66.0
ベルギー	2,808	2,679	4.8	1,826	1,508	3,208	2,830	1,426	1,357	144.0	137.0
カナダ	2,187	2,296	△4.7	711	624	957	865	1,941	2,055	73.5	78.7
イギリス	2,032	1,911	6.3	2,320	2,191	907	852	3,445	3,250	60.5	57.4
スペイン	1,934	1,878	3.0	735	523	616	535	2,053	1,866	54.4	49.6
ブラジル	1,884	1,851	1.8	24	11	332	459	1,576	1,403	11.4	9.2
オーストラリア	-	931	-	-	153	-	61	-	1,023	-	61.0
ハンガリー	638	586	8.9	150	142	306	248	482	480	45.4	45.3
南アフリカ	536	480	11.7	80	125	61	35	555	570	16.8	17.5
ノルウェー	445	420	6.0	180	170	315	307	310	283	73.0	63.0
インド	350	345	1.4	335	300	0	0	685	645	0.8	0.7
フィンランド	-	330	-	-	-	-	-	-	385	-	77.8
ポルトガル	320	357	△10.4	185	145	130	147	375	355	36.3	34.5
イスラエル	221	205	7.8	127	131	121	102	227	234	49.3	51.9
ルーマニア	-	220	-	-	-	-	-	-	-	-	-
スイス	168	148	13.5	665	646	206	197	627	597	93.2	89.5
デンマーク	0	0	0.0	517	531	48	60	469	471	91.0	92.0
ニュージーランド	0	0	0.0	129	117	0	0	129	117	39.1	35.5
オーストリア	919	861	6.7	564	521	707	512	776	870	101.7	114.6

(日本プラスチック工業連盟,IPAD)

＜参考資料1＞　「BIOPOL」の物性，グレード，加工技術資料

　ICI社は世界で初めて微生物産生ポリマー，「BIOPOL」を実用化した。
　以下はアイシーアイジャパン社の技術資料"BIOPOL：A GUIDE FOR PROCESSORS"をもとにまとめた資料である。
　バイオポールの特徴は，以下の①〜④に表現されている。
① 　バイオディグレーダブル…微生物の働きによって分解し，
② 　バイオコンパチブル………動物の体内埋め込みにさいして生体組織による拒否反応がなく，
③ 　ナチュラル………………自然に得られる再生産可能な原料から生産されるため，石油化学に依存する技術にとって代わるものとしての，
④ 　サーモプロセサブル………既存の加工技術で加工可能なポリマーである。
　バイオポールポリマーは3－ヒドロキシ酪酸（HB）と3－ヒドロキシ吉草酸（HV）が共重合した直鎖のポリエステルであり，バクテリアである*Alcaligenes eutrophus*による糖発酵によって得られる。同コポリマーの化学構造は図1の通りである。

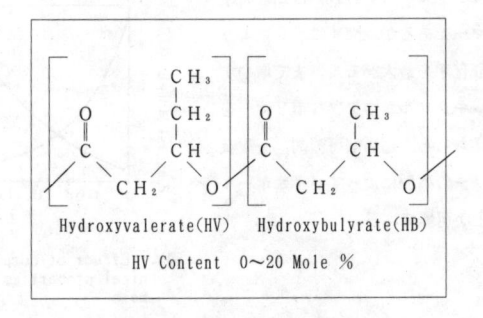

図1　BIOPOL Copolymers

<参考資料1> 「BIOPOL」の物性，グレード，加工技術資料

1 "バイオポール"の特性

1.1 融点および結晶性

バイオポールホモポリマー（PHB）は融点が73℃〜180℃でガラス転移温度が5℃と，結晶性の高いポリマーである。コポリマーは図2および図3にそれぞれ示されるようにHVの含有率を上げることでその融点および結晶度を低下させることができ，ホモポリマーに比べて結晶性の低いポリマーを得ることができる。

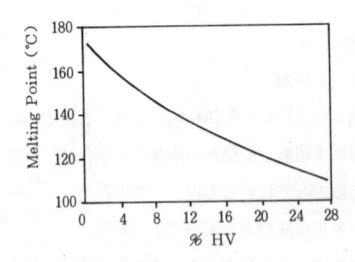

図2 Effect of composition on melting point of HB-HY copolymers

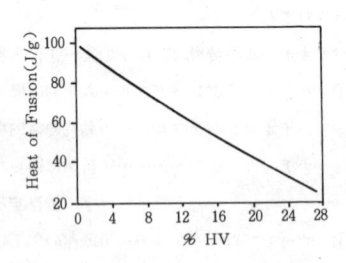

図3 Effect of composition on heat of fusion of HB-HY copolymers

1.2 硬度および靱性

バイオポールホモポリマー（PHB）は比較的硬くかつもろいポリマーであるが，図4に示したようにその延性はHV含有率を最大25モル％まで増やすことで増大し，フレキシブルかつタフなポリマーを得ることができる。もちろん適当な可塑剤，衝撃吸収材，強化用フィラーの添加によってバイオポールの物性を変えることが可能である。

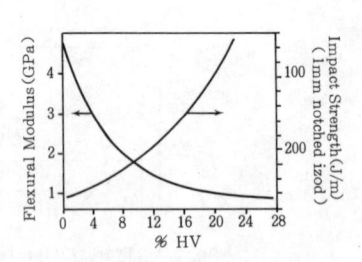

図4 Effect of composition on mechanical properties of HB-HY copolymers

1.3 核形成

バイオポールホモポリマーおよびコポリマーが溶融状態（メルト）から再結晶する際の核形成密度は非常に低い。再結晶化速度が遅いので，核剤を含まないグレードのものの加工は，ハイコポリマータイプでは特に難しいものになっている。窒化ボロンやタルクのような核剤を添加することで大幅に核形成密度を増加させ，加工をより簡単なものにすることができる。

2 "バイオポール"の製品グレード

図5はホモポリマーが20℃/分で冷却された際の溶融状態からの再結晶に及ぼす窒化ボロンの添加効果を示している。

一般的に核剤含有グレードの加工性と物性は非核剤グレードに比べてはるかに良好である。したがって，バイオポールの成型グレードとしては，常に核剤含有グレードを同社は勧めている。

1.4 結晶化

バイオポールの結晶化速度は温度に対する依存性が非常に高い。高温（100℃～200℃）および低温（30℃以下）での結晶化速度は非常に遅く，特にコポリマーの場合に，この傾向が顕著である。

図6は55℃～60℃の間で結晶化速度が最大になることを示している。したがって，本ポリマーの結晶化に使用される金型や恒温水槽の温度が上記の最適温度範囲に保たれることが特に重要となる。上記温度範囲外ではサイクルタイムが長くなるとともに，物性の低下を招く可能性がある。

1.5 安定性

他のポリエステルと同様にバイオポールも，特に高温では不安定な材料である。ホモポリマーに適用される加工温度（185℃～190℃）ではポリマーの溶融状態にある時間を最短にするよう注意が必要としている。

205℃以上ではポリマーは急激に劣化する。コポリマーはホモポリマーに比べ融点が低く，その成型温度での劣化の可能性は低い。しかし，スクラップ材を再利用する場合は溶融時間を最短にする必要がある。

図5 Effect of Boron Nitride on the crystallization of PHB

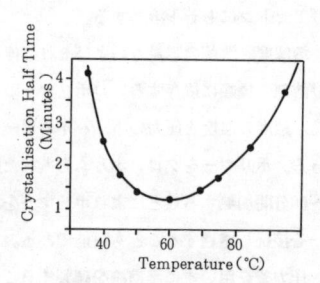

図6 Effect of Temperature on crystallization half time for PHB

2 "バイオポール"の製品グレード

「バイオポール」ポリマーは0～20％HVのパウダーやペレットを利用できる。各々のグレードの典型的な用途例を以下に示す。

＜参考資料1＞ 「BIOPOL」の物性，グレード，加工技術資料

グレード	用　途　例
0% HV製品	医療用埋込み材，各種医薬用途およびキラルな構成ブロックとして
5% HV製品	比較的に堅い射出成型品として
10% HV製品	包装材料の射出成型，押出成型，インジェクションブロー成型
20% HV製品	遅効性の獣医／メディカル用途
テクニカルグレード	バイオポール（純度95〜96%）の標準グレードの分子量は400,000〜750,000だが，低分子量タイプも提供可能。
高純度グレード	医療と医薬品分野での研究用に高純度グレード（純度99.5%），またユーザー希望により低分子量製品も提供できる。バイオポールの高純度グレードは，分子量 30,000〜750,000 の範囲だが，ヒドロキシアパタイト含有のグレードもある。

* 1) 懸濁水液やクロロホルム溶液もユーザーの希望により提供可能。
* 2) 添加剤；バイオポールは添加剤なしでの加工自体は問題がないが，ほとんどの場合メルトの加工過程で核剤（窒化ボロン，タルク，マイクロマイカ，チョーク等）の使用を勧めている。また，可塑剤，フィラーおよび着色剤をバイオポールに溶融コンパウンドして物性をかえることも可能。
* 3) 保管；清潔で乾燥した状態に保つこと。加工に先立って何らの前処理を必要としない。

3　バイオポールポリマーの加工

3.1　溶　解

　バイオポールのグループに属するポリマーは限られた種類の溶剤，たとえばクロロホルムジクロロメタンおよび1,2-ジクロロエタンなどに溶解する。加熱したメタノール，エタノールおよびアセトンにも若干溶解する。

　溶解度，溶解の容易さおよびそれに伴うポリマーの溶液粘度はポリマーのタイプ，分子量および溶剤の種類に依存する。コポリマーの場合，その溶解性はHV含量の増加にともなって増大する。適度の温度と圧力の下，バイオポールの濃縮液（15% W/W）は比較的簡単に調製することができる。ポリマーをクロロホルムを入れた圧力釜に添加し，撹拌の上，40psig（窒素），70℃にて30〜60分間加熱することによりポリマーを溶解する。必要に応じて溶液は圧力釜に適当なフィルターを接続し濾過することも可能である。

　圧力釜を用いずに濃縮液を調製することも可能である。ポリマーは浴剤中で30〜60分間撹拌することにより低濃度（2〜5% W/W）で溶解することができる（ホモポリマーでは多少長時間となる）。溶液の濾過が必要な場合はこの段階でのガラスフィルター（Wattman GF/B）を用いての真空濾過を勧めている。ロータリーエバポレーターを用いた減圧下での濃縮によって所定の濃度の濃縮液を得ることができる。

　濃縮液は溶剤の蒸発を防止するため必ず密閉容器内に保管する。また溶液は低温度でゲル化しやすいため，20〜30℃に保たれた所に保管する。これら溶液からバイオポールを析出させるために，メタノール／水(4:1)，ヘキサン，石油エーテルおよびジエチルエーテルを沈殿剤として用いることができる。浴剤／沈殿剤の適当な比率は容量比にして 1:3 から 1:5 の範囲である。

3 バイオポールポリマーの加工

3.2 ボトルブロー成型

バイオポールボトルの押出ブローおよびインジェクションブロー成型は既存の成型機で問題なく対応できる。特に押出ブロー成型の開発作業は Staehle Maschinenbau Gmbh社と共同で HESTA 成型機を用いて行われた。一連のトライアルの結果として以下の成型のためのガイドラインが示されている。

3.2.1 セットアップ

バイオポールは特に溶融時安定性のある材料ではないので，最も小型の成型機を使用することが望ましい。生産予定のボトルのサイズにあわせてスクリュー吐出量を調整する。ポリエチレンタイプのスクリューとヘッドを使用することが望ましい。ヘッドはスパイダーについでコンプレッションゾーンを設ける必要がある。これによりメルトの再結合でボトルのシームをしっかりとしたものにできる。ダイのギャップはポリエチレンの場合よりも幅をひろくセットする必要がある。バイオポールは密度がポリエチレンより高く，バイオポール製ボトルは同じ肉厚のポリエチレンより25％重くなる。できればクリーンな状態の成型機で始める。そうでない場合ＬＤＰＥでパージすることが望ましい。その後バイオポールがＬＤＰＥをパージすることになる。ブローピンと金型を60±5℃で制御することが重要である。

3.2.2 成 型

バイオポールの成型温度幅は非常にせまい。押し出されたチューブの表面が異常に光沢があったり，スモークがかった場合は溶融温度が高すぎる。一方，表面が艶消し状態かつ粗い感じの場合は溶融温度が低すぎる。一般的に良好な溶融状態，すなわち若干光沢のある表面で均質な品質を得るのは，わずかな温度調整で可能となる。適正な溶融温度を得ることが最も重要であり，得られない場合は適正な結晶化がたいへん困難となる。

良い品質のボトルを生産するためにはブローピンの入るタイミングと吹き込みのタイミングが遅れないことである。吹き込みは下方向へ行う必要があり，比較的高い吹き込み圧（6～9バール）の方が低い吹き込み圧より，よりよい表面状態が期待できる。冷却時間は既存の熱可塑性樹脂より長い時間を必要とする。金型およびブローピンは60±5℃に温度調節する必要があり，金型温度を下げるとサイクルタイムの向上にはなるが，ブローピン突き刺しの原因となる。

3.2.3 メルト安定性

バイオポールは溶融時に安定性が低いため極力低い温度で成型する必要があり，また成型機内での滞留時間を最短にとどめる必要がある。成型機が短時間（5～15分間程度）停止した場合，再スタートに先立って劣化したバイオポールを新鮮な材料でパージする必要がある。成型機を長時間停止させる場合，ＬＤＰＥにて完全にパージすることが望ましい。再生材料は20％まで混入可能であるが，同じタイプのコポリマーおよびグレードと万遍なく混合する必要がある。

＜参考資料1＞　「BIOPOL」の物性，グレード，加工技術資料

3.3　バイオポールの成型，繊維

　延伸バイオポール繊維の生産は既存の紡糸技術で満足のいく結果を示している。既存のポリエステルの技術をベースにした延伸バイオポール繊維の生産は不可能に思われるが，インラインの紡糸技法を用いて比較的強い延伸バイオポール繊維を生産することは可能である。その工程はバイオポールのモノフィラメントあるいはマルチフィラメントの紡糸工程およびインラインの引き取りによる延伸を行う前に，繊維の一部を結晶化させる工程を含むものである。これに必要な設備を図7に示す。

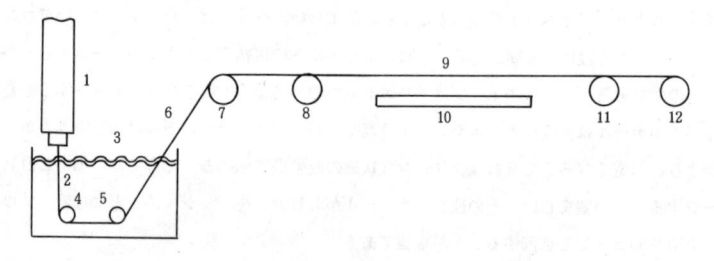

1. メルト用タンク　2. アモルファス繊維　3. 温水　4. 繊維ガイド
5. 繊維ガイド　6. 半結晶繊維　7. 引取ロール　8. ホットピン
9. 延伸繊維　10. ホットプレート　11. 延伸ロール　12. 巻取機

図7

　メルトの結晶化をおこすためには，60℃の恒温水槽あるいはエアーオーブンにポリマーを押し出すのが典型的な手法である。繊維の結晶度が十分となった段階で，ようやく7：1の延伸率にホットピン上で延伸することが可能となる。繊維はホットプレート上で加熱処理ができる。

　これら一連の典型的な加工条件を表1に示した。正確な延伸条件は経験に基づいて決定するこ

表1　バイオポールホモポリマー繊維のメルト紡糸の代表的加工条件

パラメーター	モノフィラメント	マルチフィラメント
ダイ	1.6mmφ	20×0.3mmφ
メルト温度	180℃	180℃
容積押出機	0.1cm³/min	4.0cm³/min
引取率	1.5m/min	25m/min
冷却温度	60℃（水）	25℃（空気）
冷却時間	10秒	40秒
ホットピンまでの時間	45秒	45秒
ホットピン温度	115℃	115℃
ホットプレート温度	65℃	65℃
巻取スピード	11.0/m/min	150/m/min
繊維サイズ	200デニール	20×20デニール
粘り強度	2.6g/デニール	15g/デニール

とが一般的により確実な方法と思われる。結晶化の速度はポリマーのタイプや添加剤の有無に大きく依存するためである。

バイオポールポリマーのメルト安定性が低いので，極力低い温度で成型する必要があり，またメルトの滞留時間を最小限にとどめておく。一般的にコポリマーは低温度で成型でき，ホモポリマーに比較してより高いメルト安定性を示している。

3.4 バイオポールの射出成型

バイオポールの射出成型は既存の射出成型機で問題なく対応できる。種々のトライアルテストの結果，以下の成型ガイドラインがまとめられている。

3.4.1 セットアップ

ポリエチレンタイプのスクリュー（L／D＝20:1）を持つスタンダードな成型機がバイオポールの成型に適している。ポリマーのメルト滞留時間を減らすために，成型する製品の重量と成型機のショットサイズをマッチさせるよう心掛けることが望ましい。できればクリーンな状態の成型機あるいは使用前のLDPEパージが望ましい。PEによって簡単にバイオポールをパージすることができる。サイクル間の減圧を活用すれば垂れ落ちの防止ができるので，バイオポール成型時のシャットオフノズルの使用は必ずしも必要ではない。金型を60℃±5℃に温度調整することが非常に重要である。

3.4.2 成　型

バイオポールの成型温度幅は極めて狭いものとなっている。メルト温度をチェックして正しくその温度がとられているか充分チェックの上，最終的な設定が行われる必要がある。もしメルトの粘度が極端に低かったり，表面の光沢が強くスモークがかかったりしている場合はメルト温度が高すぎる。適正な粘度で良好状態のメルトをつくるためには通常の場合，微調整が必要である。いずれにしろ正確にメルト温度をコントロールすることが大変重要であり，もしこれが実現されないと適正なサイクルタイムで良好な成型品を生産することは大変難しくなる。もし，マルチステージタイプの射出成型機があれば，まず高い一次射出圧で金型に急速充填し，次に低い一次保持圧でフラッシュを防ぎ，さらにより高い二次圧でシンク防止をすることが勧められる。極端に高い射出圧と速い射出速度を，フラッシュの可能性を最小限に抑えるためにも避ける必要がある。スプルーの解放は通常では金型解放時になされるので，減圧の後でノズルを後退させる必要はない。

冷却時間は成型される製品の肉厚およびバイオポールのグレードに依存する。既存の熱可塑性樹脂に比べ，サイクルタイムは長めである。金型は60℃±5℃にて温度調整することが重要である。温度の低下は概して結晶化度の低下を招き，これは型離れの不具合やサイクルタイムの悪化につながる。

<参考資料1> 「BIOPOL」の物性，グレード，加工技術資料

3.4.3 メルト安定性

バイオポールの範疇のポリマーは一般にメルト安定性が低く，極力低い温度で成型し，メルト時の滞留時間を最小限にとどめる必要がある。万が一成型機が短時間（5～15分間）停止した場合，再スタートのまえに劣化したバイオポールを新しい材料でパージする必要がある。成型機を長時間停止する場合はＬＤＰＥにてパージすることが望ましい。再生材料は20％まで混入できるが，同じタイプのコポリマーでかつ同じグレードにてまんべんなくミックスされる必要がある。

4 ＰＨＢの耐薬品性

種々の条件下のＰＨＢの耐薬品性に関して下表に示した。室温でそれぞれの溶媒に射出成型品のＰＨＢホモポリマーのスティックを浸し，1％の一定のストレインをかけて破断に至るまでの時間である。酸性またはアルカリ性の水溶液中では，耐水性は乏しいが，中性の水中ではサンプルの変成は小さく満足できるものである。すなわち1ヵ月後における水の吸収率は0.13％にすぎない。

ポリマーはまたクロロホルムや1,2-ジクロロエタンに溶解し，そのようなクロライド系の溶剤には浸されやすいが，1,1,1-トリクロルエタンなどのその他のクロライド系の溶剤には浸されず，低級アルコールやケトンに対するよりも耐溶剤性が高い。モーターオイルで使われるような高級炭化水素に対する耐溶剤性も高い。

表2 ＰＨＢの耐溶剤性（23℃，1ヵ月）

溶　　剤	23℃での1ヵ月の浸漬での重量増加（％）	23℃でストレイン1%下での破断に至る時間	耐性の評価
水道水	0.13	>336	良好
2N H_2SO_4	0.46	4.15	不良
2N HCl	0.41	2.6	不良
2N NaOH	0.77*	0.02	不良
メタノール	2.08	140	普通
エチルメチルケトン	5.41	27.6	普通
Genklene	0.83	>457	良好
モーターオイル	0	>505	良好
トルエン	0.05	7.4	不良
クロロホルム	－	2.8	不良
ジクロロエタン	－	>0.01	不良
UV放射に対する耐性			良好

注1) サンプルスティックはＮａＯＨ水溶液から取り出す際，割れてしまった。
注2) ＰＨＢの熱湯に対する耐性は乏しく，"純の"ＰＥＴのそれに準ずる。3.5日の浸漬の後，半分程度の引張り力で変形してしまった。

<参考資料 2>

「生分解性プラスチック研究会」参加社一覧（50音順）

会社名	所属	〒	住所	TEL
アイ・シー・アイ・ジャパン㈱	化学品事業部	100	東京都千代田区丸の内1-1-1	(03)3211-3612
旭化成工業㈱	研究開発本部	100	東京都千代田区有楽町1-1-2	(03)3507-2686
味の素㈱		104	東京都中央区京橋1-5-8	(03)3297-8604
ADM Far East CO.,Ltd		101	東京都千代田区神田駿河台1- 7	(03)3233-2231
出光石油化学㈱	総合計画室	100	東京都千代田区丸の内3-1-1	(03)3213-9363
宇部興産㈱	研究開発本部	107	東京都港区赤坂1-12-32	(03)3505-9236
鐘淵化学工業㈱	技術部	107	東京都港区元赤坂1-3-12	(03)3479-9353
協和発酵工業㈱	研究開発企画室	100	東京都千代田区大手町1-6-1	(03)3282-0035
キリンビール㈱	研究開発部	150	東京都渋谷区神宮前6-26-1	(03)5485-6191
㈱クラレ	研究企画部	104	東京都中央区八丁堀2-9-1	(03)3297-9431
呉羽化学工業㈱	研究企画室	103	東京都中央区日本橋堀留町1-9-11	(03)3662-9611
㈱神戸製鋼所	生物研究所	305	茨城県つくば市観音台1-25-14	(0298)38-2417
㈱JSP	技術本部研究部	254	神奈川県平塚市東八幡5-6-1	(0463)21-5027
昭和電工㈱	合成樹脂技術開発部，新事業開発部	105	東京都港区芝大門1-13-9	(03)5470-3757
住友化学工業㈱	経営企画室	103	東京都中央区日本橋2-7-9	(03)3278-7126
住友金属工業㈱	研究開発本部，有機高分子研究室	314-02	茨城県鹿島郡波崎町大字砂山16	(0479)46-2111
住友ベークライト㈱	技術本部，基礎研究所	100	東京都千代田区内幸町1-2-2	(03)3506-7052
積水化成品工業㈱	開発部	163	東京都新宿区西新宿2-1-1	(03)3347-9607
積水化学工業㈱	総合開発室，中央研究所	105	東京都港区虎の門3-4-7	(03)3434-9060
大成建設㈱	技術研究所	275	千葉県習志野市西浜3-6-2	(0474)53-3901
ダイセル化学工業㈱	企画開発部	100	東京都千代田区霞ケ関3-8-1	(03)3507-3155
大日本インキ化学工業㈱	企画部	103	東京都中央区日本橋3-7-20	(03)3272-3095
大日本印刷㈱	包装研究所	350-13	埼玉県狭山市上広瀬591-10	(0429)53-9251

(つづく)

<参考資料2>

会 社 名	所 属	〒	住 所	TEL
チッソ ㈱	研究企画部	100	東京都千代田区丸の内2-7-3	(03)3284-8580
中央化学 ㈱	開発本部, 経営企画本部	365	埼玉県鴻巣市宮地3-5-1	(0485)42-2511
帝人 ㈱	研究企画部	100	東京都千代田区内幸町2-1-1	(03)3506-4104
電気化学工業 ㈱	総合研究所	243	神奈川県町田市旭町3-5-1	(0427)21-3627
東亜合成化学工業 ㈱	生化学研究部	105	東京都港区西新橋1-14-1	(03)3597-7360
東京ガス ㈱	フロンティアテクノロジー研究所, 研究第2グループ	105	東京都港区芝浦1-16-25	(03)3452-2211
東燃石油化学 ㈱	研究開発部	103	東京都中央区築地4-1-1	(03)3542-7363
東洋インキ製造 ㈱	総合企画部	103	東京都中央区京橋3-14-6	(03)3567-8162
東洋紡績 ㈱	総合研究所	520-02	滋賀県大津市堅田2-1-1	(0775)21-1441
東レ ㈱	高分子研究所	455-91	名古屋市港区大江町9-1	(052)611-5111
凸版印刷 ㈱	包装研究所	345	埼玉県北葛飾郡杉戸町高野台南4-2-3	(0480)34-1011
日揮 ㈱	技術研究本部	232	横浜市南区別所1-14-1	(045)721-7130
日産丸善ポリエチレン	開発調査部	104	東京都中央区八丁堀4-8-2	(03)3552-4357
日東電工 ㈱	機能材事業本部	567	大阪府茨木市下穂積1-1-2	(0726)21-0285
日本化薬 ㈱	化学品事業本部	115	東京都北区志茂3-26-8	(03)3598-5099
日本合成化学工業 ㈱	企画開発部	103	東京都中央区日本橋3-12-1	(03)3273-1383
日本合成ゴム ㈱	テクニカルセンター-TPE開発室	510	三重県四日市市川尻町100	(0593)45-8081
日本触媒化学工業 ㈱	開発部	541	大阪市中央区高麗橋4-1-1	(06)223-9123
㈱日本製鋼所	研究開発本部, 開発推進第2部	100	東京都千代田区有楽町1-1-2	(03)3501-6125
日本ユニカー ㈱	樹脂技術研究所	210	川崎市川崎区浮島8-1	(044)299-5713
萩原工業 ㈱	RCA商品開発室	712	岡山県倉敷市水島中通1-4	(0864)48-3089
㈱ブリヂストン	化成品開発本部	245	横浜市戸塚区柏尾町1	(045)821-6082
丸善石油化学 ㈱	事業開発本部, 管理室	104	東京都中央区八丁堀2-25-10	(03)3552-9364
三井東圧化学 ㈱	ライフサイエンス開発部	100	東京都千代田区霞ケ関3-2-5	(03)3592-4413
三菱化成 ㈱	樹脂事業本部, 樹脂企画室	100	東京都千代田区丸の内2-5-2	(03)3283-6628
三菱瓦斯化学 ㈱	企画研究推進部	100	東京都千代田区丸の内2-5-2	(03)3283-5131
三菱油化 ㈱	筑波総合研究所, 新規事業本部	300-03	茨城県稲敷郡阿見町中央8-3-1	(0298)87-1011
三菱レイヨン ㈱	研究推進部	104	東京都中央区京橋2-3-9	(03)3245-8692
ユニチカ ㈱	技術開発本部, 技術企画室	541	大阪市中央区久太郎町4-1-3	(06)281-5245
ロームアンドハース・ジャパン ㈱	研究開発部	106-91	東京都港区麻布台1-8-10	(03)3224-3881

分解性プラスチックの開発 (B572)

1990年9月28日　初版第1刷発行
2000年6月26日　普及版第1刷発行

監　修　　土肥義治　　　　　　Printed in Japan
発行者　　島　健太郎
発行所　　株式会社　シーエムシー
　　　　　東京都千代田区内神田1-4-2(コジマビル)
　　　　　電話03(3293)2061

〔印　刷〕　桂印刷有限会社　　　　　　　ⒸY.Doi, 2000
定価は表紙に表示してあります。
落丁・乱丁本はお取替えいたします。

ISBN4-88231-075-9 C3043

☆本書の無断転載・複写複製(コピー)による配布は、著者および出版社の権利の
　侵害になりますので、小社あて事前に承諾を求めてください。

CMC Books 普及版シリーズのご案内

不織布の製造と応用 編集／中村　義男 ISBN4-88231-072-4 A5判・253頁　本体3,200円+税（〒380円） 初版 1989年6月　普及版 2000年4月　　B569	◆構成および内容：〈原料編〉有機系・無機系・金属系繊維、バインダー、添加剤〈製法編〉エアレイパルプ法、湿式法、スパンレース法、メルトブロー法、スパンボンド法、フラッシュ紡糸法〈応用編〉衣料、生活、医療、自動車、土木・建築、ろ過関連、電気・電磁波関連、人工皮革他 ◆執筆者：北村孝雄／萩原勝男／久保栄一／大垣豊他15名
オリゴマーの合成と応用 ISBN4-88231-071-6　　B568 A5判・222頁　本体2,800円+税（〒380円） 初版 1990年8月　普及版 2000年6月	◆構成および内容：〈オリゴマーの最新合成法〉〈オリゴマー応用技術の新展開〉／ポリエステルオリゴマーの可塑剤／接着剤・シーリング材／粘着剤／化粧品／医薬品／歯科用材料／凝集・沈殿剤／コピー用トナーバインダー他 ◆執筆者：大河原信／塩谷啓一／廣瀬拓治／大橋徹也／大月裕／大見賀広亨／土岐宏俊／松原次男／富田健一他7名
DNAプローブの開発技術 著者／高橋　豊三 ISBN4-88231-070-8　　B567 A5判・398頁　本体4,600円+税（〒380円） 初版 1990年4月　普及版 2000年5月	◆構成および内容：〈核酸ハイブリダイゼーション技術の応用〉研究分野、遺伝病診断、感染症、法医学、がん研究・診断他への応用〈試料DNAの調製〉濃縮・精製の効率化他〈プローブの作成と分離〉〈プローブの標識〉放射性、非放射性標識他〈新しいハイブリダイゼーションのストラテジー〉〈診断用DNAプローブと臨床微生物検査〉他
ハイブリッド回路用厚膜材料の開発 著者／英　一太 ISBN4-88231-069-4　　B566 A5判・274頁　本体3,400円+税（〒380円） 初版 1988年5月　普及版 2000年5月	◆構成および内容：〈サーメット系厚膜回路用材料〉〈厚膜回路におけるエレクトロマイグレーション〉〈厚膜ペーストのスクリーン印刷技術〉〈ハイブリッドマイクロ回路の設計と信頼性〉〈ポリマー厚膜材料のプリント回路への応用〉〈導電性接着剤、塗料への応用〉ダイアタッチ用接着剤／導電性エポキシ樹脂接着剤によるSMT他
植物細胞培養と有用物質 監修／駒嶺　穆 ISBN4-88231-068-6　　B565 A5判・243頁　本体2,800円+税（〒380円） 初版 1990年3月　普及版 2000年5月	◆構成および内容：有用物質生産のための大量培養－遺伝子操作による物質生産／トランスジェニック植物による物質生産／ストレスを利用した二次代謝物質の生産／各種有用物質の生産－抗腫瘍物質／ビンカアルカロイド／ベルベリン／ビオチン／シコニン／アルブチン／チクル／色素他 ◆執筆者：高山眞策／作田正明／西荒介／岡崎光雄他21名
高機能繊維の開発 監修／渡辺　正元 ISBN4-88231-066-X　　B563 A5判・244頁　本体3,200円+税（〒380円） 初版 1988年8月　普及版 2000年4月	◆構成および内容：〈高強度・高耐熱〉ポリアセタール〈無機系〉アルミナ／耐熱セラミック〈導電性・制電性〉芳香族系／有機系〈バイオ繊維〉医療用繊維／人工皮膚／生体筋と人工筋〈吸水・撥水・防汚繊維〉フッ素加工〈高風合繊維〉超高収縮・高密度素材／超極細繊維他 ◆執筆者：酒井紘／小松民郎／大田康雄／飯塚登志他24名
導電性樹脂の実際技術 監修／赤松　清 ISBN4-88231-065-1　　B562 A5判・206頁　本体2,400円+税（〒380円） 初版 1988年3月　普及版 2000年4月	◆構成および内容：導電現象およびその応用技術／染色加工技術による導電性の付与／透明導電膜／導電性プラスチック・塗料・ゴム／面発熱体／低比重高導電プラスチック／繊維の帯電防止／エレクトロニクスにおける遮蔽技術／プラスチックハウジングの電磁遮蔽／微生物と導電性／他 ◆執筆者：奥田昌宏／南忠男／三谷雄二／斉藤信夫他8名
形状記憶ポリマーの材料開発 監修／入江　正浩 ISBN4-88231-064-3　　B561 A5判・207頁　本体2,800円+税（〒380円） 初版 1989年10月　普及版 2000年3月	◆構成および内容：〈材料開発編〉ポリイソプレイン系／スチレン・ブタジエン共重合体／光・電気誘起形状記憶ポリマー／セラミックスの形状記憶現象〈応用編〉血管外科的分野への応用／歯科用材料／電子配線の被覆／自己制御型ヒーター／特許・実用新案他 ◆執筆者：石井正雄／唐牛正夫／上野桂二／宮崎修一他

CMC Books 普及版シリーズのご案内

光機能性高分子の開発
監修／市村　國宏
ISBN4-88231-063-5　　　　　　　　B560
A5判・324頁　本体 3,400円＋税（〒380円）
初版 1988年2月　普及版 2000年3月

◆構成および内容：光機能性包接錯体／高耐久性有機フォトロミック材料／有機DRAW記録体／フォトロミックメモリ／PHB材料／ダイレクト製版材料／CEL材料／光化学治療用光増感剤／生体触媒の光固定化他
◆執筆者：松田実／清水茂樹／小関健一／城田靖彦／松井文雄／安藤栄司／岸井典之／米沢輝彦他17名

DNAプローブの応用技術
著者／髙橋　豊三
ISBN4-88231-062-7　　　　　　　　B559
A5判・407頁　本体 4,600円＋税（〒380円）
初版 1988年2月　普及版 2000年3月

◆構成および内容：〈感染症の診断〉細菌感染症／ウイルス感染症／寄生虫感染症〈ヒトの遺伝子診断〉出生前の診断／遺伝病の治療〈ガン診断の可能性〉リンパ系新生物のDNA再編成〈諸技術〉フローサイトメトリーの利用／酵素的増幅法を利用した特異的塩基配列の遺伝子解析〈合成オリゴヌクレオチド〉他

多孔性セラミックスの開発
監修／服部　信・山中　昭司
ISBN4-88231-059-7　　　　　　　　B556
A5判・322頁　本体 3,400円＋税（〒380円）
初版 1991年9月　普及版 2000年3月

◆構成および内容：多孔性セラミックスの基礎／素材の合成（ハニカム・ゲル・ミクロポーラス・多孔質ガラス）／機能（耐火物・断熱材・センサ・触媒）／新しい多孔体の開発（バルーン・マイクロサーム他）
◆執筆者：直野博光／後藤誠史／牧島亮男／作花済夫／荒井弘通／中原佳子／守屋善郎／細野秀雄他31名

エレクトロニクス用機能メッキ技術
著者／英　一太
ISBN4-88231-058-9　　　　　　　　B555
A5判・242頁　本体 2,800円＋税（〒380円）
初版 1989年5月　普及版 2000年2月

◆構成および内容：連続ストリップメッキラインと選択メッキ技術／高スローイングパワーはんだメッキ／酸性硫酸銅浴の有機添加剤のコント／無電解金メッキ〈応用〉プリント配線板／コネクター／電子部品および材料／電磁波シールド／磁気記録材料／使用済み無電解メッキ浴の廃水・排水処理他

機能性化粧品の開発
監修／髙橋　雅夫
ISBN4-88231-057-0　　　　　　　　B554
A5判・342頁　本体 3,800円＋税（〒380円）
初版 1990年8月　普及版 2000年2月

◆構成および内容：Ⅱアイテム別機能の評価・測定／Ⅲ機能性化粧品の効果を高める研究／Ⅳ生体の新しい評価と技術／Ⅴ新しい原料、微生物代謝産物、角質細胞間脂質、ナイロンパウダー、シリコーン誘導体他
◆執筆者：尾沢達也／高野勝弘／大郷保治／福田英憲／赤堀敏之／萬秀憲／梅田達也／吉田酵他35名

フッ素系生理活性物質の開発と応用
監修／石川　延男
ISBN4-88231-054-6　　　　　　　　B552
A5判・191頁　本体 2,600円＋税（〒380円）
初版 1990年7月　普及版 1999年12月

◆構成および内容：〈合成〉ビルディングブロック／フッ素化／〈フッ素系医薬〉合成抗菌薬／降圧薬／高脂血症薬／中枢神経系用薬／〈フッ素系農薬〉除草剤／殺虫剤／殺菌剤／他
◆執筆者：田口武夫／梅本照雄／米田徳彦／熊井清作／沢田英夫／中山雅陽／大高博／塚本悟郎／芳賀隆弘

マイクロマシンと材料技術
監修／林　輝
ISBN4-88231-053-8　　　　　　　　B551
A5判・228頁　本体 2,800円＋税（〒380円）
初版 1991年3月　普及版 1999年12月

◆構成および内容：マイクロ圧力センサー／細胞およびDNAのマニュピュレーション／Si-Si接合技術と応用製品／セラミックアクチュエーター／ph変化形アクチュエーター／STM・応用加工他
◆執筆者：佐藤洋一／生田幸士／杉山進／鷲津正夫／中村哲郎／髙橋貞行／川崎修／大西一正他16名

UV・EB硬化技術の展開
監修／田畑　米穂　編集／ラドテック研究会
ISBN4-88231-052-X　　　　　　　　B549
A5判・335頁　本体 3,400円＋税（〒380円）
初版 1989年9月　普及版 1999年12月

◆構成および内容：〈材料開発の動向〉〈硬化装置の最近の進歩〉紫外線硬化装置／電子硬化装置／エキシマレーザー照射装置〈最近の応用開発の動向〉自動車部品／電気・電子部品／光学／印刷／建材／歯科材料他
◆執筆者：大井吉晴／実松徹則／柴田譲治／中村茂／大庭敏夫／西久保忠臣／滝本靖之／伊達宏和他22名

CMC Books 普及版シリーズのご案内

特殊機能インキの実際技術
ISBN4-88231-051-1　　　　　　　　B548
A5判・194頁　本体2,300円+税（〒380円）
初版 1990年8月　普及版 1999年11月

◆構成および内容：ジェットインキ／静電トナー／転写インキ／表示機能性インキ／装飾機能インキ／熱転写性／磁性／蛍光・蓄光／減感／フォトクロミック／スクラッチ／ポリマー厚膜材料他
◆執筆者：木下晃男／岩田靖久／小林邦昌／寺山道男／相原次郎／笠置一彦／小浜信行／高尾道生他13名

プリンター材料の開発
監修／高橋　恭介・入江　正治
ISBN4-88231-050-3　　　　　　　　B547
A5判・257頁　本体3,000円+税（〒380円）
初版 1995年8月　普及版 1999年11月

◆構成および内容：〈プリンター編〉感熱転写／バブルジェット／ピエゾインクジェット／ソリッドインクジェット／静電プリンター・プロッター／マグネトグラフィ〈記録材料・ケミカルス編〉他
◆執筆者：坂本康治／大西勝／橋本憲一郎／碓井稔／福田隆／小鍛治徳雄／中沢亨／杉崎裕他11名

機能性脂質の開発
監修／佐藤　清隆・山根　恒夫
　　　岩橋　槇夫・森　　弘之
ISBN4-88231-049-X　　　　　　　　B546
A5判・357頁　本体3,600円+税（〒380円）
初版 1992年3月　普及版 1999年11月

◆構成および内容 工業的バイオテクノロジーによる機能性油脂の生産／微生物反応・酵素反応／脂肪酸と高級アルコール／混酸型油脂／機能性食用油／改質油／リポソーム用リン脂質／界面活性剤／記録材料／分子認識場としての脂質膜／バイオセンサ構成素子他
◆執筆者：菅野道廣／原健次／山口道広他30名

電気粘性(ER)流体の開発
監修／小山　清人
ISBN4-88231-048-1　　　　　　　　B545
A5判・288頁　本体3,200円+税（〒380円）
初版 1994年7月　普及版 1999年11月

◆構成および内容：〈材料編〉含水系粒子分散型／非含水系粒子分散型／均一系／EMR 流体〈応用編〉ER アクティブダンパーと振動抑制／エンジンマウント／空気圧アクチュエーター／インクジェット他
◆執筆者：滝本淳一／土井正男／大坪泰文／浅子佳延／伊ケ崎文和／志賀亨／赤塚孝寿／石野裕一他17名

有機ケイ素ポリマーの開発
監修／櫻井　英樹
ISBN4-88231-045-7　　　　　　　　B543
A5判・262頁　本体2,800円+税（〒380円）
初版 1989年11月　普及版 1999年10月

◆構成および内容：ポリシランの物性と機能／ポリゲルマンの現状と展望／工業的製造と応用／光関連材料への応用／セラミックス原料への応用／導電材料への応用／その他の含ケイ素ポリマーの開発動向他
◆執筆者：熊田誠／坂本健吉／吉良満夫／松本信雄／加部義夫／持田邦夫／大中恒明／直井嘉雄他8名

有機磁性材料の基礎
監修／岩村　秀
ISBN4-88231-043-0　　　　　　　　B541
A5判・169頁　本体2,100円+税（〒380円）
初版 1991年10月　普及版 1999年10月

◆構成および内容：高スピン有機分子からのアプローチ／分子性フェリ磁性体の設計／有機ラジカル／高分子ラジカル／金属錯体／グラファイト化途上炭素材料／分子性・有機磁性体の応用展望他
◆執筆者：富田哲郎／熊谷正志／米原祥友／梅原英樹／飯島誠一郎／溝上恵彬／工位武治

高純度シリカの製造と応用
監修／加賀美　敏郎・林　瑛
ISBN4-88231-042-2　　　　　　　　B540
A5判・313頁　本体3,600円+税（〒380円）
初版 1991年3月　普及版 1999年9月

◆構成および内容：〈総論〉形態と物性・機能／現状と展望／〈応用〉水晶／シリカガラス／シリカゾル／シリカゲル／微粉末シリカ／IC 封止用シリカフィラー／多孔質シリカ他
◆執筆者：川副博司／永井邦彦／石井正／田中映治／森本幸裕／京藤倫久／滝田正俊／中村哲之他16名

最新二次電池材料の技術
監修／小久見　善八
ISBN4-88231-041-4　　　　　　　　B539
A5版・248頁　本体3,600円+税（〒380円）
初版 1997年3月　普及版 1999年9月

◆構成および内容：〈リチウム二次電池〉正極・負極材料／セパレーター材料／電解質〈ニッケル・金属水素化物電池〉正極と電解液／〈電気二重層キャパシタ〉EDLC の基本構成と動作原理〈二次電池の安全性〉他
◆執筆者：菅野了次／脇原孝彦／逢坂哲彌／稲葉稔／豊口吉徳／丹治博司／森田昌行／井土秀一他12名

CMC Books 普及版シリーズのご案内

機能性ゼオライトの合成と応用
監修／辰巳 敬
ISBN4-88231-040-6　　　　　B538
A5 判・283 頁　本体 3,200 円＋税（〒380 円）
初版 1995 年 12 月　普及版 1999 年 6 月

◆構成および内容：合成の新動向／メソポーラスモレキュラーシーブ／ゼオライト膜／接触分解触媒／芳香族化触媒／環境触媒／フロン吸着／建材への応用／抗菌性ゼオライト他
◆執筆者：板橋慶治／松方正彦／増田立男／木下二郎／関沢和彦／小川政英／水野光一他

ポリウレタン応用技術
ISBN4-88231-037-6　　　　　B536
A5 判・259 頁　本体 2,800 円＋税（〒380 円）
初版 1993 年 11 月　普及版 1999 年 6 月

◆構成および内容：〈原材料編〉イソシアネート／ポリオール／副資材／〈加工技術編〉フォーム／エラストマー／RIM／スパンデックス／〈応用編〉自動車／電子・電気／OA機器／電気絶縁／建築・土木／接着剤／衣料／他
◆執筆者：高柳弘／岡部憲昭／奥薗修一 他

ポリマーコンパウンドの技術展開
ISBN4-88231-036-8　　　　　B535
A5 判・250 頁　本体 2,800 円＋税（〒380 円）
初版 1993 年 5 月　普及版 1999 年 5 月

◆構成および内容：市場と技術トレンド／汎用ポリマーのコンパウンド（金属繊維充填、耐衝撃性樹脂、耐燃焼性、イオン交換膜、多成分系ポリマーアロイ）／エンプラのコンパウンド／熱硬化性樹脂のコンパウンド／エラストマーのコンパウンド／他

プラスチックの相溶化剤と開発技術
－分類・評価・リサイクル－
編集／秋山三郎
ISBN4-88231-035-X　　　　　B534
A5 判・192 頁　本体 2,600 円＋税（〒380 円）
初版 1992 年 12 月　普及版 1999 年 5 月

◆構成および内容：優れたポリマーアロイを作る鍵である相溶化剤の「技術的課題と展望」「開発と実際展開」「評価技術」「リサイクル」「市場」「海外動向」等を詳述。
◆執筆者：浅井治海／上田明／川上雄資／山下晋三／大村博／山本隆／大前忠行／山口登／森田英夫／相部博史／矢崎文彦／雪岡聡／他

水溶性高分子の開発技術
ISBN4-88231-034-1　　　　　B533
A5 判・376 頁　本体 3,800 円＋税（〒380 円）
初版 1996 年 3 月　普及版 1999 年 5 月

◆構成および内容：医薬品／トイレタリー工業／食品工業における水溶性ポリマー／塗料工業／水溶性接着剤／印刷インキ用水性樹脂／用廃水処理用水溶性高分子／飼料工業／水溶性フィルム工業／土木工業／建材建築工業／他
◆執筆者：堀内照夫他 15 名

機能性高分子ゲルの開発技術
監修／長田義仁・王 林
ISBN4-88231-031-7　　　　　B531
A5 判・324 頁　本体 3,500 円＋税（〒380 円）
初版 1995 年 10 月　普及版 1999 年 3 月

◆構成および内容：ゲル研究―最近の動向／高分子ゲルの製造と構造／高分子ゲルの基本特性と機能／機能性高分子ゲルの応用展開／特許からみた高分子ゲルの研究開発の現状と今後の動向
◆執筆者：田中穣／長田義仁／小川悦代／原一広他

熱可塑性エラストマーの開発技術
編著／浅井治海
ISBN4-88231-033-3　　　　　B532
B5 判・170 頁　本体 2,400 円＋税（〒380 円）
初版 1992 年 6 月　普及版 1999 年 3 月

◆構成および内容：経済性、リサイクル性などを生かして高付加価値製品を生みだすことと既存の加硫ゴム製品の熱可塑性ポリマー製品との代替が成長の鍵となっている TPE の市場／メーカー動向／なぜ成長が期待されるのか／技術開発動向／用途展開／海外動向／他

シリコーンの応用展開
編集／黛 哲也
ISBN4-88231-026-0　　　　　B527
A5 判・288 頁　本体 3,000 円＋税（〒380 円）
初版 1991 年 11 月　普及版 1998 年 11 月

◆構成および内容：概要／電気・電子／輸送機／土木、建築／化学／化粧品／医療／紙・繊維／食品／成形技術／レジャー用品関連／美術工芸へのシリコーン応用技術を詳述。
◆執筆者：田中正喜／福田健／吉田武男／藤木弘直／反町正美／福永憲朋／飯塚徹／他

コンクリート混和剤の開発技術
ISBN4-88231-027-9　　　　　B526
A5 判・308 頁　本体 3,400 円＋税（〒380 円）
初版 1995 年 9 月　普及版 1998 年 9 月

◆構成および内容：序論／コンクリート用混和剤各論／AE剤／減水剤／AE減水剤／流動化剤／高性能 AE 減水剤／分離低減剤／起泡剤／発泡剤他／コンクリート用混和剤各論／膨張剤他／コンクリート関連ケミカルスを詳述。◆執筆者：友澤史紀／他 21 名

CMC Books 普及版シリーズのご案内

機能性界面活性剤の開発技術 著者/堀内照夫ほか ISBN4-88231-024-4　　　　　　　B525 A5判・384頁　本体3,800円+税（〒380円） 初版1994年12月　普及版1998年7月	◆**構成および内容**：新しい機能性界面活性剤の開発と応用／界面活性剤の利用技術／界面活性剤との相互作用／界面活性剤の応用展開／医薬品／農薬／食品／化粧品／トイレタリー／合成ゴム・合成樹脂／繊維加工／脱墨剤／高性能AE減水剤／防錆剤／塗料他を詳述
高分子添加剤の開発技術 監修/大勝靖一 ISBN4-88231-023-6　　　　　　　B524 A5判・331頁　本体3,600円+税（〒380円） 初版1992年5月　普及版1998年6月	◆**構成および内容**：HALS・紫外線吸収剤／フェノール系酸化防止剤／リン・イオウ系酸化防止剤／熱安定剤／感光性樹脂の添加剤／紫外線硬化型重合開始剤／シランカップリング剤／チタネート系カップリング剤による表面改質／エポキシ樹脂硬化剤／他
フッ素系材料の開発 編集/山辺正顕，松尾　仁 ISBN4-88231-018-X　　　　　　　B518 A5判・236頁　本体2,800円+税（〒380円） 初版1994年1月　普及版1997年9月	◆**構成および内容**：フロン対応／機能材料としての展開／フッ素ゴム／フッ素塗料／機能性膜／光学電子材料／表面改質材／撥水撥油剤／不活性媒体・オイル／医薬・中間体／農薬・中間体／展望について，フッ素化学の先端企業，旭硝子の研究者が分担執筆。

※ホームページ（http://www.cmcbooks.co.jp/）